安阳工学院博士科研启动基金项目《秦汉女德的历史建构与当代审视》，
项目编号 BSJ2019004

秦汉女德的历史建构与时代审视

陈佳　著

九州出版社
JIUZHOUPRESS

图书在版编目（CIP）数据

秦汉女德的历史建构与时代审视 / 陈佳著 .-- 北京 : 九州出版社 , 2021.9
ISBN 978-7-5225-0577-0

Ⅰ. ①秦… Ⅱ. ①陈… Ⅲ. ①女性－道德修养－研究－中国－秦汉时代 Ⅳ. ①B825.5

中国版本图书馆CIP数据核字(2021)第205107号

秦汉女德的历史建构与时代审视

作　者	陈　佳　著
责任编辑	杨鑫垚
出版发行	九州出版社
地　址	北京市西城区阜外大街甲 35 号（100037）
发行电话	(010)68992190/3/5/6
网　址	www.jiuzhoupress.com
印　刷	北京旺都印务有限公司
开　本	700 毫米 ×1000 毫米　16 开
印　张	13
字　数	240 千字
版　次	2022 年 1 月第 1 版
印　次	2022 年 1 月第 1 次印刷
书　号	ISBN 978-7-5225-0577-0
定　价	68.00 元

目　录

绪 论

一、“女德事件”的热议与国内外研究现状

自从2014年一篇窥探东莞“女德馆”内幕的网络新闻出现，就将这批以女德教育为目的的培训机构推上了舆论的风口浪尖。起初以半隐蔽性、小范围人群内传播为特征的洗脑式女德班，如今暴露在大众视野中接受审视与批判。一方面，舆论集体讨伐女德班以封建女德中的思想糟粕来灌输新时代女性，企图使学员们接受诸如贤妻良母、逆来顺受等传统女性本职，准确地揭露了女德班的弊病所在；另一方面，是在痛斥女德事件之后的反思——为什么接受过现代先进文化教育的新时代女性心甘情愿加入充满落后思想的女德班？为什么她们放弃了好不容易树立起的男女平等观念转而接受女性低于男性、服从男性的愚昧思想？为什么女德班能在全国遍地开花，并在被取缔之后一再地死灰复燃？

可以说所有基于性别平等思想对女德展开的探讨和批判对于匡正女性观念都具有裨益，女性解放本来就是不断摸索、不断前进的过程，但综观既有的讨论不难发现其中存在的误区。多数站在女德批判立场的研究都是从封建社会对女性道德规范的约束出发，不可否认传统女德中具有许多非人性化、专制的、缺乏自由意志的因素，压迫并塑造着女性的身体和灵魂。可缺乏系统分析的简单批判就使得并不具有感情色彩的“女德”（通常是以带引号的形式出现）一词与封建传统等同起来，甚至简单粗暴地将女德与“三从四德”等同起来，例如有学者说女德“从狭义的角度看，主要是指‘三从四德’”[1]，类似的说法极易造成公众的误读和曲解，这是“女德事件”在网络上迅速发酵的原因，是如今谈女德色变的原因，也是当下各地女德教育机构走上歪路的关键。

本课题正是立足于解释这种思想误区、树立正确的女德观念出发的。在数千年文化传承中，“女德”概念的形成经历了漫长的历史阶段，但是秦汉时期无疑在整个历史进程中具有特殊的地位。秦汉之际传统女德的主要构成因素已经出现，传统女德的基本面貌已经大致定型，唐宋之后的女德都是在此基础上的演化，因此研究秦汉女德对于了解传统女德并解释女德事件背后深层的文化隐情和社会渊

[1] 陈爱华：《论传统女德对当代女性道德建构的价值》，《学海》，2000年第2期。

源是十分必要的。

对此课题的研究，前辈学者筚路蓝缕，多从以下几个方面展开：

1. 从女德总体出发，其中有涉及秦汉女德的部分，郝润华《妇女与道德传统》（2002 年）探讨了女性道德受儒家文化的影响，从教育、政治、社会、文化等角度研究女性道德；李桂梅、张翠莲《中国传统社会女德构建的价值向度》（2013 年）认为传统女德构建的价值根据是封建宗法制度，价值范式是通过女孝、妇道、母道的角色固化和身份认同，价值主旨是对女性依附性人格的塑造；俞士玲《汉晋女德建构》（2017 年）从《列女传》《女诫》等文献以及曹魏、孙吴、巴蜀等地为区隔论述女德的建构。

2. 从秦汉时期的女德塑造文本出发，多集中在《列女传》和《女诫》的相关研究，如焦杰《〈列女传〉与周秦汉唐妇德标准》（2003 年）观察了周秦汉唐时代妇女道德标准的变迁；吴全兰（2009 年）认为《列女传》中女性伦理思想的价值取向是礼和义，因而产生过积极和消极影响；雷雪敏（2013 年）探讨了《女诫》中女德思想的内容建构和对后世的影响；孙哲、刘立夫（2015 年）诠释了女权与女德的会通以及家教意义；肖群忠（2016 年）论述了传统女德的内容与批判继承。

3. 将传统女德对当代女德的影响作为研究重点，黄明理、张超（1999年）认为我国的女性解放运动只看到传统女德消极的一面，使女性陷入更加不得自由的困境， 提出传统女德仍有其现代转型的余地；陈爱华（2000年）探讨了传统女德对女性人格建构的双重效应并分析传统女德对当代女性道德建构的价值；王丹丹（2011年）论述了女训中的女德内容、历史影响并揭示了对当代女德的建构和教化；唐贵芳（2014年）梳理了女训中传统女德的发展历史，阐释了我国女性道德的现状和影响要素，重点分析了当代女性应具备的道德标准以及传统女德对当代女德教育的启示；李桂梅《当代女性美德建设研究》（2017年）通过社会学问卷调查的形式，指出当代女德现状中存在的问题，以及女性美德建设的主要内容和路径方向。

4. 从时下频发的女德事件出发，宋少鹏（2015 年）认为当代女性面临着“个体人”与“家庭人”的角色冲突，造成女性无以排解的心理压力，是女德班遍地开花的根本原因；吕淑真（2018 年）从传播学角度分析了“女德事件”中的网络群体极化现象及其原因，并从政府、媒体和网民三个方面指出简单的应对措施。

5. 其他视角，顾平《儒学观照下的妇德世界》（2003 年）从美术考古材料考察儒学对女性妇德的影响评判标准为贤良与勤恳；黄大宏《沉默的妇德与宗法家庭婚姻伦理》（2005 年）从妇言角度通过焦仲卿妻、李翠莲等文学中的女性，分析了新妇群体与多言禁忌的妇德规范的冲突，从中反映了现实与封建礼教的错位。

6. 一些境外学者也涉及秦汉传统女德的研究，Lisa Ann Raphals 《Sharing the Light: Representations of Women and Virtue in Early China》（1998 年）探索了中国早期描绘女性和美德的历史和哲学转变，对历史中女性角色的塑造变化和阴阳学说都进行了研究；澳大利亚学者萧虹《阴之德：中国妇女研究论文集》（1999 年）以论文的形式介绍了班昭、谢道韫以及魏晋时期的女性道德。

目前对秦汉女德的研究还在进行中，尽管有些研究已经意识到问题的存在，也试图将传统女德中的某些积极因素整理出来，对现今女德建设提出指导思路，但依旧缺乏整体和动态的了解。

同时，迄今为止的研究没有将女德从妇德、妇言、妇容、妇功分类展开，而是通常将其混为一谈。最早《周礼》中规定了教育女性的德言容功之四德，东汉时《女诫》全面解析了这四个方面的具体内容，观察整个历史时期对女性的要求和理想化标准。秦汉以降，妇德、妇言、妇容、妇功四个要素被视为可以涵盖女性一生的定位因子，所以从这四个方面展开论述，既是遵从古制也是符合现实意义的，具有其本身的合理性。这既是秦汉女德研究的盲点，也是传统文化和性别研究中薄弱的一环，更是本课题的出发点和立足点。本课题正是基于上述研究现状和趋势而设立的。

二、本课题相关概念与范畴的界定

本课题是对于“女德”的研究，所以首先应该明确其概念所包含的范畴，其中涉及的女德既包括了女性在社会生活变迁中习得的道德规范以及将之内化为自我约束力的德行关注，也包括了女德行为的外化即女性语言、女性容貌、女性功职等方面。

女德一词在产生之初，与道德一样，本身是不具备感情褒贬色彩的。早前学者从训诂学入手考察传统道德，认同“德”字是价值中立、不含褒贬的，张岱年指出：“道是原则，德是遵循原则而实践。”[1] 道德一词含义的确指具有历史阶段性，张怀通认为“商周两代的‘德’字，在形与义两个方面有显著的差别。商代甲骨文……‘乃直视方以行走之义’。西周金文……在商代甲骨文的基础上加‘心’符，表明‘德’由外在的行为转化为内在的品质，即‘在心为德’。‘德’字在形与义两个方面的变化，从一个侧面反映了商周道德观念由外到内、由浅入深的发展演变过程。”[2] 这就使“德”的品质逐渐发展出了褒义的色彩。女德特指女性遵循社会原则而实践自我的道德品质，包括从女性内在到外在的行为、观念等在内。

[1] 张岱年：《中国古典哲学概念范畴要论》，中国社会科学出版社，1989 年，第 155 页。
[2] 张怀通：《西周卿大夫之“德”释论》，《孔子研究》，2001 年第 2 期。

从这个角度来看，女德所涉及的范围是相当广泛的，基本上涵盖了女性生活的各个方面，是广义上的女德，主要包含妇德、妇言、妇容、妇功等要素，如下图所示。

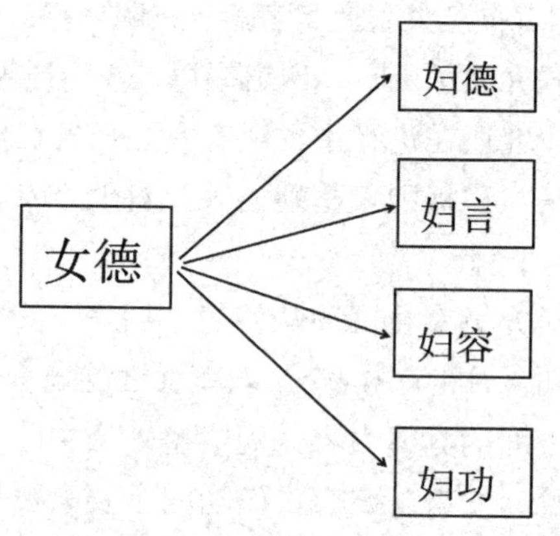

广义女德涵盖示意图

而狭义概念的女德是本书定义的“妇德”，单指涉及到女性伦理道德规范的准则和德行表现。所以，尽管在其他文献中“女德”与“妇德”有通用的嫌疑，但本书将提到的“女德”概念是包括“妇德”的，同时涵盖了妇言、妇容、妇功三个方面，是广义上的女德指称。[1] 本书谈到的秦汉女德是指秦汉时期社会文化对女性道德的标准要求和角色定位，是中华传统女德重要的组成部分。

三、秦汉女德研究的思路和意义

秦汉时期是中国历史上第一个真正实现大一统的时期，也是一个面对复杂形势的时期，尤其在思想文化领域内，亟需肃清纷乱的地域差异，形成较为统一的、适合且便于统治的思想文化制度。女德作为其中重要的一环，得到当时统治者的重视，无论是秦始皇关于女德的刻石还是汉代对女性礼制的全方位维护，无论是秦汉法律制度的确立还是《列女传》《女诫》的编纂和流行，都透露出统治阶级急于塑造规范化女德的迫切心理。在此重压下，相对于男性“君子”而设定的女德标准被确立，提倡并鼓励女性以女德为要求加强自身修为，极力宣扬具有代表性的女德典型人物，营造理想化女德的社会舆论追求。与理想女德建构相对的，是现实女德的多样性与复杂性。不同年代、地区、阶层的女性，所受到的理想女德熏陶并不一致，导致女德实践的过程呈现可预见的不一致性。这就为本课题的研究提供了思路，即秦汉时期女德的建设明显呈现出理论与实践的差距，从这个

[1] 陈佳：《先秦时期女德研究》，九州出版社，2019 年 8 月。

层面上探究更能够发现秦汉女德的最真实一面。

在女德被曲解的舆论压力下，在新时代价值观面临的多重冲击下，重提秦汉时期的女德，尤其是审视旧有的男女性别秩序，从传统女德的理论建构和具体实践中找到可供借鉴的因素，并以此指引新时代新形势下的女德建设，无疑是意义深远的，同时也为重塑女德发展提供了新出路。

第一章 秦代肃清女德的措施与现实状况

秦朝在实现了疆土的统一之后，即刻面临着在思想文化方面统一的深层社会问题，亟需将战国末期百家争鸣的杂乱局面扭转过来，使多样的文化因素达成融合之势，力图建立起新一统时期步调一致的思想文化制度。这种文化整合一方面需要面对秦族强势的本土性文化残余，另一方面深受周代礼乐文化、西戎少数民族文化的夹击，同时也在尝试汲取东方六国文化的优秀成果，所以整个秦代的思想文化表现出综合性、吸纳性的特点。

其中，吸纳性体现在道德建设方面——对“德”的要求化生出一种双重性的趋势，一边是统治阶层企图树立道德生活的标准化图谱，以使万民有模仿和借鉴的榜样，例如商鞅变法掀起的功利性道德风尚迅速波及秦国以及统一后的秦帝国，又如通过法律制度规范社会生活中的细枝末节等；另一边在“德”的标准化与主流化之外，是始终存在着的反标准化、反主流化的社会实态，秦代统治者在法家重功实利的主流价值观之外，无意识、不自觉地借鉴诸家价值体系中的精华，也为这种反主流提供了得以存续的空间。

尽管从表面上看，尚法的秦代应该通过国家强制力的手段来实现对人民的约束和管制，可实际上秦统治者除了法律之外，还采取了许多柔性的感化措施，例如通过秦始皇刻石的教化、对有德之人的表彰、对道德教育的重视等，来完善和弥补法律难以触及的社会角落。具体到女性道德领域来说，秦代统治者是较为注重女德建设的，采取了一系列肃清女德规范的举措，不仅有转变社会风气的效果，也为汉初统治者提供了某些方面的借鉴和经验参考。

第一节　秦代肃清女德规范的举措

秦代在建立之时面对的是各地风俗不一、多样复杂的女德状况，尤其是秦统治者因身处西陲，较少受到中原礼制文化的熏陶，表现出更加开放、更加原始、较少教条礼俗的特征。秦代女性伦理观念相当淡薄，甚至连秦王室内的女性，如宣太后、秦始皇母都生活淫糜、缺乏贞节观念、婚姻关系混乱，所以秦始皇在治国之初就有纠正社会风气的紧迫感。

一、秦始皇刻石中对女德的要求

秦始皇建国业毕，在四方巡游途中以刻石的形式来歌颂统一的功德，其中涉及许多肃清男女伦理的内容，力求使男女各司其职、各安其位，在一定程度上起到了规范社会性别道德的作用。这种绝对权威形式的宣扬和引导在力度和气势上就体现了秦代政权一改往日旧俗的决心，尤其希望对秦代建立以前较为混乱无序的性别制度起到震慑的效果，映射出一种大国新成、万象更新的气魄。

在秦始皇巡游时期所立 7 块有铭文的刻石中，4 块刻有与女德相关的内容，另外 3 块峄山刻石、之罘刻石与东观刻石没有。刻有女德内容的刻石中，所占比例各有不同：泰山刻石共 222 字，相关 24 字；琅琊刻石共 475 字，相关 16 字；碣石刻石共 142 字，相关 12 字；会稽刻石 288 字，相关 84 字。从分配比重考察，最晚出的会稽刻石与女性性别秩序相关的内容最多，达到 29%。

泰山刻石：“贵贱分明，男女就顺，慎遵职事。昭隔内外，靡之清净，施于后嗣。”[1]

琅琊刻石：“尊卑贵贱，不逾次行。奸邪不容，皆务贞良。”

碣石刻石：“男乐其畴，女修其业，事各有序。”

会稽刻石：“饰省宣义，有子而嫁，倍死不贞。防隔内外，禁止淫泆，男女洁诚。夫为寄豭，杀之无罪，男秉义程。妻为逃嫁，子不得母，咸化廉清。大治濯俗，天下承风，蒙被休经。皆遵度轨，和安敦勉，莫不顺令。黔首修洁，人乐同则，嘉保太平。”

仔细对比可以发现，泰山、琅琊、碣石等齐地刻石都是对秦帝国统一风俗的旌夸之语，男女就顺、奸邪不容等，终是站在国家大略的功业肯定角度上。但到

[1][汉]司马迁：《史记》，中华书局，1982 年，第 243-262 页，下同。

会稽刻石却一改话锋，变成了对性别风俗的匡正与劝诫，对这种差别，顾炎武认为与吴越淫逸风气有关："考之《国语》：自越王勾践栖于会稽之后，惟恐国人之不蕃，故令'壮者无取老妇，老者无取壮妻。女子十七不嫁，其父母有罪。丈夫二十不取，其父母有罪。生丈夫，二壶酒一犬。生女子，二壶酒一豚。生三人，公与之母。生二人，公与之饩'。《内传》子胥之言亦曰'越十年，生聚'，《吴越春秋》至谓勾践'以寡妇淫泆过犯，皆输山上。士有忧思者，令游山上，以喜其意'。当其时，盖欲民之多，而不复禁其淫泆。传至六国之末，而其风犹在。故始皇为之厉禁，而特著于刻石之文。"[1]而被认为社会风气淫逸不正的不只在会稽，巴蜀、楚都因为风俗与中原有异被认为淫，可见关于男女性别秩序的规范话语，不完全因为当地风俗的差异，还可能因为会稽身处越地，"指斥越地风俗其实旨在树立皇帝的教化权威，越地风俗本身只是一种政治话题而已。"[2]

刻石的内容很大程度上代表了秦时官方的价值追求，不难看出秦政以法律治天下的同时，也汲取了一些具有儒家特色的礼制规范。如严格规定婚内男女之间的互相忠诚关系，双方都不能有淫逸的行为，应以洁诚的态度对待婚姻中的另一方。甚至具体到一些细节，如果丈夫犯了淫逸她人之罪，那么妻子杀了他也不会被归为罪犯；如果妻子生子后逃婚改嫁是有伤清化的，对于孩子成长和家庭稳定都是不利的，那么也将伤害到社会的根基，等等。这样细节性的男女伦理问题出现在刻石中，无疑对性别文化制度的肃清起到了有力的震慑作用。而且刻石在谈到男女性道德问题时，对男性与女性都有规定，而不是一味地只对女性道德进行约束，不是片面地只强调女性贞节，可以说是较为客观中立的性别观念。

在男女性别秩序上，"男乐其畴，女修其业，事各有序"是十分典型的礼制性别规范的理想模式，与儒家对男性与女性社会角色的规定一样，对婚姻双方讲究"男女就顺，慎遵职事"的规制。这与秦代以法家思想治国的初衷并不矛盾，杨振红认为法家与儒家一样也是"要建立一个贵贱、尊卑、上下有序的社会"[3]，男女性别秩序的确立是等级化社会实现的必要准备，这种社会理想从人类的基本单元确定了人伦秩序的基架——男女有别，对于社会风气的纠正起到了一定的示范作用。

[1] 顾炎武著、黄汝成集释：《日知录集释》，上海古籍出版社，2006 年，第 751-752 页。
[2] 李磊：《吴越边疆与皇帝权威——秦始皇三十七年东巡会稽史事钩沉》，《学术月刊》，2016 年第 10 期。
[3] 杨振红：《从出土秦汉律看中国古代的 "礼"、"法" 观念及其法律体现》，《中国史研究》，2010 年第 4 期。

二、秦代对贞节女性的道德旌表

在秦始皇的执政生涯中，曾经为巴寡妇清筑女怀清台以示贞节表彰，在《史记》中有记载："其先得丹穴，而擅其利数世，家亦不訾。清，寡妇也，能守其业，用财自卫，不见侵犯。秦皇帝以为贞妇而客之，为筑女怀清台。"[1]秦始皇的这一举措可以说是开后世旌表贞节女性的先河。如果说刻石文字起到肃清和引导民众的作用的话，那么对贞节女性的旌表就起到了标杆和榜样的作用。巴蜀地区的女子清虽然是寡妇的身份，但她凭借一己之力能够守住夫家原有的家业，而且没有改嫁，保住了所谓贞节的名声，成为被皇帝认可的贞节女性的典范。

尽管对一个普通女性能得到来自国家层面的秦始皇的肯定历来都充满了疑惑，司马迁觉得"清穷乡寡妇，礼抗万乘，名显天下，岂非以富邪？"[2]秦始皇对清的礼遇是因为她的富有，还有学者考证，女子清得到秦始皇赞誉的原因在于她所经营的丹砂产业为秦始皇陵的建造提供了水银的来源。当然清这个女性结合了诸多特质于一身，她是一个成功的商人，她是一个在巴蜀有较大影响力的人物，她手中握有秦始皇需要的资源等，这些都是秦始皇对她大加赞赏的深层原因，可归根结底秦始皇为她筑台的赞词却是"贞妇"。具有政治理性的秦始皇当然在最初就意识到，用高规格来礼遇清可能会产生的社会影响。在重农抑商的秦代，皇帝不可能公开地表彰一个商人的经商业绩，也不能直接表彰她为秦陵提供了水银，只能用更妥善的办法去肯定清这个人物。清作为一个寡妇，她没有改嫁的人生经历恰巧与秦代立国整饬伦理风俗的需要一拍即合，所以清就成为历史上第一个被官方肯定的贞节女性。

三、从法律角度对女性道德的规范

秦作为新一统国家，意味着亟需建设全民族适用的新型伦理道德和社会规范。秦自商鞅变法、始皇立国以来即注重法治，力图通过国家法律的强制力改变秦之旧习俗，其中有许多与男女婚姻、男女性别道德相关的法律规定，对整个社会性别制度产生了前所未有的影响。

1. 法律规定男女婚姻关系

婚姻关系的确立对男女双方而言都是人生中一段重要关系的开始，还牵扯到男女双方的家庭甚至家族。古代婚姻关系的缔结多是从社会习俗出发，例如《礼记》中提到的婚姻"六礼"，是缔结婚姻之程序和仪式的社会习俗的详细记录。秦代

[1] 杨振红：《从出土秦汉律看中国古代的"礼"、"法"观念及其法律体现》，《中国史研究》，2010 年第 4 期。

[2] 王学理：《秦始皇陵墓中的水银及其来源》，《文博》，2013 年第 3 期。

重视法律，因而采取了一条看上去不同于儒家将婚姻礼制化的道路，即在法律条目中规定了婚姻关系的一些细则，用法律手段来规范婚姻关系，树立婚姻禁忌的边界。

首先，秦时法律规定男女婚姻关系的缔结需要经官府的认可，在官府进行登记。《睡虎地秦简·法律答问》载："女子甲为人妻，去亡，得及自出，小未盈六尺，当论不当？已官，当论；未官，不当论。"[1] 如果男女之间缔结了婚姻关系，并在官府中登记得到官家的肯定，那就要依据法律追究女子逃亡的责任了，也就是说法律只保护在官府中登记过的婚姻关系。另外，秦还有弃妻需登记的法律规定："弃妻不书，赀二甲。其弃妻亦当论不当？赀二甲。"[2] 解除婚姻关系也需要到官府登记，否则要受到处罚。重视婚姻关系缔结和解除的正式性，并加上官府登记这一必要的程序，除了有利于百姓的治理、社会秩序的安定，对婚姻中的男女双方来说，都是规范其行为的一个有力方式。

其次，法律禁止夫妻双方淫逸，对通奸者给予法律惩处。《睡虎地秦简·法律答问》中记载："奸爰书：某里士五（伍）甲诣男子乙、女子丙，告曰：'乙、丙相与奸，自昼见某所，捕校上来诣之。'"[3] 明确了和奸罪，维护婚内男女双方的忠贞义务，是为维护婚姻秩序稳定出发的。但法律规定，若婚姻存在问题男性可以选择去妻，却没有给在婚内受到压制的女性一条出路，栗劲先生也说："如果妻子对婚姻不满，仅有'背夫亡'而又不被捕获的狭窄小路可走。"[4] 也就是说秦代女性想要逃离不满意的婚姻是没有可行的法律路径的，只能选择私下逃亡，而秦律尤其禁止婚内女性逃亡。《云梦秦简·法律答问》载，"女子去夫亡"而与他人"相夫妻"，要被判处"黥为城旦舂"的重刑。也就是忍受不了婚姻的女性没有主动脱离婚姻关系的权利，如果选择逃亡那就只能畏畏缩缩过着一辈子无法光明正大的日子，得不到法律的支持。但是妻子只要和前夫解除了婚姻关系，就可以视作一般女性，即使是"弃妻"，前夫也不得强迫与之发生性关系，岳麓秦简《得之强与弃妻奸案》[5] 就是一起女子状告前夫强奸未遂的案件，经过审理用法律手段严惩了男性罪犯，保护了女子的权益。

再次，秦律追求和谐稳定的夫妻关系，将夫妻分居的情况视为不祥。睡虎地秦简《日书甲种》："壬申、癸酉，天以震高山，以取妻，不居，不吉。"[6] 另外，

---

[1] 睡虎地秦墓竹简整理小组：《睡虎地秦墓竹简》，文物出版社，1990 年，第 132 页。
[2] 睡虎地秦墓竹简整理小组：《睡虎地秦墓竹简》，文物出版社，1990 年，第 133 页。
[3] 睡虎地秦墓竹简整理小组：《睡虎地秦墓竹简》，文物出版社，1990 年，第 95 页。
[4] 栗劲：《秦律通论》，山东人民大学出版社，1985 年，第 506 页。
[5] 朱汉民、陈松长主编：《岳麓书院藏秦简（叁）》，上海辞书出版社，2013 年，第 196 页。
[6] 甘肃省文物考古所：《天水放马滩秦简》，中华书局，2009 年，第 244 页。

天水放马滩秦简《日书》："八十二参……大族、宾、毋射之卦曰：此是夫妇皆居，若不居口，离其居家，卦类杂虚，孰为大祝、领巫畜生（牲）之？占长年不定家，占男子忘妻、女子去夫，百事忘。"[1] 秦人认为《日书》对他们的生活是很有预见性的，"相当程度上是人们以此前流传各种传说和历史上一些突出事件及现实生活中某些偶然事件为依据，形成吉凶禁忌习俗，日者在此基础上加以归纳，然后根据天干、地支、建除和五行理论加以推衍而成。"[2]《日书》能对包括夫妻关系在内的日常起居起到指导作用，因而秦人十分笃信。

秦时对于女性在妻子身份上的义务与权利也十分明确，岳麓秦简《识劫㛿案》中一个奴婢成为御婢又成为妻。"㛿曰：与羛（义）同居，故大夫沛妾。沛御㛿，㛿产羛（义）、女姎。沛妻危以十岁时死，沛不取（娶）妻，居可二岁，沛免㛿为庶人，妻㛿。又产男必、女若。居二岁，沛告宗人、里人大夫快、臣、走马拳、上造嘉、颉曰：沛有子㛿所四人，不取（娶）妻矣。欲令㛿入宗，出里单赋，与里人通 （饮）食。快等曰：可。㛿即入宗，里人不幸死者出单赋，如它人妻。居六岁，沛死。羛（义）代为户、爵后，有肆、宅。识故为沛隶，同居。"[3] 㛿这位女性本来只是一个奴婢，与男主人发生性关系生下子女后，男主人的正妻去世，男主人没有再娶而是为她免去了奴隶的身份变为庶人，视同妻子。

值得注意的是，秦代依靠法律对女德的强制规定，期望达到改易社会习俗的目的的做法是前所未有的，这使得秦代女德虽短暂却在整个历史时期内拥有特例地位。这在秦始皇面对其母亲与吕不韦、嫪毐私通的问题时似乎也能看出端倪，"始皇帝益壮，太后淫不止。吕不韦恐觉祸及己，乃私求大阴人嫪毐以为舍人……太后私与通，绝爱之。有身。"[4] 最后秦始皇"夷嫪毐三族，杀太后所生两子，而遂迁太后于雍。"这些都证明，秦统治者意识到之前旧俗过于开放自由的男女关系可能造成统治混乱和社会不安定因素，所以一方面靠法律来规范行为，另一方面用刻石、旌表等各种方式来宣扬规矩、移风易俗，期望能够规范男女伦理、稳定婚姻关系和社会秩序，于是秦时的女德观念隐约之中被礼乐文化所影响。尽管德治历来被认为是儒家奉行的社会准则，但重法的秦代社会并不能完全依靠法律来治理伦理问题，法律只是给了一个最低的底线而已。

秦律在夫妻关系存续期间保护妻子的地位。《法律答问》："妻悍，夫殴治

[1] 吴小强：《秦简日书集释》，岳麓书社，2000 年，第 118 页。

[2] 赵逵夫：《由秦简〈日书〉看牛女传说在先秦时代的面貌》，《清华大学学报（哲学社会科学版）》，2012 年第 4 期。

[3] 朱汉民、陈松长主编：《岳麓书院藏秦简（叁）》，上海辞书出版社，2013 年，第 154-155 页。

[4]［汉］司马迁：《史记》，中华书局，1982 年，第 2511 页。

之，夬（决）其耳，若折支（肢）指、胅（体），问夫可（何）论？当耐。”[1]哪怕是妻子凶悍，丈夫也不能随意伤害，否则要受到耐刑剃掉鬓毛胡须。可是在汉代只要丈夫殴打妻子时不使用兵刃，就可以免于刑罚，可见秦时对妻子的法律保护优于汉代。根据秦律的规定，夫妻之间的法律关系与其家庭中其他成员的关系似乎有所不同，对夫妻关系的重视要高于其他家庭关系。相对于家庭中的子女和奴婢来说，夫、妻两人都处于共主的地位，他们杀、刑、髡其子及奴婢，都禁止子女及奴婢控告。而且秦律规定，丈夫殴伤妻子与普通人之间斗伤同样处以耐刑，妻子不是丈夫可以随意殴打处罚的，这与汉代律法具有明显的区别。

2. 女性拥有一定的财产

秦时女性可以从父家得到一定的妆奁，并享有独立的支配权，在嫁入夫家以后，这些妆奁是区别于夫家财产的，是女性的私有财产。秦律中，如果丈夫犯了罪，妻子能够先告发他，就可以免于刑罚，并且留住自己的私有财产。《法律答问》："'夫有罪，妻先告，不收。'妻賸（媵）臣妾、衣器当收不当？不当收。"[2]除非是妻子犯罪，那么她的财产会被丈夫所有。但是婚后在夫家私藏财产则是不被允许的，所以女性能够拥有的私财主要是婚前父母的陪嫁赠与。《里耶秦简》："廿五年七月戊子朔己酉，都乡守沈爰书：高里士五（伍）广自言：谒以大奴良、完，小奴嚋、饶，大婢阑、愿、多、□，禾稼、衣器、钱六万，尽以予子大女子阳里胡，凡十一物，同券齿。典弘占。七月戊子朔己酉，都乡守沈敢言之：上。敢言之。/□手。【七】月己酉日入，沈以来。□□。沈手。"[3]记载了一个父亲将自己的财产转移给女儿的具体情况，证明女性拥有一定的财产继承权。

从法律的角度对女性的财产、女性在婚姻关系中的地位作出明确的规定，无疑是对社会性别制度的一种强制措施，在保护女性基本权利的层面上是有益的。而且秦代以小家庭为主的社会结构，比大家族模式家庭更有助于女性在家庭中财产权得到真正的实现。

四、重视女性教育

在北大藏秦简牍中发现有一段探讨秦代女性在社会和家庭中应该遵守之道德行为规范的文字，朱凤瀚先生定名为《教女》[4]。文字分别以"善女子之方"和"不善女子之方"开头，其中"善女子之方"以帝教其女的口吻列举女性出嫁以后在夫家所应遵守的行为规则，另一部分则从反面"不善女子之方"归纳了违背规范

[1] 睡虎地秦墓竹简整理小组：《睡虎地秦墓竹简》，文物出版社，1990 年，第 112 页。
[2] 睡虎地秦墓竹简整理小组：《睡虎地秦墓竹简》，文物出版社，1990 版，第 133 页。
[3] 陈伟主编：《里耶秦简牍校释（第一卷）》武汉大学出版社，2012 年，第 356-357 页。
[4] 朱凤瀚：《北大藏秦简〈教女〉初识》，《北京大学学报》，2015 年 3 月第 52 卷第 2 期，下同。

准则的女性言行。《教女》对于秦代女德的建设具有十分明确的指导意义，文虽仅存八百余字且结构简单，却较为全面地搭建起秦代理想女性生活的方方面面，可以看做是重视女性教育的有力证据。

首先，从整体上对女性在社会生活中的角色给予定位，指出女性要以柔弱为本，“固不敢刚”、“慎毋刚气，和弱心肠”，以及由此派生出与丈夫之间的相处原则——“夫与妻，如表与里，如阴与阳”，女性作为妻子的角色不仅要顺从丈夫还要为丈夫分忧。在丈夫家里要做到和乐亲爱，尊重孝顺理解公婆，且“晨为之鬻，昼为之羹”连细节上也毫不含糊，与夫家家人相处讲究“兹爱妇妹，有与弟兄，有妻如此，可与久长”，就连与邻人相处也不能任意妄为而要有节度。重点在女性德行上以“爱”作为为人处世的准则，“女子不作，爱为死亡，唯爱大至，如日朝光”，“疾作（诈）就爱，如阰（陛）在堂”，这一女性的道德标准是其他典籍文献中鲜少提及的，强调女性以“爱”的态度对待他人和生活直到今日仍旧具有积极的意义。

其次，妇言方面的规范也很具体明确，女性讲求善言可多说、恶语不得讲，“丑言避之，善言是阳（扬）”，尤其在丈夫和公婆面前要少言多听。不难发现秦代妇言规范较多通过忌讳来规避，其一忌讳女性多言成为一惯的妇言要求；其二在与男性相处时，女性要从语言方面注重节度，“口舌不慎，失戏男子”；其三警惕女性不能善待公婆却口蜜腹剑的言语；其四忌讳女性不安守家庭而乐于出门与人谈笑，忌讳议论别人的家长里短甚至专门派人去打听他人的小道消息；其五警惕女性与丈夫及家人的语言越来越强硬失了分寸。

再次，妇容方面总体要求“色不敢昌（猖）”，即不得过分强调女性的外貌，追求“外貌且美，中实沈（沉）清（静）”，衣服的颜色讲究“衣彼（颜）色，不顾子姓（甥）”，从女性自己的角度而言不能过于看重自己的外表，不能因为被陌生男子多看一眼就自以为是地认为“我成（诚）好美，宬（最）吾邑里”，女性在梳洗打扮上过分地注重也是应该避免的。

最后，女性与男性共同治理家务有着主被动关系的区别，“虽与夫治，勿敢疾当”，男性在家庭中的主角地位可见一斑。而不事劳动的懒惰女性受到抨击，“不喜作务，喜歓日醉”，家庭中的女主人提供招待客人的酒食是妇功的职责范围，尤其值得注意的是整个家庭的财产日常收支归女性管理，如准备户赋和将多余的财物放贷等都经过女性之手，这是其他文献中所未见的妇功范畴。

《教女》是迄今发现的最早的关于女性道德的行为规范，与东汉班昭的《女诫》相似却还要早二百余年，证明了秦代对女性德言容功的要求细则已经出现，而且通过教化匡正女性德行成为常规，秦时对于女性教育重要性的认识已经远远超过我们的想象，后来汉代的女性教育是在秦代基础上的进化与强化、细化。

第二节 秦代女德的现实状况

从秦代对女性道德的重视和加强，尤其是《教女》中专门提到对女德的教育可以看出秦代虽然短命，却是期望从宏观上建立一套健全的女德伦理规范和性别社会秩序的，致力于全面地构建关乎性别道德的上层建筑。但是从秦代社会的实际状况来观察，女德的实践与规范之间具有一定的差距，可能与秦代时间较短，被确立的上层建构还没有来得及贯彻实施有关。

一、女性贞节实态

秦代对女性贞节的态度可以分两种情况：一种是婚内女性的贞节，受到法律保护和社会舆论的认可，对婚内出轨或婚内逃亡的女性都有惩治措施，这无疑是利于婚姻关系稳定的，但具体到婚姻不幸的女性身上却没有给出解决的办法；另一种是不在婚姻关系存续期的女性贞节通常不受重视，一般情况下女性可以再嫁，甚至不必通过再婚的形式也能私下约定男女关系。

女性改嫁没有与个人道德品质联系起来，就连秦王室的女性也不避讳，秦穆公将自己的女儿嬴氏先嫁给太子圉又嫁给重耳，宣太后与义渠王私通并育有二子，秦始皇母赵姬与吕不韦、嫪毐关系混乱等等，不能以后世的贞节眼光去看待秦代的女性。北大秦简牍《泰原有死者》有：“女子死三岁而复嫁，后有死者，勿并其冢。”[1] 去世的女性还可以冥婚改嫁，这种情况是极其少见的，只能证明秦时对贞节的社会态度是宽泛的。

从秦律关于男女离婚的情况来看，“弃妇”并不是一个小众群体，男性在多数情况下占有解除婚姻关系的主动权，那么被弃的女性可以选择独立生活或改嫁，并不影响女性们的生活。所以综合秦代各种情况来看，遭遇最惨的应该是婚姻不幸却无法脱离的女性，她们不能像弃妇一样开始新的生活，只能忍受且忠于自己的婚姻，否则只能私自逃亡蝇营狗苟过一生。

二、女性从事的社会活动

在家庭中男女职责的分配是较稳定的，多由女性来操持家务活动，《日书》中有：“宇东方高，西方下，女子为正。……宇多于东南，富，女子为正。”证明主要靠女子在家庭里主持家庭事务，且《日书》有多处出现“女子为正”，所以家务在秦代是女性的职责范畴，贾谊说秦人“借父耒锄，虑有德色；母取箕帚，

[1] 李零：《北大秦牍〈泰原有死者〉简介》，《文物》，2012 年第 6 期。

立而谇语。抱哺其子，与公并据；姑妇不相说，则反唇而相稽”[1]，父母只是借走了一些劳动工具，家中妻子就不悦反唇相稽，可见家里工具的使用妻子也是有绝对话语权的。

为了维持正常生活，多数的女性需要从事生产劳动，主要集中在纺织、农业、手工业等基本和传统的行业，还有一部分女性依靠商业、服务业、巫医甚至从军为生，从女性可以选择从事的社会活动来看，她们与社会有着广泛而深切的接触，是相当重要的社会参与者。

1. 女性经商

《日书》中就有“庚寅生子，女为贾，男好衣佩而贵”的预言，女性从商在秦代是可行的，被秦始皇旌表的巴寡妇清是一个能守住家业的贞节女子，她得到秦始皇的垂青与她“擅丹穴之利”关系密切。秦始皇追求长生不老，对丹砂的需求量很大，丹砂在当时主要出产于乌江流域，正好清从家族里继承来拥有天然的便利优势——丹穴，可以为秦始皇提供炼丹的原料。另外丹砂还是提炼水银的主要原料，秦始皇陵“以水银为百川江河大海，机相灌输。上具天文，下具地理”[2]，对水银的需求量就更大了，这些都可以看做是秦始皇礼待清的重要因素。巴寡妇清除了是拥有巨大丹穴产业的女商人之外，可能还是一个掌握炼丹术的女方士，葛志毅认为她与道教有着某种意义关联[3]，这些都是清这个女子扬名于秦代的原因。司马迁也看出秦始皇旌表清这位女性肯定不单纯因为贞节，他分析个中曲直时揣测道：“清穷乡寡妇，礼抗万乘，名显天下，岂非以富邪？”[4]假设清只是一个普通的穷乡僻壤中生存的寡妇，恐怕她贞节的名声是没有渠道传入秦始皇之耳的，但是只把她名显天下的原因归结为富有，显然也是有失偏颇的。清之所以能够得到秦始皇的青睐，与她的社会角色密不可分。清虽然是一个女性，却因为家庭的缘故执掌了一份规模不小的家族实业，她能够守住这份家业，专于经营，行走于复杂的商业领域，个人素质是十分过硬的，而且遇到问题时能够“用财自卫”，其见识和魄力丝毫不逊色于男性，这是她得以立世的重要原因。除了巴寡妇清这位有着特殊地位的女性以外，《岳麓书院藏秦（叁）》“㛠识劫案”中的女主人公 也从事着经营活动，“㛠有市布肆一，舍客室一”，也是依靠经商来维持生活的。

---

[1]［汉］班固：《汉书》，中华书局，1962 年，第 2244 页。

[2]［汉］司马迁：《史记》，中华书局，1982 年，第 265 页。

[3] 葛志毅：《论丹砂在古代社会生活中的文化意义与巴寡妇清其人》，《国学学刊》，2015 年第 2 期。

[4]［汉］司马迁：《史记》，中华书局，1982 年，第 3260 页。

2. 女性从军

在先秦时期就有女性参军的惯例，秦代依然有女性参军的记载。《商君书》："壮男为一军，壮女为一军，男女之老弱者为一军，此之谓三军也。……壮女之军，使盛食、负垒，陈而待令。"[1]女性被编制入伍，且按身体强弱来分，身体较强健的女性部队主要从事后勤保障的工作，随时等待调配。但是夏增民认为："参与生产劳动或从军非但不是提高了女性的地位，反而是压迫和负担加重的一种表现，因为这些活动强化了女性的工具性人格，使她们不仅被定义为家庭内部的劳动者，更大程度上还成为政府赋役的承担者。"[2]女性参与社会的深度和广度都是极其复杂的社会问题，直到今日依然难以以一概全地定义其利弊，女性拥有参军的可能是不被异化的前提，允许女性从事更多的职业和劳动是性别平等走向实践的前提，相反禁止女性参军或从事某些生产劳动才更有可能加剧女性工具性人格，秦汉之后女性职事范围的缩小就是例证。

3. 女性政治

在秦王室内部的女性，往往会由于与君权关系亲近而或多或少地参与政治，政治参与是女性社会参与的一个重要范畴，秦代立国之前就有秦穆公夫人救晋惠公、宣太后主政、秦始皇母亲赵姬等，都间接地影响到秦国政治的走向。秦代对嫡庶妻等级婚制中处于不同等级之上的庶妻规定所对应的爵秩和官位，并按爵秩和官位享有相应的待遇。根据《七国考·卷一·秦职官》引应劭语说："自秦惠王以后，嫡称王后，次称夫人、又有美人、良人、八子、七子、长使、少使之号。美人爵视二千石，比少上造。八子视千石，比中更。《史记》昭襄王母芈八子是也。"这些详尽的王室女性等级规制，实际上是从经济层面给了皇室女性参与政治的底气。

秦代女性参与的社会生活反映出其时女性真实的生活状态，她们不仅从事基本的家务、耕作，还可以在一定条件下从商、从军、从政，具有较大范围的选择权。从妇功方面的实态来看，秦代女德在法律、旌表的倡导下依旧具备一定的自由度，并没有成为控制女性发展的强制力。

[1]周晓露：《商君书译注》，上海三联书店，2014年，第115页。

[2]夏增民：《秦代家庭中两性关系再评估——以出土文献为中心》，《华中国学》，2017年春之卷。

第二章 西汉女德的儒家理想设计与社会回应

汉代国家一统需要除旧布新，叔孙通制礼使儒家思想挤入国家政权构建中，较为妥善地解决了新统国家由乱易整的过渡期和关键期。从汉武帝开始全面奉行儒家思想以实现国家统治秩序，此后儒家思想顺利主导了社会主流价值观，对汉代庞大国家机器的运行起到了指导作用，同时也对汉民族整体性格塑造提出了规范化要求。“在这个过程中，尽管有许多曲折，儒家思想日益融合其他三家，占据主干地位，却逐渐明显和确定。儒家之所以在这个过程中占了优势和主导，是因为比较其他各家，儒家与中国古老的经济社会传统有更深的现实联系，它不是一时崛起的纯理论主张或虚玄空想，而是以具有极为久远的氏族血缘的宗法制度为其深厚根基，从而能在以家庭小生产农业为经济本位的社会中始终保持现实的力量和传统的有效性。即使进入专制帝国时期，也仍然需要它来维系社会。”[1]儒家重视人的个体行为的规范并意识到其对国家统治秩序的意义，个体行为规范按性别分类为男性行为规范和女性行为规范，在汉统治者而言这是社会秩序构建的基础。提出性别行为规范的同时，儒家描绘出理想的性别角色定位，即以“男尊女卑”为基调以及在此基础上衍生出的一系列对性别要求的条条框框。因此西汉时期的女德是以儒家理想的女性角色形象为追求的终极目标，并以此展开了对现实女德的规划，而整个汉代女德的两条线索围绕这一理想与现实的博弈展开，一条是以儒家理想女性为榜样的规划性女德设计，另一条是女性对女德的自我内化与塑造。

汉代统治者巧妙地沿袭了秦时有效的统治策略，同时规避秦时的政策漏洞，“援法入儒”“援儒入法”，以儒家伦理为显层的政治宣导、以法律为隐层的政治底线，成功引导符合统治者理想的伦理秩序。父权、夫权被儒家不动声色地编织成巨大的体系适应了西汉的社会现实，西汉社会开始以儒家理想女性为榜样进行女德的规划与设计，通过汉儒的宣扬、国家的表彰、法律的强制等手段塑造起理想中的女性形象，而社会现实中女性在诸多方面遵循着理想的规划方向发展，但是由于现实的复杂性和多样性，在某些细节中还是出现了与理想的背离，例如夫死从子是儒家理想中母亲角色的条纲，但事实上尚孝德的汉代社会使母亲在家庭中的实

[1] 李泽厚：《中国思想史论》，安徽文艺出版社，1999 年，第 144 页。

际分量很高，这就使得“夫死从子”完全成为空谈，表现出理想与现实的巨大差距。但总体而言，西汉女德被整体地切入到伦理规范细则中，即使有不入主流的个别事件，也依然抵抗不了被性别社会化的趋势。

第一节　西汉妇德理想与现实

汉初礼制多阙，统治者好黄老之学，至汉武帝罢黜百家，儒家学说一统天下从民间走向官方，统治层希望通过对现实生活中千千万万父子、夫妻之间的服从关系来实现君臣关系的绝对服从，这样家庭伦理就成为需要向社会大众普及的内容，以此树立起各个家庭角色需要遵循的理想框架。周代的宗法制是汉代家庭伦理道德的根基，父权、夫权的威严已经具备一定的社会基础，儒家学说在维护男性统治地位的层面上阐释了其合理性，因而被汉代统治者拿来作为具有国家意志形态的治国方针，当然还包括在此范围内的灵活变通，儒学的主流化过程是从宽泛到严格的过程。家庭伦理、社会道德得到统治者高度重视，汉代士大夫顺应潮流，以儒家学说为基础，加之适合汉代特色的演绎内容，层层塑造起理想的女性形象，尤其对女性德行的要求更加谨慎严密。

儒家关于妇德的思想观点与律法中的妇德规范共同塑造起汉代女性德行的理想模式框架，其中儒家妇德理论的渗透属于软性手段，而律法对妇德的规范则属于硬性手段，软硬兼施给思想和行为提供了模板。国家和地方政府的旌表制度则给女性德行提供了实际范例以供学习模仿，“儒家讲以身作则，但哪一种是‘则’，哪一个行为是好，恰恰是在伦理示范的过程中才慢慢地、历史地形成和体现出来。”[1] 汉代统治者开始实行对孝道、贞顺、母仪女性的旌表，以此来作为广泛塑造理想女性的手段。同时支持官学和私学发展儒学，并将儒家思想渗透于选官制度，潜移默化中引领了全体人群包括女性群体的向儒好儒风尚，女性受家庭成员和社会舆论的影响掀起习儒的热潮，由此符合汉代统治者理想的以儒家观点为基础的女性形象塑造。

然而现实妇德与理想妇德之间毕竟存在一定差距，现实生活中妇德的某些部分遵循儒生理想的妇德礼法规范发展，有些则完全置礼法于不顾，也就是说理想妇德与现实妇德之间始终存在着标准化、礼制化与反标准化、反统一化的斗争。造成这一差距的原因是多方面的，首先男女人性的潜在规则性预定是在人类产生之初就开始积淀的，并不完全能够简单按照新的人类标准去适应，新树立起的社会标准是完全按照统治者意志的方向制定的，只能起到引领、规范的效果，就算是硬性地强加也并不可能全部实现，例如儒家对于异性相处的原则是避免一切异性接触，哪怕是夫妻之间也应该保持一定的距离，这固然是理想妇德难以实现的

[1] 王庆节：《道德感动与儒家示范伦理学》，北京大学出版社，2016 年，第 90 页。

苛刻要求，现实中女性自由出入家庭、参加社会劳动、与异性接触等都是不可避免的；其次儒家妇德礼制的传播速度和渗透情况十分复杂，理想不能立竿见影地影响现实的发展，一切改变都需要时间的催化，这也是后来东汉妇德比西汉时严格的原因之一；再次女性对儒家理想妇德的内化程度不同，不同阶层女性接受程度也不同，贵族阶级女性的妇德与中下层女性的执行效果是不同的；另外儒家之外的思想因素阻碍着理想妇德的流行与贯彻，例如道家认为男女地位的相对平等、认识到女性的重要等在一定程度上阻碍了儒家女卑社会观念的进展；最后统治阶级和儒生自身并没有严格按照理想女德规范身边的女性，有些甚至采取纵容的态度，例如拥有特权的西汉公主们得到男性统治者的允许，助长了违背理想妇德的女性行为。但是总体上理想妇德对女性思想和行为的影响是日益巨大的，日常生活中的女性逐渐趋同于理想妇德模式，并在东汉时完成了某种意义上的契合。

一、理想女性的角色塑造

儒学在先秦本是子学之一，不能代表官方意志，在汉初流行黄老之学时也属隐学，并不能得到足够重视。所以武帝独尊儒学以后亟需宣扬扩张儒家学说，面临着将儒家学说扩散到社会各个层面的任务，通过多种途径、采取多样办法对符合统治秩序的女德进行塑造。

首先，汉儒以言论文章、著书立说的形式来传达理想女性妇德观念，擅长从历史中找到理想妇德的典范，例如董仲舒以对经典的解读入手塑造起符合汉代实际的性别秩序，刘向则从前代的女性身上找到符合理想女德的典型，都是企图从历史中寻找理想妇德的蛛丝马迹，都是借此对汉代理想妇德标准的提出与实践提供一个合理化的依据。其次，统治集团通过对符合妇德标准的女性进行表彰以起到模本的效果，给广大的女性群体树立起可供学习的实际例子，希望达到示范作用、扩大理想女德的宣传效果。再次女性教育得到广泛的社会关注和认可，尤其家庭教育成为扩大妇德普遍影响力的关键。最后法律为女性德行保留了最后的底线，通过法律的强制力规定了女性在夫妻关系中的从属性、女性的贞节标准等内容。

1. 汉儒宣扬妇德的理想类型

汉儒对儒家经典的改造和演绎以服务统治者为目的，金春峰说：“陆贾、贾谊等人，不仅没有儒家一贯具有的浓烈的书生迂腐气；不仅对政治形势有十分清醒、深刻的了解，提出了许多只有法家政治家才能提出的建议；而且对民的看法，对君的态度，对重建等级制度的强调，对树立中央专制集权的权威、削弱诸侯王的割据势力的关注，对仁义的功利性的了解等等，无不打上法家思想的深深的烙印。”[1] 他们以统治阶级利益为准则，对于家庭伦理的关照完全以利于统治秩序的建立为依据，因此更强调行为准则而忽视个体内心体验。对女性角色的塑造完全依照女性所处的家庭角色展开，为人母、为人妻、为人女的妇德行为标准理论逐渐形成，却并不谈及女性的社会角色。

韩婴是汉初以解《诗》传授儒家思想的代表人物，通过对《诗经》的解读阐发个人的思想观点，尤其强调礼的运用性：“君人者以礼分施，均遍而不偏。臣以礼事君，忠顺而不解。父宽惠而有礼，子敬爱而致恭。兄慈爱而见友，弟敬诎而不慢。夫照临而有别，妻柔顺而听从。若夫行之而不中道，即恐惧而自竦。此道也，偏立则乱，具立则治。请问兼能之奈何？曰审礼。”[2] 对君臣、父子、兄弟、夫妻角色以礼定位，观察了其中妻子在夫妻关系中的角色特征。

贾谊是西汉实行儒家礼制规范的理论支撑和代表人物，他强调礼制对妇德的影响，认为性别角色的规范化是礼制起了决定作用，所谓“君惠臣忠，父慈子孝，兄爱弟敬，夫和妻柔，姑慈妇听，礼之至也。”[3] 夫妻关系以和柔为佳，婆媳关系以慈听为佳，妻子的角色要以柔为目标，婆母的角色以慈为目标，媳妇的角色以听从为目标，这样才是女性家庭角色的理想类型。

谷永将男女性别秩序与自然灾害相联系：“夫妻之际，王事纲纪，安危之机，圣王所致慎也。昔舜饬正二女，以崇至德；楚庄忍绝丹姬，以成伯功；幽王惑于褒姒，周德降亡；鲁桓胁于齐女，社稷以倾。诚修后宫之政，明尊卑之序，贵者不得嫉妒专宠，以绝骄嫚之端，抑褒、阎之乱，贱者咸得秩进，各得厥职，以广继嗣之统，息《白华》之怨，后宫亲属，饶之以财，勿与政事，以远皇父之类，损妻党之权，未有闺门治而天下乱者也。”[4] 认为夫妻的尊卑关系影响着国家的统治秩序，影响着天道自然，又掺杂进了部分灾异邪说，认为女德之失容易导致天灾国难。

杜邺上奏汉哀帝：“臣闻阳尊阴卑，卑者随尊，尊者兼卑，天之道也。是以男虽贱，各为其家阳；女虽贵，犹为其国阴。故礼明三从之义，虽有文母之德，必系于子。《春秋》不书纪侯之母，阴义杀也。昔郑伯随姜氏之欲，终有叔段篡国之祸；周襄王内迫惠后之难，而遭居郑之危。汉兴，吕太后权私亲属，又以外孙为孝惠后，是时继嗣不明，凡事多晻，昼昏冬雷之变，不可胜载。窃见陛下行不偏之政，每事约俭，非礼不动，诚欲正身与天下更始也。”[5] 将阴阳尊卑运用到抨击外戚专权的实践中，

[1] 金春峰：《汉代思想史》，中国社会科学出版社，2006 年，第 93 页。
[2] [汉] 韩婴撰，许维遹释：《韩诗外传集释》，中华书局，1980 年，第 140 页。
[3] [汉] 贾谊撰，阎振益、钟夏校注：《新书校注》，中华书局，2000 年，第 214 页。
[4] [汉] 班固：《汉书》，中华书局，1962 年，第 3446 页。
[5] [汉] 班固：《汉书》，中华书局，1962 年，第 3475-3476 页。

强调女后之德对国家兴亡的重要性。

汉儒宣扬的女德能够得到社会认同与儒学的兴起关系重大，汉武帝时“置五经博士”，举明经，接受董仲舒的建议“兴太学，置明师，以养天下之士”，这样一来男性可以通过对儒学的研习获得功名利禄，以考试、察举等形式入仕为官，也就吸引越来越多人群愿意加入儒学的学习和传播中，儒家理论得到最有力的支持得以流传并进入民间。

（1）男尊女卑性别秩序的确立

董仲舒是汉武帝独尊儒术的直接推动者，《春秋繁露》通过对经书的解读集中反映了他的儒家思想，他对儒学体系的改造使汉武帝采纳并能够直接运用到治国实践中，其中为了规范男女性别秩序进行了一系列阴阳之哲学理论建构，他对阴阳的清晰阐释完成了阴阳之性别象征意义，是封建性别秩序圆满构建的基础。董仲舒《春秋繁露·基义》：

凡物必有合。合，必有上，必有下……阴者阳之合，夫者妻之合，子者父之合，臣者君之合。物莫无合，而合各有阴阳。阳兼于阴，阴兼于阳，夫兼于妻，妻兼于夫，父兼于子，子兼于父，君兼于臣，臣兼于君。君臣父子夫妇之义，皆取诸阴阳之道。君为阳，臣为阴；父为阳，子为阴；夫为阳，妻为阴。阴道无所独行，其始也不得专起，其终也不得分功，有所兼之义。是故臣兼功于君，子兼功于父，妻兼功于夫，阴兼功于阳，地兼功于天。……君臣父子夫妇之义，皆取诸阴阳之道。王道之三纲，可求于天。[1]

董仲舒为了解释夫妻、父子、君臣的三纲关系，附和以阴阳的概念，给天道阴阳与人道君臣、父子、男女建立连接关系，力图证明人道的尊卑是由天定的，以此来确定三纲理论的权威性，是在易学阴阳理论上的进化。阳尊阴卑是亘古不变的真理，附和出的男尊女卑也烙上了真理的烙印，夫为妻纲上升到哲学、真理的境界就更加难以辩驳。从此以后，夫为妻纲成为夫妻关系的绝对性纲领，丈夫对妻子的占有和主宰愈加有理可依。

阴阳二物，终岁各壹出，壹其出，远近同度而不同意，阳之出也，常县于前而任事；阴之出也，常县于后而守空处，此见天之亲阳而疏阴，任德而不任刑也。是故仁义制度之数，尽取之天，天为君而覆露之，地为臣而持载之；阳为夫而生

[1]［汉］董仲舒，苏舆撰，钟哲点校：《春秋繁露义证》，中华书局，1992年，第350-351页。

之，阴为妇而助之，春为父而生之，夏为子而养之，秋为死而棺之，冬为痛而丧之，王道之三纲，可求于天。天出阳为暖以生之，地出阴为清以成之；不暖不生，不清不成。然而计其多少之分，则暖署居百而清寒居一，德教之与刑罚犹此也。故圣人多其爱而少其严，厚其德而简其刑，以此配天……[1]

董仲舒创立的《春秋》灾异学说为将乱政嫁祸女色提供了依据，董氏学说非常看重三纲之一的“夫为妻纲”，认为“丈夫虽贱，皆为阳。妇人虽贵，皆为阴。”[2] 强化夫妻之间的尊卑等级，出身再高贵的女性也要归从于低贱的丈夫，同时强调妻妾等级秩序，不得以妾为妻。此外董氏支持寡妇改嫁且由父母做主。“伯姬如宋五年，宋恭公卒。伯姬幽居守节三十余年，又忧伤国家之患祸，积阴生阳，故火生灾也。”[3] 董氏学说的政治影响力很大，在他年老归家以后其弟子仍旧不断发展，扩大了男女尊卑观念的社会效应。所以有学者说到：“这种系统论里，似乎所有的经验都被妥帖地安置，似乎一切问题都可以在系统中求得解决，从而不要求思维离开当下经验去做超越的反思或思辩的抽象以更深地探求事物的本质，人们也就无须费力去探求为什么会出现阳尊阴卑的理论以及男尊女卑的女性观。”[4] 虽然他并没有就妇德作特别的论述，但他的阴阳学说、尊卑观念以及对男女性别制度的规划孜孜不倦地渗透到统治阶级的政策中，深刻影响着理想女性的塑造。

（2）树立妇德典范的《列女传》

刘向目睹西汉后宫女性的奢靡淫泆和外戚的横断专权等违礼行为，希望匡正礼制以肃清宫廷秩序，特别集取了先秦以来诗书中的忠贞女性案例分类，在记载女性主要事迹的基础上另外附加了简短评论，直接对女性德行评价褒贬。《列女传》可以说是从示范的角度用鲜活的女性例子给妇德列举出可供模仿的榜样，篇章安排和结构谋划都较为周密，从母仪、贤明、仁智、贞顺、节义、辩通、孽嬖的七个分类非常集中地体现了汉儒对理想妇德的标准，其中第一至第六是可供推崇和借鉴的女性品德，第七孽嬖则明显是反面例子，从正反几个侧面细节中总结具备“德”与不具备“德”这一品质的女性所具有的特征。刘向祖上就有读《诗》习儒的传统，有深厚的儒学之家学背景，他的著述中多以弘扬儒家伦理为治国途径。其中《列女传》是为规范女性德行写就，具有很强的针对性，全面反映了以刘向

[1]［汉］董仲舒，苏舆撰，钟哲点校：《春秋繁露义证》，中华书局，1992 年，第 323 页。
[2]［汉］董仲舒，苏舆撰，钟哲点校：《春秋繁露义证》，中华书局，1992 年，第 325 页。
[3]［汉］班固：《汉书》，中华书局，1962 年，第 1326 页。
[4] 崔锐：《秦汉时期的女性观》，西北大学博士论文，2003 年 4 月。

为代表的儒生群体的女性观特点。

具体来看，《列女传》认为母仪以“贤圣有智，行为仪表，言则中义，胎养子孙，以渐教化，既成以德，致其力业”为标准，主要体现了母亲身份应该具有的品性和责任，例如周室三母、邹孟轲母等，既有传说中的母亲又有现实中的母亲，既有生母又有继母，还有婆母、傅母等，可见涵盖了各种家庭关系中所有母亲在内的母仪规范，“政治、社会伦理、自然意义上的、各阶级、各阶层的母亲和女性的各种母亲身份和母仪功能，这一选材和安排显示了编著者的思维的缜密”[1]；

贤明以“廉正以方，动作有节，言成文章，咸晓事理，知世纪纲”为标准，阐发贤明的内涵，是女性以对社会大道的把控为论述方向的，如耐心劝导丈夫不能贪图安乐的齐姜；

仁智以“预识难易，原度天道，祸福所移，归义从安，危险必避，专专小心，永惧匪懈”为标准，偏重对天道、福祸的预识，倡导女性行事应谨慎小心，而且篇目所举女性都因为先有预见而趋福避祸、一一得到验证，如密康公母预言密康公不堪三女，劝儿子献女不听，结果被周王所灭；

贞顺以“修道正进，避嫌远别，为必可信，终不更二，天下之俊，勤正洁行，精专谨慎”为标准，女性在面对变幻的环境时要终不更二，例如坚守“夜不可下堂”礼教而死于火灾的宋恭伯姬；

节义以“必死无避，好善慕节，终不背义，诚信勇敢，何有险诐，义之所在，赴之不疑”为标准，教导女性不能因自己的私利而背义弃信，如逃难时放弃自己孩子保全兄子的鲁义姑姊；

辩通以“文辞可从，连类引譬，以投祸凶，推摧一切，后不复重，终能一心，开意甚公”为标准，将善言类型的女性事迹表述在一起，如齐管妾婧、楚江乙母、晋弓工女等，希望树立起女性用文辞解决困境的模范；

孽嬖则以“亦甚嫚易，淫妒荧惑，背节弃义，指是为非，终被祸败”为整体特征，集合了历史中违背妇德的反面典型，尤其站在国家兴亡与女德关系的角度，着力抨击失德的亡国之君身边的女性，企图影射女性失德与亡国的必然关系。

从中我们不难看出，首先刘向对女性的评价标准是多元的，只要具备其中之一就可以成为称颂的对象，并不要求女性是至全至尚之人；其次女性的仁智与辩通之才受到肯定，虽然“她们的‘智’是依附在妇德之上的。体现在她们身上的首先是‘仁’，是对丈夫的服从与匡助，匡助夫君有功，同时还懂得自我约束，这样的才算得上是‘智’。仁智女子实际上是圣君贤人的一个配置，她的‘仁智’

[1] 俞士玲：《汉晋女德建构》，人民文学出版社，2017 年，第 24 页。

通过他得以实现”，[1] 从他并不是一味地愚化女性、奴化女性来看，是不阻碍女性学习与进步的；再次虽有“贞顺”一篇集中对贞节女性进行赞颂，却并不以严苛的贞节观要求女性，寡妇再嫁与离婚女性改嫁也是允许的，可以因为其他特质被写入《列女传》；另外，刘向完全以女性为叙事中心，承认女性的社会价值，认为她们在家庭和社会生活中占有一席之地，多次记录了普通平民女性向皇帝进言被采纳的事情，对鲁漆室女等一批关心国家命运的女性给予肯定；最后刘向尊崇钟离春、宿瘤女等相貌虽丑却有妇德的女性，故意将她们与美而无德的女性形成对比，以抨击皇室女性无德乱政的事实。

《列女传》之流行对女性德行典范所起到的作用不容小觑，江苏东海县尹湾村西汉墓中出土了包括《列女传》在内的简牍；东汉时顺烈梁皇后常以列女图画置于左右；大儒马融的治学范围包括《列女传》在内；山东武梁祠列女画像故事多源自《列女传》。证明《列女传》对汉代女性德行的指导意义超过了我们今天的理解，推崇“德”是先于仁智、优于色貌的女性素质，巩固了以德为美的传统，整体上达到了宣扬伦理教化的意义。

2. 对妇德的表彰

汉代对女性的旌表是由国家制定并实施对女性行为的肯定措施，以名誉奖赏和物质奖赏的形式予以表彰，从而达到引导社会舆论、引领社会风潮的目的，给予女性大众一个个可再造的模型样本，是具有国家影响力的政府行为，是将儒家女性观逐步向社会底层渗透的一种教化方式。后来地方政府也上行下效，力行教化以治理地方，甚至成为考核地方官员政绩的项目之一。元始元年平帝下令每乡推举一名贞妇免除其赋税徭役，是有力引导妇德的奖赏政策，这样一来倡导妇德的宣传范围能够尽可能地波及到全体女性，即使是生活在社会底层目不识丁的女子，也能知道“有德”可以为自己带来切实的物质实惠。

最早对女性的表彰始于秦始皇时对巴寡妇清不愿改嫁、自力更生支持国家建设行为给予肯定，汉代开展更大范围对女性妇德的表彰。能够受到表彰的女性主要集中为三种类型，第一类是不肯改嫁甚至以死殉节的贞节女性，汉宣帝四年诏记载了对贞顺女德的奖励措施：“颍川吏民有行义者爵，人二级，力田一级，贞妇顺女帛。”[2] 第二类是拥有母德的女性，汉武帝奖励重臣金日磾的母亲“教诲两子，甚有法度，上闻而嘉之。病死，诏图画于甘泉宫，署曰‘休屠王阏氏’”[3]。第三类是拥有孝德的女性，她们以“孝女”“孝妇”的身份受到敬仰，如“东海有

[1] 李山、邓田田：《论刘向在〈列女传〉中的政治寄寓》，《中国文学研究》，2008年第2期。
[2]［汉］班固：《汉书》，中华书局，1962年，第264页。
[3]［汉］班固：《汉书》，中华书局，1962年，第2960页。

孝妇，少寡，亡子，养姑甚谨，姑欲嫁之，终不肯。姑谓邻人曰：‘孝妇事我勤苦，哀其亡子守寡。我老，久絫丁壮，柰何？’其后姑自经死，姑女告吏：‘妇杀我母。’吏捕孝妇，孝妇辞不杀姑。吏验治，孝妇自诬服。”[1]被陷害冤死的孝妇沉冤得雪后受到政府表彰。

对于最高统治者而言，除了规范女性言行之外，表彰妇德也利于后宫的管理，为避免女主专政、女色祸主和外戚乱政提供一定的借鉴。《汉书·外戚传》载：“序自汉兴，终于孝平，外戚后庭色宠著闻二十有余人。然其保位全家者几，唯文、景、武帝太后及邛成后四人而已。至如史良娣、王悼后、许恭哀后身皆夭折不辜，而家依托旧恩，不敢纵态，是以能全。其余大者夷灭，小者放流。”[2]一旦女性妇德得到国家权威的表彰，其行为模式就会成为街头巷尾议论的对象，对社会舆论的引导由此达成。受表彰的女性成为被追捧的偶像得到人们的敬仰，由此带来的荣誉感甚至影响到整个家族，使妇德成为女性家学代代传承。与此同时，对妇德表彰的负面影响也显现出来，例如对贞节的盲目追求使女性自残自戕的极端案例开始出现，对孝德的盲目追求逐步演化成愚孝等等。

3. 女性教育重视妇德的培养

教育将一定的价值观和理念传递给社会成员，女性教育是女德规范推行的重要手段，在汉代统治者的授意下通过对女性思想行为的教育宣传普及儒家女性观并逐渐发展成为儒家女教。西汉鼓励女性学习，整个社会对通晓诗书的女性都持正面态度，能够获得正式教育的女性只有极少数社会上层，内廷学堂、家中私塾是贵族女性接受教育的形式，出身书香世家的女性接受文化基础教育的可能性最大，其他女性则多是接受父母、家人的非正式家庭教育，尤其以女性长辈的言传身教为主，中下层女性家庭教育以妇功为主要内容，不同社会阶层女性所受教育的侧重点有所不同。

汉代女性教育的内容主要分为四类：一是以儒家女德理论即男尊女卑、三从四德为指导思想的妇德教育，国家的重视和儒生的宣传影响了女性群体德行的培养观念，普通家庭教育以适应女子人生角色为主，教育女性为人妻为人母的规范及与家庭成员的相处之道。二是适合女性从事的家庭劳动技能教育，以纺织、刺绣、家务等为主，其中社会中下层女性更重视此类妇功教育，她们依靠教育掌握生存生活技能，而王室和贵族女性也不能免于妇功教育，尽管并不依靠妇功养家糊口，但她们也被要求学习纺织等基本技能以培养女性特质，女性与纺织女红的天然联

[1][汉]班固：《汉书》，中华书局，1962 年，第 3041-3042 页。
[2][汉]班固：《汉书》，中华书局，1962 年，第 4011 页。

系由此可见一斑。三是文化基础教育在贵族阶层女性中较为普遍，她们能够阅读传习基础典籍，如晁错随伏生之女习诵《尚书》，窦太后好《老子》书等，有些甚至可以自作诗文，如班婕妤作《自悼赋》和《捣素赋》。同时文化教育的书面形式是女德教育的基础，女性研习儒家经典对基础文化教育和女德教育是双重作用。四是从王室贵族到下层普通女性都开展的乐舞教育，元后王政君自幼“学鼓琴”，刘兰芝“十五弹箜篌”，西域乌孙公主也“遣士来至京师学鼓琴”等，不同之处在于贵族女性和专业从事乐舞以供享乐的女性是有专业技师指导的专业教育，普通家庭女性乐舞教育以家庭非专业的形式存在，既不作为养家糊口的谋生技巧，也没有贵族家庭优渥的物质条件，只是作为提升自我修养的爱好。

此外，婚前教育是女性教育的特殊类型，是女性出嫁之前原生家庭对其进行的特殊阶段的教育，以事丈夫、事舅姑的德行教育为主，如张负在孙女嫁给陈平前就严肃告诫她说：“毋以贫故，事人不谨。事兄伯如事乃父，事嫂如事乃母。”[1]这使得“孝妇”形象成为已婚女性效仿的典型，刘向在《说苑》中保存有东海孝妇冤死结果大旱三年，后因得到祭祀而天降甘霖的传说：“东海有孝妇，无子，少寡，养其姑甚谨。其姑欲嫁之，终不肯。其姑告邻之人曰：‘孝妇养我甚谨，我哀其无子，守寡日久。我老，累丁壮奈何！’其后母自经死。曾女告吏曰：‘孝妇杀我曾。’吏捕孝妇。孝妇辞不杀姑。吏欲毒治，孝妇自诬服，具狱以上府。于公以为养姑十年以孝闻，此不杀姑也。太守不听。数争不能得，于是于公辞疾去吏。太守竟杀孝妇。郡中枯旱三年。后太守至，卜求其故。于公曰：‘孝妇不当死，前太守强杀之，咎当在此。’于是杀牛祭孝妇冢，太守以下自至焉。天立大雨，岁丰熟。”[2]女性的“孝妇”观是伦理规范中最值得商榷的，女子在为人母、为人女、为人妻的家庭角色中，都是依靠紧密而稳定的关系来维系的，尤其是以母亲或女儿的身份出现时似乎天然地就需要具备某些基本的能力和品质，是身为一个女性难于拒绝和选择的。但是在为人媳的角色上，尤其在丈夫缺席的情况下，女性与姑翁之间的关系以及媳妇对待姑翁的态度，就很能考验女性“妇德”的高下。儒家讲求“孝”为统一的标准，要求为人媳的女性如对待自己父母一般，以孝妇的标准教育女性、规范女性言行。

汉代女性家庭教育集中以妇德和妇功为主要内容，女性多依靠学习妇功掌握生产技能，依靠学习妇德成为理想的符合社会规范的女性角色，它们构成了女性教育的坚实基础，无论从理论上还是实践性上都对整个女性教育史产生了巨大影

[1]［汉］班固：《汉书》，中华书局，1962 年，第 2038 页。
[2]［汉］刘向撰，向宗鲁校证：《说苑校证》，中华书局，1987 年，第 109 页。

响，理论上汉儒所成系统性女教观念至今仍然影响女性行为准则，实践上形成了女性教育的基本模式即以家庭教育为主、以儒家理论为思想指导的模式，形式上女性教育专门论著以刘向《列女传》为典型代表并自社会上层向下层平民逐渐渗透。汉代女性教育以家庭教育为主要形式，弥补女性学校教育的缺失，又因为统治者对儒学的硬性推崇，女性家庭教育以儒家伦理观念来培养理想女性尤为重视对妇德的塑造。对女性妇德的家庭教育表现出阶层化的特点，一方面家庭环境较为优渥的社会中上层女性更加具备接受妇德教育的条件，由于妇德教育与文化教育息息相关，社会中上层女性接触文化教育的可能性更大，尤其是具有家学传统的女性，受家庭成员的耳濡目染自然而然在学习儒家经典的同时习得了妇德规范；另一方面社会中下层女性每日需要参加劳动生产才能供给自己和家庭的开销，她们更加重视劳动技能等实用性教育，对妇德教育的关注较小，而且家庭教育的形式决定了施教者只能是家庭成员，普通平民中有专业文化施教者的可能性小于社会中上层。所以整体上妇德教育呈现阶层自上而下控制力逐渐减弱的态势，越是社会下层女性越缺乏接受妇德教育的可能。西汉成帝时的班婕妤“诵《诗》及《窈窕》《德象》《女师》之篇”是习儒尚儒的女性，成帝欲与班婕妤同辇，班婕妤辞言：“观古图画，贤圣之君皆有名臣载侧，三代末主乃有嬖女，今欲同辇，得无近似之乎？”可见儒家妇德女教起到了示范作用，同时对女性妇德的培养促进了家庭和谐与社会稳定，中国传统女性的诸多优秀品质都以家庭教育的形式代代传承下来，同时妇德教育也使更多女性被禁锢在闺门之内，不能在更广阔的社会中自由发展而成为封建女教的牺牲品。

4. 法律对妇德的强制塑造

汉代法律是统治者控制女德走向的另一有力武器，所谓“用律辅礼”，比靠舆论引导对女性有着更强的约束力。从汉律的规定不仅可以窥探出统治意志对女德的预设，还可以结合现实对比汉律的执行情况来了解女德的真实处境。首先汉律中明确体现出在所有家族家庭中女性地位总体上低于男性地位，“为人妻者不得为户”是男尊女卑、夫尊妻卑在法律上的认定，而女性相对于男性是弱势的，因此对女性犯罪也从轻处罚，既可以看作是对女性的同情也可以看作是对女性的歧视。其次为杜绝男女通奸问题提供了法律依据，严惩淫泆行为使女性贞节在法律上受到强制保护，但其本质是维护较高阶级男性对女性和女性贞节的占有权。再次作为母亲的女性可以在寡后单独立户，并对家庭财产享有支配权，母亲在家庭中的权威在法律上也有部分体现。适应一统国家的需要，汉承秦制沿袭了法律这一新武器来维护父权夫权，从汉律的具体条目来看，在规范女性为人母、为人妻、为人女的权利义务的某些方面例如财产继承权是十分细致系统的，对女德塑造的强制力在这些方面更加明显。

（1）法律强调女性在夫妻关系中的从属地位

汉律支持一夫一妻婚制，“弃妻子不得与后妻子争后”，离婚后女性不再享有继承权，丈夫若犯有谋反、抢劫等罪行时妻子会被株连，《二年律令·收律》规定：“罪人完城旦舂、鬼薪以上，及坐奸府（腐）者，皆收妻、子、财、田宅。其子有妻、夫，若为户、有爵，及年十七以上，若为人妻而弃、寡者，皆勿收。坐奸、略妻及伤其妻以收，毋收其妻。”[1] 妻子被看作与田产、财产同等的私人物品，在丈夫犯罪时是被收的对象。法律允许男性纳妾，称为下妻子、偏妻子等，比正妻地位低下，禁止以妾为妻扰乱社会秩序，所有律法规定都是为了维护父权制下男性对女性的统治秩序。如果夫妻之间打架，妻子殴打丈夫比丈夫殴打妻子所判刑法要重，“妻悍而夫殴笞之，非以兵刃也，虽伤之，毋罪。”[2] 同样的情况丈夫殴打妻子只要没有使用兵刃就不算犯罪，这意味着对男性家庭暴力的纵容。相反，“妻殴夫，耐为隶妾。”妻子殴打丈夫就要沦为奴隶，这不得不说是汉律中夫妻最不平等之处，而且如果妻子打伤丈夫，不能以丈夫的爵位来赎刑，以“夫犯妻，无罪或减刑；妻犯夫，比常人加刑”[3] 的原则处理夫妻之间的法律矛盾，就连妻子殴打夫家长辈也要被处以最严厉的弃市极刑。

（2）法律对女性贞节的强制

汉代法律严惩儒家伦理范围外的婚外性行为，对强奸罪和通奸罪尤其亲属间的通奸行为严厉处罚，在一定程度上起到了维护女性贞节的作用，对规范女性贞节标准也具有推波助澜的效果。

对有血缘关系亲属间的通奸惩罚最为严苛，春秋时还在流行的烝报婚在《二年律令·杂律》中被禁止：“复兄弟、季父伯父之妻、御婢，皆黥为城旦舂。复男弟兄子、季父伯父子之妻、御婢，皆完为城旦。”[4] 男性不得与兄弟、季父伯父以及其子的妻、婢发生通奸关系，“乱伦”概念开始形成，《汉书》载刘定国犯禽兽行，乱人伦：“定国与父康王姬奸，生子男一人。夺弟妻为姬。与子女三人奸。”[5] 最后落得个自杀除国的下场。对于春秋时常见的娶后母的婚姻已经非常严厉地排斥，《汉书·王尊传》载：“美阳女子告假子不孝，曰：‘儿常以我为妻，妒笞我。’尊闻之，遣吏收捕验问，辞服。尊曰：‘律无妻母之法，圣人所不忍书，

[1] 张家山二四七号墓竹简整理小组编：《张家山汉墓竹简》，文物出版社，2006 年，第 32 页。
[2] 张家山二四七号墓竹简整理小组编：《张家山汉墓竹简》，文物出版社，2006 年，第 139 页。
[3] 薛洪波：《秦汉家族法研究》，东北师范大学博士论文，2012 年 12 月。
[4] 张家山二四七号墓竹简整理小组编：《张家山汉墓竹简》，文物出版社，2006 年，第 34 页。
[5] [汉] 班固：《汉书》，中华书局，1962 年，第 1903 页。

此经所谓造狱者也。'尊于是出坐廷上，取不孝子县磔著树，使骑吏五人张弓射杀之，吏民惊骇。"[1] 不仅严惩了罪行，还起到警示民众的效果。同时汉律以弃市罪严惩有血缘关系的兄弟姊妹间的通奸，"同产相与奸，若取以为妻，及所取皆弃市，其强与奸，除所强"[2]，是通奸类型里最严格的处罚，《汉书》记载江充告发赵敬肃王刘彭祖与女弟和同产姊之间通奸，"下魏郡诏狱，治罪至死。"[3] 现实对亲属血缘相奸关系的处罚甚至比律令更为严格。

儒家伦理要求"君子居丧，食旨不甘，闻乐不乐"，所以汉代在居丧期间禁止两性生活，尤其对本不正当的通奸行为处以弃市极刑，《张家山汉墓竹简·奏谳书》云:"妻之为后次夫父母，夫父母死，未葬，奸丧旁者，当不孝。不孝弃市。"[4] 史书中也有此类案列，《史记》:"侯蟜坐母长公主薨未除服，奸，禽兽行，自杀。"[5] 居丧而奸视为不孝。汉律极其维护阶级性贞节，禁止男奴与贵族主人家的女性通奸，《二年律令·杂律》："奴娶主、主之母及主妻、子以为妻，若与奸，弃市，而耐其女子以为隶妾。其强与奸，除所强。"对通奸女子处以隶妾的处罚，男奴则弃市。同时还规定平民女子若嫁与奴隶，其后代也将沦为奴隶，从而限制不同等级间的通婚，实际上是维护较高等级的男性对女性的占有权。因为男性主人若与下层奴婢相奸是不治罪的合法行为，若婢女有子还可以在男主死后免为庶人受到法律认可，所以婢女通过攀附男主脱离奴隶阶层的例子屡见不鲜。这无疑是男尊女卑的终极体现。

（3）法律对母亲权威的塑造

汉代法律对家庭中母亲的权威地位给予支持，寡母可单独立户，即拥有对户主身份和财产的双重继承权利。母亲可以管理并支配家庭财产，"死毋子男代户，令父若母，毋父母令寡，毋寡令女，毋女令孙，毋孙令耳孙，毋耳孙令大父母，毋大父母令同产子代户。同产子代户，必同居数。弃妻子不得与后妻子争后。"[6] 这条汉律规定了继承的先后顺序，首先夫死从子在法律上具有绝对强制力，子是第一顺序继承人，其次父母是排在第二位的，最大限度保证财不出户，若没有儿子、父母可继承，第三顺序拥有继承权利的才是妻子、女儿。也就是说除了男性死者的儿子和父亲以外，继承顺序上排在首位的女性是母亲，母亲是排在妻子之前的，可见母亲在家庭中的地位得到法律的认同。

[1]［汉］班固：《汉书》，中华书局，1962 年，第 3227 页。
[2] 张家山二四七号汉墓竹简整理小组：《张家山汉墓竹简》，文物出版社，2006 年，第 158 页。
[3]［汉］班固：《汉书》，中华书局，1962 年，第 2421 页。
[4] 张家山二四七号汉墓竹简整理小组：《张家山汉墓竹简》，文物出版社，2006 年，第 108 页。
[5]［汉］司马迁：《史记》，中华书局，1959 年，第 538 页。
[6] 张家山二四七号汉墓竹简整理小组：《张家山汉墓竹简》，文物出版社，2006 年，第 60 页。

虽然法律首先强调了儿子的第一继承权，可在执行过程中法律同时支持母亲在家庭财产分配问题上拥有绝对的发言权，《先令券书》中的寡母朱凌操控着遗嘱的执行，明言母亲在世时田产不得转卖，实际上母亲在家庭中代行着父亲的部分权利，俨然一副大家长的态势，“可视为在儒家‘孝’的特殊文化逻辑下，排除了或削弱了‘男尊女卑’的一般文化原则。”[1] 寡母与儿子的关系超越了男尊女卑的界定，在强调孝德的汉代更是如此，母亲在家庭中拥有权威在皇家也不例外，窦皇后遗诏中要将其全部金钱财物赐给长公主嫖，是对女儿的偏爱也是母亲可以自由支配财产的证明。

二、家庭中的妇德现实

尽管统治者一再追求以儒家妇德要求女性行为，实际上完全实现的可能性微乎其微，现实中西汉女性的妇德之生动多彩，并不像儒家理想女性那样刻板木讷。她们敢于追求美好的爱情与和谐的夫妻关系，甚至敢于表达自己的本能欲望；她们在乎婚姻中的父母媒妁，却也有相对自由选择的空间；她们可以根据自己的意愿选择离婚，也可以在离婚或守寡后改嫁；对女性贞节的要求虽然已经出现却并不能成为普遍的约束；作为母亲的女性对子女的培育作用之大显现出来，女性在母子关系中表现出的母德，是女德伦理最大化实现的顶峰；同一个家庭中的妻妾之间由于爱与利益的冲突，较难实现和睦相处的情况；她们拥有财产继承权，同时可以占有并支配家庭财产尤其是家庭中的寡母；她们的社会交往较为自由，出入家庭、从事社会劳动、与异性接触等现象都广泛存在。

西汉女性表现出的妇德现实与儒家理想女性的差距在某些方面较为显著，例如礼教规定男女不得同车不得同席，但现实中女性不仅可以与男子同辇，还能够参加聚会甚至主持招待异性宾客。而在某些方面差距并不十分显著，理想与现实妇德还有达成契合的趋势，例如礼教要求为人母的女性恪守母德养育子女，培养符合儒家成功观念的“好男好女”，多数母亲都能做到无私的奉献，甚至牺牲生命保全子女的例子也不少。还有一些理想妇德与现实之间的差距需要具体分析，例如儒家择偶标准中的具体禁忌在《大戴礼记·本命》提到：“女有五不取：逆家子不取，乱家子不取，世有刑人不取，世有恶疾不取，丧妇长子不取。”意即家族中有大逆不道、淫乱的女子不能娶，家族中有受刑、恶疾之人的女子不能娶，母亲去世的长女不能娶，这些都只能是在社会总体价值取向中有一定的指导意义，实际婚姻中具体的事例复杂，女性的容貌、家世都是择偶需要考察的标准，理论上的禁忌并不能全部成为习俗。

[1] 黄嫣梨：《中国传统社会的法律与妇女地位》，《北京大学学报》，1997 年第 3 期。

1. 夫妻和睦与男女交欢

汉代虽然男尊女卑的舆论压力很大，尤其夫妻之间以要求妻子对丈夫的绝对顺从作为夫妻伦理的基础，但是夫妻之间毕竟不同于君臣、父子之间切实存在的上下阶层和高低辈分的差别，加上儒家理想的夫妻关系是互相礼让、双方感情平淡的状态，所以朝廷公卿之间仍旧有追求夫妻间平等自由的风气，能够做到互相尊重、和睦相处的实例也很多，哪怕是喜新厌旧的多妻男性依然会相当看重夫妻之间的感情，李夫人早卒后汉武帝哀伤不已并不避讳外人的看法，“上思念李夫人不已，方士齐人少翁言能致其神。乃夜张灯烛，设帷帐，陈酒肉，而令上居他帐，遥望见好女如李夫人之貌，还幄坐而步。又不得就视，上愈益相思悲感，为作诗曰：‘是邪，非邪？立而望之，偏何姗姗其来迟！’令乐府诸音家弦歌之。上又自为作赋，以伤悼夫人。”[1] 东方朔割肉遗妻是丈夫把妻子当成了擅自割肉的借口，但从中能看出他作为丈夫对妻子的态度并没有高高在上，不以公开割肉遗妻的说法为耻，而且汉武帝也顺应了他的说法，又赐给酒肉“以遗细君”。张敞为妻子画眉体现了丈夫对妻子温柔的态度，对待皇帝和同僚的责问他毫不回避地说：“臣闻闺房之内，夫妇之私，有过于画眉者。”[2] 将夫妻恩爱之情表现得坦坦荡荡，并不完全符合儒家伦理尊卑观念，但是皇帝爱惜他的才华不忍责备。张骞出使西域时被匈奴所留，娶妻生子十余年后趁机返回汉地，也不忘带回匈奴血统的妻子，是两人之间的感情超越了对匈奴人的厌恶。

妻子在夫妻关系中的顺从角色并不是绝对的，多数男性虽持有男尊女卑的观念却能够在生活中与自己的妻子相亲相爱、和睦相处，不得不说是教化理论与现实情况的差距，夫妻关系的和谐关乎着整个家庭的走向，即便是男性占有一家之主的地位，也不得不考虑妻子的接受程度，爱情、夫妻感情对于男性女性而言都是人生中追求的重要精神寄托，卓文君当垆卖酒和司马相如不畏人言都是面对爱情委曲求全的选择，而众多以爱情为主题的诗赋作品之流行传诵更是调和女卑地位的润滑剂。理想中的男尊女卑并不能严苛指导现实中的性别关系，夫妻之间男性对女性以尊临卑的绝对优势地位在日常生活中并不十分清晰。从男性角度出发，丈夫是否礼让敬重妻子是社会价值观判断其有德无德的标准之一，所以夫妻之间仍旧以和谐相处的恩爱之情占据主导，是普通男女一心向往的理想状态。

[1]［汉］班固：《汉书》，中华书局，1962 年，第 3952 页。
[2]［汉］班固：《汉书》，中华书局，1962 年，第 3222 页。

四川彭山第 550 号崖墓出土男女接吻图

民间对于男女交欢的话题更加直言不讳，汉画像中直接表现男女亲昵欢爱的图像很多，四川彭山崖墓上的男女接吻图，两人互相拥着亲吻，眼神迷离甜蜜；徐州画像石男女亲吻图中男女都穿着贵族衣饰，拥抱接吻动作亲密；安徽灵璧县九顶镇有一幅女性坐在织机旁和男子相吻的图，女性一边织布一边与男子拥吻极富生活情趣。这些画像砖石有些刻在崖壁上的公开之处，有些则在棺墓之中，证明夫妻欢爱的话题既可以在大众范围内被普遍接受，又是个人至死的人生最高追求之一。比之更大胆直白的男女交媾图画也在注重礼教的汉代有所保留，四川新都出土的画像砖上男女双方的交媾更像是履行一场祭祀仪式，延续了生育崇拜对子孙兴旺的期盼以及生命永恒的追求。还有一类如伏羲女娲交尾图、鸟衔鱼图等富有隐喻色彩的图像，也可看作是对夫妻和谐感情的追求。诸多民间画像比之官方记叙和文人话语更具有朴素的生活气息和触手可及的真实感，更加可以说明男尊女卑语境下追求夫妻和谐有着更高更自然的广泛群众基础。

四川新都出土的男女野合画像砖

陕西西安汉墓出土了 7 件形状逼真的西汉早期男性性器模型，有学者考察其用途认为："一是缺乏性器官的人，如太监、受过宫刑的人；二是不能得到正常的性满足的人，如妃子、宫女之类等；三是好色淫贱之徒，如西汉中山靖王刘胜的墓中就出土过铜制的性器。西汉时的这种高级性器，一般都出现于皇帝宫中、王侯府中或富豪之家，而且肯定是女性比较集中的地方，可能会有一些太监或老宫女偷偷运用这些性器为年轻的宫女们提供性服务。"[1] 尽管儒家思想竭力压制人性的本能欲望，但能够形成的只是表面上对欲望的克制，暗涌的冲动难以用思想的枷锁束缚住，而是改用更隐秘的渠道来表达，尤其汉代阴阳学说与房中术的流行可以为其提供出口，道教提倡阴阳交欢达到平衡和谐的状态，男性为了延年益寿需要尽可能多的"御女"，女性也通过性生活得到某种"滋补"，所以并不限制两性间的关系、不忌讳欲望和肉体，尤其不以伦理道德为底线，张衡《同声歌》中描写的女主人公深谙房中术并不完全是诗人的想象。

2. 媒妁婚姻与自主婚姻

媒妁婚姻与自主婚姻有时矛盾有时则不然，当父母订之媒妁与自己的心意相违时，表现出两者的尖锐矛盾，并由此衍生出许多爱情悲剧，当两者存在商量的余地时，媒妁就成了婚礼其中的一个步骤。"男不自专娶，女不自专嫁，必由父母。需媒妁何？所以远耻防淫泆也。"[2] 总体来言，符合儒家伦理礼制的媒妁婚姻是两汉婚姻的主流，父母之命决定着大多数人的婚姻命运，尤其皇室阶层为了政治利益，父母往往对于子女的婚姻更从实际获益考虑，这也与汉代推崇孝道密不可分，子女难以违背父母意愿，只能听由父母的安排。

但是实际婚姻现实中仍有许多自主婚姻存在，男女两情相悦且不通过父母媒妁的婚姻，即所谓"私定终身"。卓文君新寡居娘家，遇到了做客的司马相如，文君好音、相如擅琴，司马相如抚琴一曲后两人一见倾心，不经媒妁便心悦好之，酒席过后司马相如重金交卓文君的侍者传达爱意，文君便不顾父母媒妁夜奔相如。卓文君之父卓王孙是当地商业巨富，他接受不了女儿与人私奔之事，在男女婚姻问题上受儒家思想的贯彻较为深入，卓文君作为再嫁之妇，在时人眼中仍旧需要父母媒妁才能成婚，可她毅然自主做出了婚姻的选择，被视为敢于反抗封建礼教的女性代表。

许多家庭在为女儿选择婚姻时较为重视女性自身的意见，《汉书·张耳传》载："外黄富人女甚美，庸奴其夫，亡邸父客。父客谓曰：'必欲求贤夫，从张耳。'女听，为请决，嫁之。女家厚奉给耳，耳以故致千里客，宦为外黄令。"[3] 外黄

[1] 崔锐：《秦汉时期的女性观》，西北大学博士论文，2003 年 4 月。
[2]［清］陈立撰，吴则虞点校：《白虎通疏证》，中华书局，1994 年，第 452 页。
[3]［汉］班固：《汉书》，中华书局，1962 年，第 1829 页。

富人之女听说嫁人一定要嫁张耳这样的贤夫，就向父亲请求嫁给了张耳。汉武帝长姐长公主寡居时与左右侍者谈论列侯之中谁可再嫁，侍者都推举卫青，长公主先是觉得卫青本是自家侍卫不可为夫，后来经左右劝说同意并告诉皇后与汉武帝，结下了这门婚姻。《风俗通》中有父母与女儿商议婚事的例子："俗说齐人有女，二人求之，东家子丑而富，西家子好而贫。父母疑不能决，问其女定所欲适，'难指斥言者，偏袒令我知之。'女便两袒，怪问其故，云：'欲东家食，西家宿。'"[1]这位齐女在择偶时直言不讳衡量对比男性的长相和家庭情况，所以女性自己的意见在婚姻选择中也是被考虑在内的。

吕后的父亲当初看中刘邦欲嫁其女，吕母并不认同，吕父说"此非儿女子所知"，在子女婚姻选择上虽同时提及"父母之命"，但是父亲意见远远高于母亲。由此可见婚姻中父母之命、媒妁之言的约定在汉代礼俗中已经被全面接受，仅有的缓和余地在于婚前父母可以与子女商议达成一致意见以后再订婚姻，但需要明确的是父母与子女商议婚姻不是必须，反而媒妁成婚才是必经的步骤。当本人与父母的意愿相左时，极易发生爱情悲剧，例如刘兰芝没有得到焦仲卿之母的喜欢婚姻走到尽头，父兄强迫她改嫁，焦母也强迫焦仲卿再娶，两人最后选择坚守爱情誓约被父母之命逼上了绝路。

3. 离婚、改嫁与女性守贞

西汉时对女性改嫁尚不存在禁忌和歧视，女性离婚再嫁和夫死再嫁被认为是不与妇德相违背的，她们甚至可以根据自己的意愿选择离婚再嫁。朱买臣的妻子因为其夫只顾读书不用心于治业而选择离婚，汉武帝姊长公主因为曹寿有恶疾而与之离婚，在汉代女性主动离婚实例虽然较少但也是可行的。也有出于女方父母之命的离婚再嫁，汉武帝之母王皇后是因自己的母亲占卜认为女儿命当富贵而让其离婚再嫁给景帝的，父母不仅在女儿初婚时有决定权，在改嫁时也有决定权。但不得否认的是男性主动离婚才是整体中的主流，男子选择离婚的原因多样，有"七去"和"三不出"的说法，但实际上却更加复杂。《汉书•王吉传》："始吉少时学问，居长安，东家有大枣树乘吉庭中，吉妇取枣以啖吉。吉后知之，乃去妇。东家闻之而欲伐其树，邻里共止之。因固请吉令还妇，里中为之语曰，东家有树，王阳去妇。东家枣完，去妇复还。"[2]王吉因妻子摘了别人家的枣，要以"盗窃"之名休妻。《史记•循吏列传》："公仪休者，鲁博士也。以高弟为鲁相。奉法循理，无所变更，百官自正。使食禄者不得与下民争利，受大者不得取小。……

[1][唐]欧阳询编，汪绍楹点校：《艺文类聚》，上海古籍出版社，1965年，第723页。
[2][汉]班固：《汉书》，中华书局，1962年，第3066页。

见其家织布好，而疾出其家妇，燔其机，云‘欲令农士工女安所仇其贷乎’？”[1]因为妻子织布技术好就认为是与下民争利而把她休掉，这些事例极端体现了男性单方面离婚权，而事实上弃妻也并不完全随心所欲，要受到舆论和经济条件的制约。

无论出于何种理由离婚，女性都可以选择再嫁，“在汉代四个多世纪的历史时期中，女子再嫁和改嫁仍然是主流。在与丈夫离婚，或丈夫去世的女子中，再嫁与改嫁率，估计至少在百分之七十以上。”[2]武帝姊长公主先嫁给平阳侯曹寿，后改嫁夏侯颇，又改嫁卫青，是三嫁之女；汉文帝之母薄姬、汉武帝之母王姬都是再嫁之女，却能成为皇太后；李陵战败被俘，直到再次归乡发现其妻子已经改嫁；陈平的妻子五任丈夫都去世了，她还能一再改嫁，《史记·陈丞相世家》：“户牖富人有张负，张负女孙五嫁而夫辄死，人莫敢娶。平欲得之。”可见陈平并不在乎妻子是五嫁之女，妻子的祖父、父亲等男性尊长也不以自家女子五嫁为耻，还一再为她挑选良婿，并且岳父开始还看不上陈平觉得他家庭贫寒，是祖父的坚持才成了这段婚姻，可见女性改嫁除了国家政策的允许外，还得到男性家长的支持，他们或出于对寡女的爱怜同情或出于经济上更大的利益考虑，主动为女性再嫁出谋划策。

女性改嫁引起一系列新的社会问题，例如赡养老人、抚育幼儿的家庭责任如何履行，秦刻石铭文中就有“有子而嫁，倍死不贞”以致“子不得母”的结果，石渠阁会议上曾讨论过“父卒，母嫁，为之何服”的问题，宣帝为此颁布了《嫁母不制服诏》，“妇人不养舅姑，不奉祭祀，下不慈子，是自绝也。故圣人不为制服，明子无出母之义。”[3]责令女性改嫁后与子女断绝关系，重新建立新家庭中的长幼关系。因为在儒家伦理中就妻子这一角色来说，是完全来自另一血统的，嫁入夫家后身处丈夫血统的亲属关系网中，失去了自身的根基。夫妻关系是女性在夫家一切亲缘关系的基础，一旦她们选择再嫁离开家庭意味着与原配丈夫的夫妻关系断裂，那么她们与此家庭中除子女之外所有的亲属关系都将断裂，只能在新家庭中重新建立亲缘关系。所以秦律禁止有子女性改嫁，董仲舒认为夫死无男有更嫁之道，有子女性改嫁就会遇到一定的社会礼俗的阻力。

陈顾远先生《中国婚姻史》将女性贞节分为童贞、妇贞、从一之贞，其中妇贞即要求女性婚内贞节。禁止通奸、乱伦之婚外性行为在汉代已经得到全面确认，在上文提到的汉律中严厉禁止，而且从刘姓王族的案件来看执行力度也较强，是维护婚姻稳定的基础，得到社会普遍认同。而女性从一之贞却不严格，汉初并不

[1][汉]班固：《汉书》，中华书局，1962年，第3633页。
[2]彭卫：《汉代婚姻形态研究》，三秦出版社，1988年，第211页。
[3][唐]杜佑撰《通典》卷八十九，引自北宋版《通典》第四册，第279页。

要求女性尤其是寡妇从一而终，在女性贞节观问题的处理上一方面遵循儒家学说宣扬为夫守节，另一方面根据社会现实允许寡妇再嫁，两者似乎矛盾对峙却又在两汉长期共存了四百余年。此间，统治者不断为女性贞节行为摇旗呐喊，西汉宣帝时朝廷始“诏赐贞妇顺女帛”以资奖励女性守贞，是统治者开鼓励寡妇守节的先河。平帝元始年间“复贞妇，乡一人”[1]，王莽“令太后四时车驾巡狩四郊，存见孤寡贞妇”[2]，起到了绝佳的舆论导向作用，加上各个地方长官的积极响应，民间的贞节女性被作为政绩不断鼓吹宣扬，自上而下地掀起对贞节女性的追捧。公乘会妻张氏断发、割耳“事姑终身”[3]；贞玦“养兄子悦，供养舅姑，夙夜不怠”[4]，这种风气的盛行到东汉时达到高潮。但实际上连统治者内部都不能彻底执行贞节的行为准则，尤其在开放的西汉前期存在大量的婚外性关系，汉高祖刘邦有外妇曹夫人并生下齐王刘肥，吕后与审食其有淫乱关系等都为史所载，汉代公主们有权有势可用男宠，馆陶长公主有宠董偃，鄂邑盖长公主有宠丁外人等。贵族阶层也存在婚外性关系，卫青的母亲与郑季、卫步儿与霍仲孺等都是女性性观念开放、不被贞节观所累的证明。人们普遍对女性贞节持有双重标准，吕太后出宫人八次责令她们改嫁、汉武帝姊长公主再嫁卫青、曹操令其妻妾寡后再嫁、敬武公主的丈夫去世又嫁薛宣等都是违背统治者宣扬的女性节烈标准的。从刘向《列女传》宣扬的贞节故事来看，每一个守贞女性身边几乎都有不断的求婚者和打算将女性改嫁的父母家人，例如楚白贞姬面对吴王“使大夫持金百镒、白璧一双以聘焉，以辎軿三十乘迎之，将以为夫人”而辞；梁寡高行更是面对争前恐后的求亲者都一一拒绝连梁王也不例外；陈寡孝妇的父母可怜她年少无子早寡想让她改嫁，她竟“终不听母，专心养姑，一醮不改”。刘向虽然意欲通过这种手法刻意塑造贞女的节烈形象，也恰巧令我们能够从中窥探出西汉的社会现实世风，即男性追求再婚女性的普遍和女性改嫁之合情合理，风俗并没有要求女性刻意守寡守节，反倒是刘向企图引导一种刻意守节的新倾向，“人为造出一种社会行为的条件反射：女性守贞，就会得到社会荣誉、利益的双重收获，这种女性守贞的因果关系是刘向的首次‘创造’，其实质是对新贞节观念的倡导、鼓励。”[5] 只是对社会价值观念的引导不可能一蹴而就，而是需要逐渐过渡的时间过程，也需要舆论引导一再地强化，所以刘向期望的贞节标准对女性起到的实际效果在当时是较小的。

[1] [汉] 班固：《汉书》，中华书局，1962 年，第 351 页。
[2] [汉] 班固：《汉书》，中华书局，1962 年，第 4032 页。
[3] [晋] 常璩撰，刘琳校注：《华阳国志校注》，巴蜀书社，1984 年，第 119 页。
[4] [晋] 常璩撰，刘琳校注：《华阳国志校注》，巴蜀书社，1984 年，第 120 页。
[5] 陈丽平：《刘向 < 列女传 > 研究》，中国社会科学出版社，2010 年，第 334 页。

晁错在《守边劝农疏》主张“亡夫若妻者，由县官买予之”[1]，为了迁徙到边塞的百姓能安居，强制寡妇再嫁给戍边男子。《汉书》中蒯通问到：“妇人有夫死三日而嫁者，有幽居守寡而不出门者，足下即欲求妇，何取？”萧何答：“取不嫁者。”[2] 反映了男性在面对女性贞节时的矛盾，汉代既宣扬贞节又允许改嫁的矛盾的缩影，一方面丈夫希望自己的妻子保守贞洁，另一方面又不介意女性是再嫁之女愿意娶她，这种心理矛盾同时在一个男性身上达成统一。阴阳学说认为女性守贞易致灾祸，反对女性守贞也在观念和习俗的形成中起到了一定影响。西汉女性贞节观是宽松且人道的，不仅允许寡妇和离婚女性改嫁，而且并不以偏见眼光歧视再婚女性，给这部分女性更大更自由的生存空间。女德实质上并不包含多少贞节因素在内，坚持守节的女性也仅是出于个人的选择，不具有普遍性和代表意义。从这一方面来说，女性贞节作为女德的一个部分也可以看作是女德在汉代的缩影，即在理论层面上的严苛和在现实状况中的宽松之间的妥协。

4. 母德及其他

汉代统治者推行孝道致使对母亲的至孝事迹很多，母亲对子女有天然的养育职责和教育职责，她们与子女之间具有天然的联系，从胎儿开始就接受来自母亲的爱和教育，同时由于社会性别分工女性被留在家庭内从事劳动，其中哺育子女也是女性劳动内容之一，所以是家庭教育的主要施教者。母亲擅于教化对子女的影响巨大，培养符合社会规范之“好男”“好女”被儒家价值观大力推崇和倡导。女德是包括母德概念在其中的，为人母的规范在女性的人生角色里十分重要，多数母亲在日常照顾儿女、教育儿女的角色上辛苦付出不求回报，其中更有甚者如王陵的母亲被项羽抓为人质，为了安抚儿子一心跟随刘邦竟伏剑而死，母亲的牺牲奉献精神可见一斑。

母亲对于子女的教化意义之大足以塑造一个人的人格，金日磾的母亲教子有方，汉武帝都对其嘉奖，严延年之母与隽不疑之母以身作则教育儿子为官之道，对儿子的政治事业都有助益。杜泰姬教育女儿们如何培养下一代，责令她们怀孕时要做到“正顺”，出生以后要抚爱孩子让他们可以感受到母爱，长大以后对待他们要有威仪，教育孩子恭敬勤谨、孝顺忠信，都是从一个母亲的角度教育女儿怎样做好母亲角色。翟方进父亡家贫，打算进京拜师求学，继母愿意跟随他一起，并以织屦为业帮助翟方进读书求官，十余年的无私奉献努力供养，“徒众日广，诸儒称之。以射策甲科为郎。二、三岁，举明经，迁议郎。”[3] 继母之功不可没。

[1]［汉］班固：《汉书》，中华书局，1962 年，第 2279 页。
[2]［汉］班固：《汉书》，中华书局，1962 年，第 2166 页。
[3]［汉］班固：《汉书》，中华书局，1962 年，第 3411 页。

但是继母也不全部愿意为了继子无怨无悔地付出，尤其在牵扯到自己的利益时，汉成帝和赵合德合谋害死许美人之子的事在争斗不断的后宫之中数不胜数，普通家庭有亲生子女又有继子女的母亲也容易有情感偏颇，“闵子骞兄弟二人，母死，其父更娶，复有二子，子骞为其父御车，失辔，父持其手，寒，衣甚单。父则归，呼其后母儿，持其手，衣甚厚温。即谓其妇曰：‘吾所以娶汝，乃为吾子，今汝欺我，去无留。’子骞前曰：‘母在一子寒，母去三子单。’其父默然，而后母亦悔之。”闵子骞的故事在山东武梁祠画像石中也有表现，可见汉代对继母和继子之间的关系问题较为敏感，对继母爱子育子的母德宣传是妇德教育的一部分。

中国传统文化中的母亲形象在产生之初就是无私奉献的典型，大母神女娲历尽千辛万苦补天拯救她的子民，母亲们竭尽全力养育自己的子女长大，并一心把他们培养成可以光耀门楣的人才，她们自身不一定有文化却可以意识到读书的重要，教育出学识渊博的子女，孟子之母为了给儿子提供良好的成长环境三迁其家。儒家思想对女德的影响在母亲一角上实现得最多，女德的其他方面理想与现实之间存在一定程度的差距，但母德的理想与现实基本实现了契合，很难说是理想迎合了现实还是现实迎合了理想，女性在母亲一职上的母德表现令人信服。同时母亲的言传身教对儒家女德思想的传承起到了至关重要的作用，尤其在广大的无力拜师求学的平民家庭，母德的感化作用与教化意义是儒家观念平民化的有力途径。

汉代从子女在胎儿时期就重视母亲言行对其的影响，认识到胎教对人一生的作用，要求女性在怀孕期间行为端正、心地纯良，贾谊的《新书》中有《胎教杂事》：“周妃后妊成王于身，立而不跛，坐而不差，独处不倨，虽怒不骂，胎教之谓也。成王生，仁者养之，孝者繦之，四贤傍之。”[1] 说周成王之母在怀孕时期注意言行举止和心态对胎儿的影响，与成王后来的成就关系重大，这与《大戴礼记·保傅》中谈到古代“胎教”之说极为类似，要求“立而不跛，坐而不差，独处而不据，虽怒而不詈”[2]，提倡孕妇坐立行走合乎礼仪。母亲对孩子成长的影响确实从胎儿时期就开始了，这与现代科学的胎教理论不谋而合，但是同时汉代对母亲怀孕时的一些禁忌就显得封建愚昧，比如《论衡·命义》有：“妊妇食兔，子生缺唇。”[3] 张仲景《金匮要略》同时提到“妊妇食姜，令子余指”[4] 和“妇人妊娠，

[1][汉]贾谊撰，阎振益、钟夏校注：《新书校注》，中华书局，2000 年，第 391 页。
[2][清]王聘珍：《大戴礼记解诂》，中华书局，1983 年，第 62 页。
[3][汉]王充撰，黄晖校释：《论衡校释》，中华书局，1990 年，第 53 页。
[4][汉]张机撰，[清]徐彬注：《金匮要略论注》卷二十四，引自《四库全书》734-198 上，台湾商务印书馆《景印文渊阁四库全书》第 734 册。

不可食兔肉、山羊肉及鳖、鸡、鸭，令子无声音”[1]，作为医书应该在当时对女性更有实际的指导意义，但是吃姜会余指、吃肉会无声的说法虽然是毫无科学依据的却对社会产生广泛影响，这些饮食禁忌对女性生活造成行为束缚，马王堆出土的《胎产书》是专门指导女性生产的内容，也提到不食葱姜不食兔羹，还提醒切勿使唤侏儒和观赏猕猴。[2] 对于母亲的这些要求在婴儿出生之前就深刻捆绑着女性的生活状态，与先秦甚至史前时期就开始的母性生育崇拜密不可分，女性的生育能力一直以来都受到特别的重视，封建社会“无子无后”是女性被遗弃的几大原因之一，母亲与孩子的天然联系使女性作为母亲角色的德行标准被纳入考察范围，而且这一标准在孩子出生之前就开始执行。

汉代对妇女生产血和经血都有忌讳，汉律中规定经期产后女性不得侍祠，《礼记・内则》中规定得更详细：“妻将生子，及月辰，居侧室。夫使人日再问之，作而自问之。妻不敢见，使姆衣服而对。至于子生，夫复使人日再问之。夫斋，则不入侧室之门。”[3] 王充《论衡・四讳》中提到时人不愿与即将分娩的女性接触，在坟墓或道路旁边为她临时搭建一个小棚令其居住，过一个月后才让产妇回家。

在汉代歧视、杀害女婴的现象一直存在，男尊女卑的性别观念在婴儿性别的选择上体现出来，重男轻女与男尊女卑如出一辙，家庭中需要男婴传宗接代，女婴则无足轻重，赵飞燕刚出生时一度被父母遗弃。这一情况也与民间生存资料匮乏有关，《太平经》：“天下所以杀女者，凡人少小之时，父母自愁苦，绝其衣食共养人。”[4] 在缺衣少食的家庭里选择首先保证男性继承人的生存，这与史前劳动力缺乏时期的溺杀女婴有本质的区别，是在担心人口过度增长物质财富不足基础上的重男轻女观念诱发的，父权制社会男性传承血脉必然导致重男轻女的思想，但我们应该认识到重男轻女是社会普遍存在的价值观，当然也有例外，西汉名儒张禹有四男一女却“爱女甚于男”[5] 是出于父亲的偏好，汉武帝时的民谣说“生男无喜，生女无怒，独不见卫子夫霸天下”[6]，是特殊阶段对贱女观念的反驳，却不能改变重男轻女的根本。

5. 妻妾间的相处之德

一妻多妾的婚姻制度造成允许一个家庭根据社会地位和经济条件拥有数量不

[1] [汉] 张机撰，[清] 徐彬注：《金匮要略论注》卷二十四，引自《四库全书》734-194 下，台湾商务印书馆《景印文渊阁四库全书》第 734 册。

[2] 彭卫、杨振红：《中国风俗通史・秦汉卷》，上海文艺出版社，2002 年，第 351 页。

[3] [清] 朱彬撰，饶钦农点校：《礼记训纂》，中华书局，1996 年，第 435 页。

[4] 王明：《太平经合校》，中华书局，1960 年，第 34 页。

[5] [汉] 班固：《汉书》，中华书局，1962 年，第 3350 页。

[6] [汉] 司马迁：《史记》，中华书局，1959 年，第 1983 页。

等的"妾"存在，汉代房中术采阴补阳说流行也是导致男性多娶的缘由之一，名义上可令男性健康延年益寿的妾们与正妻生活在同一个家庭中，分享同一个男性带来的感情和物质果实，难免陷入纷争，虽有妻妾之等级秩序的硬性安排也难逃你死我活的较量，这种情况在皇室家庭中最明显。吕后在高祖驾崩后制造了骇人听闻的"人彘"将戚夫人置于死地；赵飞燕与赵合德姊妹专宠十余年却无子嗣，害怕失去拥有的地位将许美人和宫中宫史曹宫所生的孩子暗中害死。妻妾斗争将女性恶行发挥到极致，是对妇德体系建立的最大挑战，尽管统治阶级一再强调妻妾之间的等级伦理与德行约束，却难以改变利益的明争暗斗，妻妾斗争是与统治者距离最近却最难以更改的妇德恶行。

6. 女性社会交往

西汉女性的社会交往开放自由，尤其与异性的交往是常有的，并不像封建礼教中规定的那么严格，女性可以出入男性住所、去男性家中坐客，寡妇也不例外；女主人可以会见、迎送、款待男性客人而不需避讳，四川新津县木鱼山出土的汉画像砖《车马临阙迎谒图》一男一女鞠躬迎宾；男女宴饮集会时多相杂坐、对饮而谈不避嫌疑，成都市郊出土的《宴乐图》《观伎图》图中男、女并肩席地而坐，边饮酒边观赏舞乐；男女结伴同车出游不需忌讳，四川成都市郊出土的《辎车图》一男一女乘车。汉乐府诗《陇西行》中描写了一位家庭主妇款待客人情景：

好妇出迎客，颜色正敷愉。伸腰再拜跪，问客平安不。请客北堂上，坐客毡氍毹。清白各异樽，酒上正华疏。酌酒持与客，客言主人持。却略再拜跪，然后持一杯。谈笑未及竟，左顾敕中厨。促令办粗饭，慎莫使稽留。废礼送客出，盈盈府中趋。送客亦不远，足不出门枢。取妇得如此，齐姜亦不如。健妇持门户，亦胜一丈夫。

诗中直呼接待客人的女性为"好妇"是对其品行的称颂，她拜跪、问客、请客、坐客都步步有序、彬彬有礼、从容大方，在席间与客人持酒相谈还不忘催促饭菜，能够与男性自由交谈而且时时顾忌到主人的身份，有条不紊、从容不迫，送客时也礼貌周全。这位女性将整个待客流程都处理得恰到好处，而且和颜悦色谈笑风生，表现出十足的自信。诗末对她的评价是比齐姜还要符合妇人的标准，能够主持家政甚至超越了一般的男性。现实中汉代女性完全可以自立门户、独立自主而不必事事依赖男性，只要她们足够精明干练。社会舆论对女性是比较宽容的，不仅与异性的交往被允许，在交往中落落大方、有礼有序的女性还被称颂，《汉书·孙宝传》记："故吏侯文以刚直不苟合常称疾不肯仕，宝以恩礼请文，欲为布衣友，日设酒食，妻子相对。”[1] 可见汉时对女性的评价标准并不拘于家庭之中。贵族女性的交往更加自由，淮南王刘安蓄意谋反时曾让女儿刘陵去京中政治活动，《史记·淮南衡山列传》载：“淮南王有女陵，慧，有口辩。王爱陵，常多予金钱，为中铜长安，约结上左右。”汉代女性甚至有固定可以自由玩乐的时间，刘兰芝与小姑临别时说到“初七及下九，嬉戏莫相忘”，初七是农历七月七日，晚上女子们穿针引线向织女乞巧，下九即每月十九日女性可以置酒欢乐，有自由交往的权利。

[1] [汉] 班固：《汉书》，中华书局，1962 年，第 3259 页。

第二节 西汉女性语言的两极化评价与女性文学创作

西汉对于女性语言的理想化要求尚且较为宽泛，儒家塑造出的符合典型女性形象的语言禁忌除了提防所谓的“巧言令色”以外，较少提出规范性框架，但是女性“多舌”“谗言”等依旧同先秦妇言规制一样被视为语言失当。与此同时女性语言的力量得到了深刻体认，例如智慧女性的预言可能协助男性趋吉避祸，有识女性的劝谏更有可能改变国家社会的走向，影响身边男性或统治者的政治前途等。当然我们必须意识到对女性语言两极化的评价是出于儒家理想女性框架而衍生出的，所谓的利与弊是就男性社会的得当与失当而言的。反倒是汉代逐渐蓬勃兴起的女性文学创作，以语言文字的形式传达女性真实的心声，是难能所得的女性语言再现。

一、女性语言的忌讳

孔子说“巧言令色，鲜矣仁”是对善于语言讨巧之人的抨击，儒家一惯固执己见地认为工于言者缺仁少义，从潜意识里抵触语言的积极作用，在这种思想影响下，西汉时对女性语言的要求里也忌讳巧言令色的衍生品，女性多舌、言语不当、进谗都被男权社会视为绝对的禁忌。

《云梦秦简·日书》中记载了秦人嫌弃女性“多舌”的传统，可见在日常生活中要求女性寡言少语不单单是儒家对女性的理想，而是受到社会大环境影响产生的。汉代礼制中多言是“七去”弃妻的原因之一，多言多舌的女性在夫家经常会延及女性忌言的范畴，陈平与兄嫂一起艰难生活，兄长耕作供养陈平读书，虽家境贫困却没有影响陈平的生活质量，“为人长大美色，人或谓平：‘贫何食而肥若是？’”可见兄长对其的关爱和帮助，陈平之嫂嫌他不事生产而吃白食，过于气愤多言了一句：“亦食糠覈耳！有叔如此，不如无有！”[1]结果被陈平之兄逐而弃之。陈平之嫂忿忿不平的一句感慨就遭到休妻，这个例子是对家中妻子角色女性的语言提出了更高的要求，妻子的语言要符合作为妻子的德性，对比来看作为母亲或女儿身份的女性不太可能因为一句话就令男性反感厌恶的，但作为妻子的角色就有被休的可能。更为严重的是，后宫女性因为与男性统治者的关系亲密，可能因谗言影响政治走向，例如长公主整日在景帝面前进谗言是太子被废的原因之一，赵飞燕姊妹的谗言造成了后宫的混乱等，所以男权统治者们时刻保持对女

[1][汉]班固：《汉书》，中华书局，1962年，第2038页。

性谗言的警惕。

二、女性语言的力量

西汉时对女性语言中蕴含的力量没有因为儒家伦理强化被忽视，女性的智慧多识往往经由语言的途径起到一定的作用。如罗敷为了拒绝太守的调戏夸赞自己的丈夫道："东方千余骑，夫婿居上头。何用识夫婿，白马从骊驹。青丝系马尾，黄金络马头，腰中鹿卢剑，可值千万余。十五府小吏，二十朝大夫，三十侍中郎，四十专城居。为人洁白皙，鬑鬑颇有须。盈盈公府步，冉冉府中趋。坐中数千人，皆言夫婿殊。"罗敷临危之刻的机智勇敢展现了民间女子的智慧，她夸耀丈夫不仅显示出她的口才也唬住了意欲挑逗她的男子，达到了她本身的目的。《史记·淮南衡山列传》载："淮南王有女陵，慧，有口辩。王爱陵，常多予金钱，为中铜长安，约结上左右。"淮南王为了政治前途让自己擅长口辩的女儿刘陵在长安上下活动，为其提供线索打点人员，刘陵能够胜任这样一项需要周旋于众多复杂关系和人事的任务，必是有左右逢源的口才和智慧。

1. 女性预言与女性智慧

女性虽然相比男性更多的居于家庭却并不一定比男性缺少见识，她们身在男性切身利益之外，以女性独到的眼光和细致的心思往往更能觉察出男性所不能觉的细微之处，例如严延年之母从儿子治理政事的实际执行中发觉出治政的弊端，责备严延年说："幸得备郡守，专治千里，不闻仁爱教化，有以全安愚民，顾乘刑罚多刑杀人，欲以立威，岂为民父母意哉！"而且还劝诫他说："天道神明，人不可独杀。我不意当老见壮子被刑戮也！"严延年之母并不是妇人之仁反对儿子严政，而是切切实实看到了不可行之处，她竟一意归家不愿相见。后来结果真的被严延年之母一语中地，严延年果遭刑戮。[1]刘向在《列女传》的仁智篇中，以多位才智女性的预言故事肯定了女性的优秀品质，尽管作者选择材料、讲述话语过程中的目的性十分明显，可能夸大了预言的效果，但女性的才智在西汉是足以被歌颂的一种品质。

2. 女性劝谏与女性智慧

汉代推崇女性劝谏智慧和巧妙语言，山东沂南北寨村中室南壁西侧有卫姬劝谏齐桓公的《列女传》故事，丑女钟离春劝谏齐宣王的故事也在汉代流传广泛，山东嘉祥县武梁祠东壁上有该故事的内容。钟离春不仅擅长隐语而且极懂劝谏的策略，她先引出齐宣王的兴趣接着讲述齐国现状的四个弊端，"今大王之君国也，西有衡秦之患，南有强楚之仇，外有二国之难，内聚奸臣，众人不附。春秋

[1][汉]班固：《汉书》，中华书局，1962年，第3672页。

四十，壮男不立，不务众子而务众妇，尊所好，忽所恃。一旦山陵崩弛，社稷不定，此一殆也。渐台五重，黄金白玉，琅玕笼疏，翡翠珠玑，幕络连饰，万民罢极，此二殆也。贤者匿于山林，谄谀强于左右，邪伪立于本朝，谏者不得通入，此三殆也。饮酒沈湎，以夜续昼，女乐俳优，纵横大笑，外不修诸侯之礼，内不秉国家之治，此四殆也。故曰：'殆哉！殆哉！'"[1] 她贸然进谏却以卓绝的口才令齐王信了自己的言论改革了弊端，最后落得个地位、名誉的双丰收。"有人便认为是汉代的女子言论比较自由的表现。其实，在封建社会的任何一个朝代，民间女子抛头露面，公开谈论自己的政治见解都会被社会侧目而视，刘向写这些故事实际上不是鼓励女子进言，而是希望皇帝纳言谏内心活动的流露"[2]，刘向对女性辩通之才的崇尚，似乎隐藏着自己谏言的忠臣形象，鼓励进言和口才，尤以女性劝谏可以体现女性政治的正面积极作用。

平民女性对丈夫的劝谏就显得没那么伟大，《东门行》中的夫妻生活贫苦，妻子为了维护家庭的完整不想让丈夫出门反抗，她极力谏阻自己的丈夫，所谓"儿母牵衣啼"哀求丈夫说自己对目前的生活很满意，"他家但愿富贵，贱妾与君共哺糜"，不求富贵荣华只愿一家平安，以此劝他不要冒险，"上用仓浪天故，下当用此黄口儿"，劝说丈夫上天是公平的，若违背上天的意愿会得因果报应，而年幼的孩子也需要父亲的照顾，如若发生意外将只剩下可怜的孤儿寡母啊。这位妻子劝谏的技巧层层相携，完全出于对家庭的考虑，丝毫没有想到反抗也有成功的可能，就可以摆脱贫困的生活现状。这里妻子的想法和语言是许多传统中国女性的缩影，她们为了家庭的完整宁愿清贫坚守，也不想徒生变数，中国女性的智慧不只在于险境中的机智，也在于适时的妥协。

三、女性语言文学创作

西汉女性的文学创作是记录女性语言、表达女性心声最真实的载体，虽然时代并不具备专门提供女性创作的书写环境和文化氛围，但是仍然有成型的女性文学作品在西汉出现。西汉女性的文史素养是其语言文学创作的基础，一些贵族家庭中的女性接受来自父母兄弟的耳濡目染，汉成帝许皇后"后聪慧，善史书"，冯嫽"能史书，习事"，女性具备了一定的基础文化知识，能够阅读诗书进而进行文学创作，明代胡应麟对汉代女性文学创作有过高度评价："汉妇人为三言者，苏伯玉妻。四言者，王明君。五言者，卓文君、班婕妤、徐淑；七言者，赵飞燕；

[1] [汉] 刘向撰，张涛译注：《列女传译注》，山东大学出版社，1990 年，第 231 页。
[2] 李山，邓田田：《论刘向在〈列女传〉中的政治寄寓》，《中国文学研究》，2008 年第 2 期。

八言、九言者，乌孙公主、蔡文姬。皆工于合体，文士不能过也。”[1]与《诗经》时代来自民间女性的诗歌创作不同的是，西汉出现了文学素养较高的有识女性阶层，成就了留名于世的女性创作，她们受到儒家温柔敦厚之诗教传统的影响，作品中也流露出严整的痕迹。

同时她们受自身处境的限制，多通过作品来抒发不得男性恩宠的失落心境，题材较为狭窄，也正是因为这个原因，她们的作品都显现出情感的真挚诚恳，这恰恰是女性文学创作最显著的特点之一。“作者思维主要朝向自身、现世，关注的是与此直接相联系的人和事、情与景。某些男作家基于比较丰厚的思想文化土壤在作品中表现出来的那种纵深的历史感、恢宏的宇宙意识为女作者所不具备。……跨时代的共同主题：闺中相思、弃妇忧愁、伤怀感物等等，她们的视点常是如此接近，心境又是那么相通。……虽然她们也曾生发出许多奇思妙想，但大都偏于情爱的实现而缺乏对现实的否定性的高度超越。”[2]女性虽然在儒家伦理中是失声的群体，却在现实中可以通过文学创作找到发声的渠道，但是她们依旧离不开生存的环境和内心的细腻敏感，反倒是中下层女性不受男性统治者的直接奴役，有着较为自由的生活状态，可以走出相思伤怀的禁地，有脱离荣宠喜悲的另一番天地，如《江南》中的轻松愉悦气氛，明显是来自劳动女性才有的自由与豁达。

观察西汉女性言语文学创作不难发现，她们作品的共同特点在于并非刻意创作，而是时代和处境给她们的生活带来了复杂多变的情况，而徒生出来丰富多样的情感，语言经由文学的形式表达出来成为她们发泄的渠道，多是即兴之作，很多时候甚至成为她们离别的绝唱。

1. 皇室女性的语言文学创作

后宫女性的语言文学因为与国家政事、皇帝家庭关系密切相关所以容易被记录下来，相比平民女性而言有便捷的记录载体，《汉书·艺文志》中有“李夫人及幸贵人歌诗三篇”之篇目，应该是汉武帝的宠妃李夫人即李延年之妹的诗歌创作，她因李延年一曲佳人歌受宠，本来就是出身歌舞家庭，能够创作配乐而歌的诗作也是理所当然，但是《汉书》没有具体记录诗作的内容，于是成了仅存目的遗憾。从能够查找内容的后宫女性作品来看，多是表现不得恩宠的失意哀怨心境，她们生活在争宠邀功的前廷后宫中间，所有的荣华富贵皆因服侍男性统治者的宠眷而来，较多数平民女性而言在情感上更加单一空白，用语言文字将情感倾泻出来成

[1]［明］胡应麟：《诗薮》，中华书局，1959 年，第 134 页。
[2] 乔以钢：《中国古代女性文学创作的文化反思》，《天津社会科学》，1988 年第 1 期。

为女性文学“女子善怀”特点的最早来源。

（1）班婕妤

汉成帝宠姬班婕妤不仅有太后称颂的辞同辇之德，被赵飞燕之流陷害时也有“求供养太后长信宫”自保的智慧，其作品颇多，《自悼赋》全文被记载于《汉书》，回忆人生经历，哀叹命运多舛，反省自己是否存在女德方面的过错，“陈女图以镜监兮，顾女史而问诗”，由列女故事窥己以资借鉴，又去请教女史《诗经》希望找到答案，“悲晨妇之作戒兮，哀褒阎之为邮。美皇、英之女虞兮，荣任、姒之母周。虽愚陋其靡及兮，敢舍心而忘兹。”时刻提醒自己不能犯褒姒、阎妻那样的错误，要像娥皇、女英一般有女性美德，以周文王母、武王母之母德要求自己，以培养子孙为女性的存在意义，可见班婕妤是严格遵循礼制的女性，被陷害失宠之后她一心寻找自己的妇德过失，却发现这般失恩的哀怨是天命的安排。其诗《怨歌行》中也表达了同样的心境：

新裂齐纨素，皎洁如霜雪，裁成合欢扇，团团似明月。出入君怀袖，动摇微风发。常恐秋节至，凉风夺炎热。弃捐箧笥中，恩情中道绝。[1]

诗作托物言志，用团扇比喻侍候君王的妃子们，夏天炎热时用她们带来凉意清爽惬意，秋天就把她们弃之一旁，再也不像夏天时那般恩宠，女性身在深宫却不得皇帝的宠爱，只有无望了。诗句简单清洌，清代王夫之对之赞赏有加。关于此诗的真伪历来说法不一，钟嵘认为此诗是班婕妤所作，《诗品》序中说“从李都尉讫班婕妤，将百年间，有妇人焉，一人而已”[2]，可知对班婕妤评价甚高，他将班婕妤列入上品：“其源出于李陵。《团扇》短章，词旨清捷，怨深文绮，得匹妇之致。侏儒一节，可以知其工矣”，《团扇》短章即是指《怨歌行》。但是刘勰对此诗的作者持有异议，《文心雕龙·明诗篇》：“至成帝品录三百余篇，朝章国采，亦云周备，而辞人遗翰，莫见五言，所以李陵、班婕妤，见疑于后代也。”[3] 刘勰认为班固的《汉书·艺文志》“诗赋略”中未见五言诗作而怀疑李陵、班婕妤五言诗作的真实性。梁乙真《中国妇女文学史纲》云“何以云此歌之不类婕妤口吻也？盖婕妤庄重者，绝无如此轻浮气。观其辞成帝同辇，益可知矣。左芬《班婕妤赞》曰‘恂恂班女，恭让谦虚’，更信《怨诗》之不出婕妤口矣。”[4]

[1]［南朝梁］萧统编，［唐］李善注：《文选》，上海古籍出版社，1986 年，第 1280 页。
[2]［南朝梁］钟嵘著，曹旭注：《诗品笺注》，人民文学出版社，2009 年，第 8 页。
[3]［南朝梁］刘勰著，范文澜注：《文心雕龙注》，人民文学出版社，1958 年，第 66 页。
[4] 梁乙真：《中国妇女文学史纲》，上海书店据开明书店 1932 年版影印，第 52 页。

逯钦立也说“此诗盖魏代伶人所作”[1]，都认为此诗不是班婕妤所作。可是她的另一篇赋作《捣素赋》，从捣素宫女的容貌衣饰写到捣素之声的婉转哀怨，她们拥有美丽的外表、高洁的品德，她们向往美好的感情却只能在终日的捣素劳动中哀叹年华的流逝，强烈的情绪无处发泄只能掩面而泣。语言中寄托着班婕妤自己深切的情感体会，她虽不是宫女不用从事体力劳动，然而不得恩宠的帝王之妾大概与宫女之处境别无二致，班婕妤身在封闭的后宫中，整日为伴的也只有宫女们了，她设想着宫女心境的同时寄托着自己的心境，婉婉倾诉怀人之思，感人肺腑。

（2）戚夫人

汉高祖宠姬戚夫人所生皇子赵王如意得到汉高祖喜爱，在与吕后所生太子刘盈争位时表现出竞争力，高祖逝后戚夫人受到吕后的排挤，被囚禁起来舂米，她从帝王的宠姬一下子沦落成舂米的奴隶，心中忿忿不平自作《戚夫人歌》：

子为王，母为虏，终日舂薄暮，常与死为伍！相隔三千里，当使谁告汝？[2]

情感真挚强烈，语言既有女性的温柔迂回又有喷薄奔流的力量，简洁凝练、诗风古朴又朗朗上口，正是情之所至的语言表达。这首真情流露的动人诗歌令吕后勃然大怒，鸩杀了戚夫人之子赵王，断戚夫人为人彘对其精神和肉体双重伤害，骇人听闻之惨状是为汉代后宫争斗的顶峰，也正是戚夫人悲惨的结局令她这首诗歌更加具有打动人心的力量。

（3）唐山夫人

汉高祖姬妾唐山夫人的《安世房中歌》内容是为高祖之孝德及宏图伟业的歌功颂德，继承了先前宗庙祭歌的特点，宋代郭茂倩将其归入“郊庙歌辞”，与真挚表达女性心声的闺怨主题截然不同，此歌辞以颂扬帝王德行和教化百姓为目的，多为男性创作中才会出现，由此可以证明正式文学创作也并没有被完全局限在男性手中，女性也可以通过语言的力量表达自己的声音。钟惺曾说：“女人诗定带妖媚，唐山典奥古严，专降伏文章中一等韵士，郊庙大文出自闺阁，使人惭服。”[3]同样的内容出于不同性别的口吻，又有了一丝独特的韵味。

（4）华容夫人

汉武帝之子燕王旦意图谋反被发觉，其妃华容夫人与其歌诗相和，“王忧懑，置酒万载宫，会宾客群臣妃妾坐饮。王自歌曰：‘归空城兮，狗不吠，鸡不鸣，

[1] 逯钦立：《先秦汉魏晋南北朝诗》，中华书局，1983 年，第 117 页。
[2]［汉］班固：《汉书》，中华书局，1962 年，第 3937 页。
[3]［明］钟惺：《名媛诗归》，《四库全书存目丛书》集部 339 册，第 17 页。

横术何广广兮，固知国中之无人！’华容夫人起舞曰：‘发纷纷兮真寘渠，骨籍籍兮亡居。母求死子兮，妻求死夫。徘徊两渠间兮，君子将安居！’坐者皆泣。”[1]华容夫人深知丈夫谋反之罪自己也不能幸免，歌诗中竭力描写悲惨的情状，夫妻母子皆求死来获得解脱，充满恐怖的死亡气氛，梁乙真认为：“此歌读罢，如凄风冷月，过古战场及墟墓间，尤胜燕刺王旦自歌。”[2]女性面对由夫君过错带来的凄惨结局并没有怨天尤人，是为生死离别的绝唱。

（5）细君公主

汉武帝时将江都王刘建之女细君嫁与乌孙王昆莫为妻，当时她面对年老且语言不通的丈夫、陌生的生活环境，悲叹自己的身世命运：“吾家嫁我兮天一方，远托异国兮乌孙王。穹庐为室兮旃为墙，以肉为食兮酪为浆。居常土思兮心内伤，愿为黄鹄兮归故乡。”[3]远嫁异域的孤苦无依在诗句中真情流露出来，语言体例上都体现了楚辞特色，愿化身一只可以飞翔的黄鹄，就能够伸开翅膀回归故土，思乡之情寓于其中，读之让人动容。

（6）王昭君

同样远嫁塞外的女性王昭君因为后世文人对其故事的加工润色而声名远播，四言诗歌《怨诗》模拟《诗经》作品，也是诉说离乡思乡的孤单情绪：

“秋木凄凄，其叶萎黄。有鸟处山，集于苞桑。养育毛羽，形容生光。既得升云，上游曲房。离宫绝旷，身体摧藏。志念抑沉，不得颉颃。虽得委食，心有徊徨。我独伊何，来往变常。翩翩之燕，远集西羌。高山峨峨，河水泱泱。父兮母兮，道且悠长。呜呼哀哉，忧心恻伤。”[4]

言语更显整齐完备，先以秋天的草木鸟儿起兴，烘托出伤感的凄凉秋意，在诉说自己的处境艰难，诗中女子哀伤无奈的心意被抒发出来。

从西汉贵族女性的文学创作来看，她们要么经历了宫廷中复杂的政治斗争，要么有着自身生活的悲惨遭遇，多通过诗歌来表现对生命、对生活的哀怨与悲壮，女性作家如泣如诉的诗、文均以血泪铸成，读之令人感同身受。她们多来自楚地，作品中楚文化色彩较为突出，所以本身就带有悲情和忧伤的特征，无论是戚夫人之歌还是华容夫人之歌都从语言上展现出女性的心声，从女性角色出发一早就奠

[1]［汉］班固：《汉书》，中华书局，1962 年，第 300 页。
[2] 梁乙真：《中国妇女文学史纲》，上海书店，1990 年，第 48 页。
[3]［汉］班固：《汉书》，中华书局，1962 年，第 3903 页。
[4]［明］钟惺、谭元春：《诗归》，湖北人民出版社，1985 年，第 60 页。

定了女性文学的哀怨和伤感基调。

2. 平民女性的语言文学创作

对比皇室女性的哀怨和无奈，平民女性的语言文学创作在情感上更加自由，没有了被束缚和捆绑的现实，她们的心态较为积极健康，语言也清丽自然，较少文学技巧的痕迹。

（1）卓文君

《西京杂记》中说司马相如娶卓文君日久，打算再聘一茂陵女子为妾，卓文君知道后作《白头吟》一诗表达自己的心声，意欲与有他心的司马相如诀别。《白头吟》流传于民坊乡间且史书未载，或是托名文君之作，但从诗作内容来看，俨然是向不专情的爱人表示决绝女子心声：

皑如山上雪，皎若云间月。闻君有两意，故来相决绝。
今日斗酒会，明旦沟水头。躞蹀御沟上，沟水东西流。
凄凄复凄凄，嫁娶不须啼。愿得一心人，白头不相离。
竹竿何嫋嫋，鱼尾何簁簁。男儿重意气，何用钱刀为。

“愿得一心人，白头不相离”的爱情理想不只是文君这个敢于勇于追求的女性所独有，是为天下女子对于爱情婚姻的共同愿望，文君还有《诀别书》一首与之相似，还有《司马长卿诔》一篇悼念亡夫，是否伪作也无法证明。

（2）女性乐府诗

汉乐府采自民间，其中应该有民间女性的创作，从乐府诗的内容中可以寻找到女性作者的身影，她们的劳动生活、婚恋生活都在乐府诗歌中留下了痕迹，可惜的是这类诗歌数量较少而且有可能在收入诗集中加入了男性文人的润色，可贵的是女性们真挚热烈的情感和栩栩如生的形象在汉乐府中得到保留，剔除出单纯的托名之作，女性汉乐府诗歌是难得的来自平民女性的心声。

①《江南》

《江南》一诗以女性采莲的劳动为歌，韵律简单明快，情感轻松自由：

江南可采莲，莲叶何田田。鱼戏莲叶间，鱼戏莲叶东，鱼戏莲叶西，鱼戏莲叶南，鱼戏莲叶北。

聂石樵先生认为“《江南》是一首采莲女子所唱之情歌。……此诗最早记载于《宋书·乐志》，《通志·乐略·相合歌》也首列《江南曲》，以为正声。这可能是今天所见及早之五言乐府，当为武帝时代采之吴、楚歌诗。”[1] 诗作虽短却有层次，用重复的字句和结构是民间诗歌朴素的传统风格，既有采莲女性的温婉软语，又有劳动带来的快乐体验，充满了采莲的热闹和生机。

②《上邪》《有所思》

民间女性的恋歌情感直白大胆，爱憎分明的情绪强烈炽热。《上邪》是一个女子的爱情誓言，她用“山无陵，江水为竭，冬雷震震，夏雨雪，天地合，乃敢与君绝”来作为坚守爱情的承诺，这五种不可能发生的自然情况成为女性不绝与君的保证，言简意赅却气势磅礴，将爱情放在如此重要的位置是女性文学的特色也是女性情感的特色。《有所思》中的女子本来为心上人准备了信物作为爱情的见证，却“闻君有他心”，随即情感崩塌，“拉杂摧烧之，摧烧之，当风扬其灰，从今以往，勿复相思”，爱之深与恨之深相交织，似火一般的爱恨情仇奔流不息在女性的血液里，面对男性的变心绝不乞求自怨、绝不妥协软弱，直白的语言风格表现出民间女性天真无邪的情感追求。

有所思，乃在大海南。
何用问遗君，双珠玳瑁簪，
用玉绍缭之。
闻君有他心，拉杂摧烧之。
摧烧之，当风扬其灰。
从今以往，勿复相思，相思与君绝！
鸡鸣狗吠，兄嫂当知之。
妃呼豨！
秋风肃肃晨风飔，
东方须臾高知之。

女性的爱与恨、相思与相绝在短短几句中呈现出来，错落有致的语言层次使诗作比齐整的格式多了一份新鲜感。与贵族女性文学中情感表达的含蓄曲折相比，这份炙热更加难能可贵，是民间女性作者较少受到礼教束缚的表现，在一定程度上来说，女性在男权社会中能够提笔写作表达内心已经是对男权统治现实境遇的反抗，是对狭窄生存空间和精神空间的超越，是对女性遭遇贬斥、遭遇物化、遭遇驯化的呐喊。但是再从害怕兄嫂知道的细节来看，汉代儒家伦理教化已经深入

[1] 聂石樵：《先秦两汉文学史》，中华书局，2007 年，第 859 页。

到民间女性，儒家伦理女德在此间不经意地流露是其传播的深度与广度的证明。这就造成了女性语言文学以日趋封闭狭窄的题材、忧郁婉转的格调在发展，也就逐渐趋同于男性主流的儒家温柔敦厚的诗教传统。与此同时，“许多作家在作品中注入了深刻的人生感受或表现了人所共有、人所易有的真挚情怀，这对于唤醒女子被压抑的生命活力、诱发她们的创作欲望、丰富深化她们的情感具有重要意义。”[1] 女性因性格、身份、情感等经历的影响，以独具的艺术气质形成独特的语言表达，是明显区别于男性创作的。女性在生活中所经历的种种困难挫折，使她们迸发出激烈的情感，她们在极端的痛苦与绝望中自觉或不自觉地用语言、用文字来宣泄内心的悲欢离愁，吟唱出动人的篇章。正是基于女性生存状态的真实境遇，催生了她们如此真切的情感，正是这种题材她们才可以自由自在地把握、淋漓尽致地发挥，在内容的真实性与语言的细腻程度上，都有男性文学不可企及的高度。生活的不如意发自内心再汇于笔端，留下了一篇篇动人刻骨的佳作。

[1] 乔以钢：《中国古代妇女文学的感伤传统》，《文学遗产》，1991 年第 4 期。

第三节　西汉妇容伦理化审美要求的形成趋势与突破可能

女性美一方面是自然存在的，另一方面又被特定文化所包裹及建构。妇容的客观性在于女性本身美的表现并不依靠外物存在，女性的身体发肤、服装衣饰都可以看作美的化身被欣赏，而人类社会逐渐赋予女性美主观的意味，并且呈现越加繁复的趋势。汉代从追求黄老之治到儒家独尊，妇容被一再地加诸多重人类主观体验，具体说来，黄老学说对女性美的自由追求和飘逸风格有一定的塑造之功，但对女性美与审美影响最大的显然是儒家对女性美的伦理化审美要求。在汉代则特定为既具有审美性又具有伦理性，使伦理与审美在社会价值观念中日益结合成为一个概念：即伦理的就是美的，美的就应该是符合儒家伦理的。

这种总体趋势必然经历一个曲折复杂的过程，“一个被儒家思想建构的伦理化的身体，它的美可以依序分为三个层面：首先，按照孟子的看法，人内在道德精神的‘充实’可以外显为人体的‘光辉’，从而使身体成为道德的形象显现。其次，礼乐教育可以使人克服动物性的盲动，使人的行为由野蛮转向文明。这种被礼乐规训的身体明显是一种雅化的身体，是对人自然性存在方式的审美提升。同时，由于礼乐带有明显的艺术性，被它规范的身体行为必然也是对伦理和艺术原则的双重践履。第三，着装是判明野蛮和文明的标志，中华文明的开端即是从着装开始讲起，即‘黄帝尧舜垂衣裳而天下治’。服装对身体的遮蔽意味着人区别于禽兽，有了羞恶廉耻之心，进而服装又作为一种文化或权力的符号，成为标明种族、男女、社会等级的重要表征。”[1] 由此儒家伦理对女性美的理想要求也表现在三个方面，第一是女性道德的内在美外显为女性的外在容貌之美，容貌美是内在道德的体现，没有内在道德根本谈不上外在容貌之美；第二原始审美尤其是身体审美方面必须受到来自礼乐的规范，只有符合礼乐规范的身体审美才符合儒家伦理审美的标准，因此在礼乐规范下的身体审美具有伦理性和艺术性的双重美；第三女性服装在装饰女性美的同时是区别于男性以及在女性群体中区分种族、等级的重要审美要素，具有文化的符号意义，被儒家伦理化的女性审美在这三个层面上逐渐形成。

总体而言西汉女性审美具有如下特点：首先，女性以端庄典雅为美，是整个统一国家的审美框架以大气磅礴为主的风尚决定的，与儒家思想中讲究温柔敦厚的内在美相契合，例如南阳麒麟岗出土的汉画像石中贵族女性着宽衣大袖，神情肃穆、端庄威严。其次，“女性化”成为女性美的总体方向，即越是区别于男性

[1] 刘成纪：《汉代美学中的身体问题》，武汉大学博士论文，2005 年 5 月。

特征之处越成为女性美追求的目标，轻盈的身材姿态、优雅的动作仪容、略带忧愁的眉目、动人的樱桃小口都是趋向温柔、妩媚、可爱的女性审美方向。“瑰姿艳逸，仪静体闲。柔情绰态，媚于语言”，完全区别于男性的大气阳刚，并时刻表现出以异性邀宠为目的的审美取向。再次，汉代女性装饰美发展到相当水平，从女性化妆用品的繁多即可窥探一二，女性自身对美的追求促进了美妆美饰的蓬勃，铜镜、奁盒等常见于女性墓葬，且制作工艺精良、造型精美，有些贵族女性所用化妆用品甚至极尽奢侈豪华，如精致的多子漆奁，用于盛置不同作用且形制各异的多种化妆用品，大盒里面套有小盒，层层放置镜、刷、梳、粉、胭脂、假发等女性妆容用具。同时我们也能够从汉代文学作品中看到描绘当时女性的衣饰，秦罗敷“青丝为笼系，桂枝为笼钩。头上倭堕髻，耳中明月珠。缃绮为下裙，紫绮为上襦”；刘兰芝“足下蹑丝履，头上玳瑁光。腰若流纨素，耳着明月珰，指若削葱根，口如含朱丹”；胡姬“长裾连理带，广袖合欢襦。头上蓝田玉，耳后大秦珠”等等，她们都是需要从事生产劳动的女性，却十分讲究衣饰的穿戴，其华丽夸张的程度似乎与她们中下层劳动女性的身份并不相符，或许是出于作者美化人物的需要，同时也体现了女性对美妆美饰追求的普遍化。

汉代之前的审美风尚对西汉初成时期有一定的影响，从《睡虎地秦墓竹简》中可以看出，对于婚姻关系中的择偶标准“美貌”是非常重要的条件之一。自古以来男性总是被女性美丽的容貌吸引，秋胡子路边看到美女就想搭讪，全然不顾家中的妻子，太守看见采桑的罗敷也不由自主地意欲占为己有，汉武帝从李延年“北方有佳人，绝世而独立，一顾倾人城，再顾倾人国。宁不知倾城与倾国，佳人难再得”的歌中得知其妹的美貌，召见后发现确如其说便宠为爱妾。男性对女性的审美总是伴随着爱欲与性欲，“它人为地弱化男女两性之间互相吸引与欣赏的本能，其结果是使男女之间无法在互相观照中获得对自身性别特征的自我确认，进而抑制了异性异体的个性张扬。而情感、精神的萎缩、内敛，会反过来影响社会成员对自身体貌的塑造意识。”[1] 李夫人病重后汉武帝亲自去看望，她却用被子蒙着头不愿让武帝看到她的病容残损，“久寝病，形貌毁坏，不可以见帝。”李夫人怕武帝见到她的病态徒生嫌恶之感，她深知自己以色侍人的角色，所以要保持自己在武帝心中曾经美丽的样子，结果李夫人死后汉武帝十分思念她。可见容貌是女性得到男性关注的第一决定因素，好美是人的天性，从女性自身来说重视容貌装扮之美既是对异性邀宠也是天性使然，既悦己又悦人两者结合成为女性审美进化的驱动力。

---

[1] 方英敏：《先秦美学中的身体审美与身体问题》，南开大学博士论文，2009 年 5 月。

一、西汉女性的装扮之美

每一社会阶段具有特定的审美风潮，西汉现实社会中的女性装扮能够从文献中的女性描写、出土的女性雕塑和画像甚至衣饰实物等中窥探一二，由此可以总结西汉社会的女性审美的具体标准。

1. 女性面容及妆容之美

整体上端庄典雅的风格在女性面容及妆容的审美中得到展现，无论贵族或奴婢都以相貌端庄、仪态稳重的样貌出现，从汉景帝阳陵出土女俑的面容来看多瓜子脸型、面色白皙，“美者颜如玉”是审美标准之一，马王堆一号汉墓中的歌舞女俑就面敷白粉，可见以肤白为美的审美追求，除面粉之外在炼丹过程中提炼的铅粉广泛用于女性面妆。“长眉连娟”的细长眉毛成为姣好妆容的样本，用青石画眉成黛色，眉形有八字眉、峨眉、长眉等多样，卓文君之眉似远山黛，“城中好大眉，四方且半额”也一度流行在女性妆容中，张敞画眉的故事证明女性妆容中普遍对眉的重视。“皓齿灿烂”的洁白牙齿也是美女的标配，司马相如《美人赋》中有一美女，“云发丰煞，峨眉皓齿，颜盛色茂，景喂光起。”汉代女妆的特色之一为朱丹点唇，先用粉白将唇底色遮成白色，再用红色胭脂点画唇部成樱桃般大小，小而红是汉代女性唇妆的标志，刘熙《释名·释首饰》提到“唇脂，以丹作之，象唇赤也”，刘兰芝有“口如含朱丹”之美，出土两千年前的唇脂依然保有鲜艳的红色。此外胭脂被汉代女性用在晕染双颊和点染酒窝面靥上，从匈奴引进的红蓝花为女性调配胭脂所用，引领了古代女子妆容以红为美的风潮，同时可以调和深浅使注重装饰部位之间的颜色协调，体现了女性讲究面容和谐典雅之美。

女性化妆用具在汉代已经相当丰富，作收纳之用的奁盒、画眉用的眉黛和镊子、调脂用的杯盒和刷子、熏香用的香囊等类型之多已经与现代无几。《神农本草经》中记载了可用于美容的中药，白芷、白瓜子、女萎、白僵蚕等等能够助人容颜姣好，相传赵飞燕有以落葵子美容的秘方，在如今的美容用品中也有出现。贵族女性尤其宫廷女子更加注重妆容的打扮和保养，赵合德曾以薄眉浅朱、蓬卷发型为慵来妆以获取男性的宠爱，足见女性面容的美丽对女性自身的悦己追求和对异性的悦人之用。

2. 发型及发饰、配饰之美

黑而长的头发是女性美的审美要素之一，卫子夫就以一头乌发得到武帝的倾慕。西汉女性发式造型讲究，长发多在前部中分梳向头后，又在头后绾成一个发髻，即垂髻，河北满城一号汉墓出土的执长信宫灯的侍女，头发中分垂于脑后作髻。分髾髻是少女流行的一种发型，在垂髻中分出一撮头发束髾垂在肩上。女性多于发髻之上再佩戴装饰品，簪花、华胜、步摇、发笄、发钗等形式考究，在汉代较盛行的簪是用来绾定发髻一种发饰，李夫人用玉簪挠头使其在宫廷中流行；步摇是在发簪上装饰有珠玉的发饰，可随佩戴者一走一摇，珠玉相碰撞发出声音，为女性审美增添了动感和活力；华胜是制成花型的发饰，装饰作用大于功能之用，是女性装饰品逐渐脱离功能性的产物。

西汉女性配饰除早有的颈饰、耳饰类型之外流行佩戴耳珰，一般有玻璃、琉璃材质，两端较大中间较小，穿耳为饰。刘熙《释名・释首饰》："穿耳施珠曰珰，此本出蛮夷所为也。蛮夷妇女轻淫好走，故以此琅珰锤之也，今中国人效之耳。"可见耳珰不单单用于装饰，还在一定程度上起到规范妇女行为的作用。"耳着明月珰"在汉代文献中的女性颇为常见，出土的陶俑等女性在耳部、头部常有小孔，可能是原来佩戴钗花和耳珰的痕迹。辛延年《羽林郎》中"头上蓝田玉，耳后大秦珠"也是女性配饰的记载，越是贵族阶级女性越重视装扮，高级华丽的配饰是需要经济基础的，只有身份贵重的女性才有佩戴的资格和打扮的习惯，例如鲁元公主从小在民间长大就不习惯修饰妆容和配饰，可见平民女性所用配饰的种类少于贵族女性。

3. 服装之美

汉代服装的整体特点是宽大垂坠，衣料基本覆盖全部身体较少裸露皮肤，衣摆宽大到行不露足的长度，这样一来使人体生理特征在宽衣之下缺少直视的直观感而显得较为模糊，也令人与人之间的个体差异不十分明显，更多地显现出服饰的表现力以及服饰与个人气质的结合。"身体和服饰的美感是非常含蓄和内敛地被表达的，也正是由于这种含蓄内敛，着装者的庄重气质也被表现出来，长及足踝，整体而一，简洁平展，不嗜张扬，再加上汉袍的双层厚重，含蓄之余的庄重不掩自明。"[1] 汉代女性服装有含蓄为美的特点，同时追求自然之美，面料的裁剪缝合并不以人体的曲线为标尺，宽衣大袖的简约形制使服饰下的身体得到尽情舒展，较少受到束缚。此外垂坠的面料、曳地的长度、宽大的褶皱在人体行动中随之摆动，形成了流线的动态美感，长袖飘飘摇曳生姿，焕发出生命的活力，造就了汉代女性服装含蓄美、自然美、动态美的特征。

在服装样式上流行深衣，带有汉代特色的是多重衣领层层相交，领口开得较低能够露出多重内衣交领，出土的彩陶女俑每层衣领都露于外层层叠加，汉阳陵陪葬墓出土彩陶女俑最多可达三层以上称"三重衣"。深衣的领口与袖口多有装饰性花边，袖管有宽有窄，下摆多宽大呈喇叭型，长可曳地行不露足，河北满城一号汉墓出土的侍女身穿曲裾深衣，内衬领层叠，袖口宽大且镶有宽边。此外也

[1] 张灏：《汉代服饰的审美研究》，南开大学博士论文，2008 年 5 月。

有多种变形，髾是一种在袿衣后裾的燕尾形的衣饰，多采用轻薄丝织质地，轻盈飘逸；宽袖紧身的绕襟深衣将衣服绕至臀部用绸带系束，衣服上装饰有精美的纹样；刘兰芝“腰若流纨素”在服装之外腰中系上一条白丝带，增加了女性服饰的灵动。

汉初沿袭了周秦对五色之正色的崇尚，将青、赤、白、黑、黄视为尊，但男尊女卑的思想影响下女服并不以五种正色为主，同时印染技术的进步使服装色彩越加多样，马王堆汉墓出土的丝织品颜色有十几种之多。女性内衣多为素色多层、材质又薄又透，可与深衣外套的颜色相搭配。服装纹样也更加丰富，文字纹、鸟兽纹、云纹、几何图纹等，“汉代服饰中人与自然合二为一的思想，不是消极地对美的规避和逃逸，而是对美的无限肯定和赞扬，表现为服饰形象的阔达恣肆而非低调收敛，文采的华丽纯正而非恬淡素朴，汉代服饰一面表现着阔达张扬的外形，一面又具有与身体共舞的和谐顺应之势，一面模仿着自然的拙朴实在，一面又突出着文明的华彩乐章，”[1] 女性服饰的宽衣大袖以灵动的气势和飘逸的风采体现了汉代突出个人气质的审美倾向，同时讲究服饰与个人气质的和谐配搭，使二者之美都能够达到极致。《淮南子》中充分认识到女性美和衣饰装扮修饰美的作用，“今夫毛嫱西施，天下之美人。若使之衔腐鼠，蒙蝟皮，衣豹裘，带死蛇，则布衣韦带之人过者，莫不左右睨视而掩鼻。尝试使之施芳泽，正娥眉，设笄珥，衣阿锡，曳齐纨，粉白黛黑，佩玉环揄步，杂芝若，笼蒙目视，冶由笑，目流眺，口曾挠，奇牙出，靥酺摇，则虽王公大人有严志之行者，无不惮馀痒心而悦其色矣。”[2] 得体的服装饰品可以起到装饰衬托美的效果，同时需要搭配人的情态风度之美将女性之美发挥到极致，丑陋的服饰连布衣平民都不屑一顾，锦衣华饰是人类共同的审美追求。

4. 女性身材之美

根据考古学调查汉代女性多属于较为瘦长的体型，从出土的女性画像和雕塑观察，身材以较瘦的细腰女性为主，马王堆一号汉墓出土的女性舞俑身材修长匀称，延续战国楚时以细腰为美的审美标准，崔骃《七依》有“振飞縠以舞抑扬，袅细腰以务抑扬”，张衡《观舞赋》有“衾纤腰而互折”。汉画像中女性腰肢之细似盈盈可握，尤其在长袖大裙的衬托下更显得纤细，汉高祖宠爱的戚夫人就是一位细腰善舞的美女。不同于周秦以硕大为美的女性身材审美标准，汉代以修长的身材、轻盈的体态、飘逸的身姿为美，赵飞燕能做掌上舞足见身体之轻，“形似削成，腰如束素”“妩媚纤弱”“纤腰长袖”“弱态含羞”“骨丰肌”等都是赋家笔下

[1] 张灏：《汉代服饰的审美研究》，南开大学博士论文，2008 年 5 月。
[2] [汉] 刘安：《淮南子·修务训》，《四部备要》，中华书局，1989 年，第 7 页。

的女性身材之美。

男性与女性之间生理上的自然差异在身材审美的眼光发展中被人为地突出，越是区别于男性的女性特征越能够得到美的寄寓，例如区别于男性的高大强壮，女性纤弱、妩媚、柔软的身体成为竞相追求和模仿的共同审美理想形象。这一审美趋势既体现了汉初对楚文化的吸收，也加入了汉代自身的特色，尤其对女性细腰的强调，在服装和文学创作中也能感受出来。

5. 女子乐舞之美

女子乐舞者是较为特殊的女性群体，她们擅长以乐舞表演获取男性为主之观赏群体的倾心，有些甚至可以通过乐舞表演的形式获得统治者的宠幸而平步青云，因此理论上比一般女性更加注重容貌之美，也更加注重对外貌的修饰美。汉代出土画像砖石和壁画、帛画中多从事乐舞的女性形象，可见这个群体在当时社会也是美的代表群体才被作为审美对象一再刻画。女性乐舞常常与美色相联系，司马相如《上林赋》："靡曼美色，若夫青琴宓妃之徒，绝殊离俗，妖冶娴都，靓粧刻饰，便嬛绰约，柔桡嫚嫚，妩媚孅弱。曳独茧之褕絏，眇阎易以卹削，便姗嫳屑，与俗殊服。芬芳沤郁，酷烈淑郁。皓齿灿烂，宜笑的皪；长眉连娟，微睇绵藐，色授魂与，心愉于侧。"[1] 女性舞者有专门的妆容和衣饰，长眉皓齿、眼神动人、笑容灿烂，她们身披曳地深衣走起路来轻盈婆娑，身材也更加柔软纤细，才能施展曼妙妩媚的舞姿。汉代出土的女性舞者雕塑形象都以长袖长裙、身姿曼妙为特征，与语言描写一致。

汉代女性流行长袖服饰，女性舞者更是将服装上的长袖当成了舞蹈的一个道具。所谓长袖善舞，长袖加在曲裾深衣的西汉女性服饰上，展现出女性身材的修长纤细，是对女性美的表达和追求。从对长袖的强调不难发现，西汉女子舞姿以突出上肢动作为主，通过舞动长袖展现女性柔美的身姿，延伸的长袖给人若有似无的虚幻美感。长袖的类型一种是原上衣之袖就是长袖，一种是接在一般上衣袖子上的长袖即延袖和接袖，类似于戏曲中的水袖，长度甚至可以达到人体的二倍，舞动起来气势恢宏。

根据出土画像砖石上的女性舞者动作，可以大致描摹出其舞姿，舞者充分利用长袖作出舞蹈动作，有斜上方扬袖、正上方抛袖、横向飘袖、环绕袖等，画面动态感十足，长袖在舞者的律动中上下舞动、飘逸轻盈，姿态十分优美雍容。尤其女性舞者善于扭动腰肢，突出女性的柔美，甚至有高难度的折腰舞，需要舞者具有高超的舞技，腰部十分柔软才能完成，是有技巧性的舞姿动作。舞动的女性

[1]［南朝梁］萧统编，［唐］李善注：《文选》，中华书局，1977 年，第 128-129 页。

好像一只展翅的鸟儿，似乎有一飞冲天的愿望，“翩若惊鸿，婉若游龙”，线条感与画面感巧妙结合，柔美的身姿与有力的舞步互相辉映。

二、女性审美伦理化趋势

西汉开始，女性美逐渐褪去了健康向上的积极心态，开始完全朝着温柔敦厚、含蓄哀怨、弱不禁风的儒家伦理女性美发展，这在多方面都有所体现。

1. 女性身体美的有意遮蔽

汉代女性多着深衣长裙，除了脖颈之外较少露出身体肌肤，而且宽大的衣裙并不按照人体曲线设计，而是把女性姣好的身材掩盖到衣裙的布料之下，行不露足使女性的脚也被作为隐蔽的身体部位。在文学艺术作品中，刻意回避了对女性身体的直接描摹，在描写到女性美时多通过衣饰、姿势等侧面烘托，偏爱将朦胧的情景结合于若即若离的女性身体。所有的诗赋文作品都不敢采取大胆直白地描写，傅毅《神女赋》写姿势美的女性，“若俯若仰，若来若往，雍容惆怅，不可为象。”[1]丝毫不染指能够代表女性身材典型的乳臀，与现当代女性解放以后大量的“丰乳肥臀”文学描写截然不同。除了房中术一类之外，大多数雕塑画像也都不敢大胆直白地刻画女性裸体，这种对女性身体的刻意回避与完全无视并不相同，例如汉赋中的女性有描述身体姿势的必要，却总是遮遮掩掩、闪烁其词，不能直白表达，显然是受女性审美伦理所影响。

2. 女性以弱为美观念

汉代女性以弱为美、以阴柔为美的观念形成，并逐渐具有审美稳定性。自东周以来，女性以强健为美的大势逐渐被以阴柔为美的观念取代，经历了漫长的历史过程在汉时完全取代，且与整个中国封建王朝相始终甚至蔓延至现代，越是经过长时间积淀形成的思想观念越难以被推翻，今日女子本弱的刻板印象与千余年的时间沉淀不无关系。女性身体上的弱来源于女性地位上的弱势，女性在柔顺、卑弱的观念影响下日益失去话语权，只能听命于男性的主导。在女性审美关系中，美的载体是女性自己，理论上女性应该是审美主体，但是随着男尊女卑的强化过程，也是女性主体地位丧失的过程。“悦人”的重要性日益超越了“悦己”的重要性，这一关系一旦定型，意味着女性审美彻底的沦丧，女以弱为美走上了不可回头的单行道。

3. 德美并重

在女性容美中掺杂德的要求是春秋以来儒家对女性的彻底改造，素来擅长弱化女性外在美、无视女性形体美的儒家经过汉儒的强化越加淡化纯粹的女性美，

[1] 严可均：《全上古三代秦汉三国六朝文》，中华书局，1958 年，第 705 页。

反而加大了女性美的社会性和精神性。精神美成为女性美的重要组成部分，对精神美的提及与以柔弱为美同时被重视，证明女性柔弱为美的观念并不与生俱来，而是世俗观念的一部分。“从宏观角度对人体美观念的历史发展进行整体观照，可以看到，人体美观念经历了从原始时期的重视生殖和生命力之美，过渡到文明时期以性吸引为基础的对人体的合乎完善发育的目的、合乎第二性征的形式美规律的欣赏，最后发展（上升）为强调人的内在精神美与外在形体美的和谐一致的过程。”[1] 女性美的道德化倾向严重，丑女钟离春的故事在汉代传播广泛，女性容貌被掩盖在道德的外衣之下，连容貌丑陋的钟离春都能因为德行品质成为令人倾慕的对象。“如果说人体审美的玩弄心态是因人‘好色’的生物性所致，那么人体审美的规训意志则是因人‘好德’的社会性促成。二者对待美色的动机不尽相同，但效果却一致，都未能使美色成为独立的审美观照对象。”[2] 人类色欲的天性阻碍了纯粹的女性审美形成，同时尚德的社会风俗也阻碍了纯粹的女性审美形成，却逐渐融合了德与美的界限。

4. 女色祸国在汉代的发展

汉代恐美文化深刻表达了对女主执政和外戚专政的忌惮，故意建立起女性与乱政之间的神秘关系，借助阴阳五行学说妖魔化皇室后妃，一味夸大历史中的女色祸国事件如屡次提及的褒姒亡国说，力图劝谏皇帝以史为鉴、远离女色。将德与色相对立，制造社会舆论、加强对女色的恐惧，企图“以道德代替美学”，“女性身体在此成为了‘善’所调控的对象，而不是‘美’所关注的对象。这种误读，扩大了伦理道德的权限，而压缩了审美的空间。”[3] 汉成帝时宠幸美姬赵飞燕姐妹，披香博士淖方成说赵飞燕姐妹是“此祸水也，灭火必矣”，是女性与“祸水”联系之滥觞。阴阳五行学说认为汉王朝因火而兴，水克火必灭汉，成帝欲立赵飞燕为后，大臣王仁《谏立赵皇后疏》坚决反对：“是以圣王必慎举措，察操行，以计胜色者昌，以色胜计者亡。”[4] 儒生杜钦认为后妃制度是“夭寿治乱存亡之端也。迹三代之季世，览宗、宣之享国，察近属之符验，祸败者常不由女祸”[5]，“必乡举求窈窕，不问华色，所以助德理内也。”[6] 刘向《列女传》中频繁提起女色亡国的事例，专辟孽嬖一个类目作为反面教材，将女性德与色的界限过分夸大，将女性美肉体化、贞节化。

[1] 胡敏：《中西人体美观念及其表现形式比较研究》，华中师范大学博士论文，2006 年 4 月。
[2] 方英敏：《先秦美学中的身体审美与身体问题》，南开大学博士论文，2009 年 5 月。
[3] 逄金一：《身体理论视域中的秦汉女性美研究》，山东大学博士论文，2007 年 11 月。
[4]［宋］张君房：《云笈七签》，中华书局，2003 年，第 454 页。
[5]［汉］班固：《汉书》，中华书局，1962 年，第 3467 页。
[6]［汉］班固：《汉书》，中华书局，1962 年，第 3468 页。

同时对女色的妖魔化往往在深层隐藏着男性好色的生理欲望，例如擅长女性形貌的汉赋中常常极力描写女色，不遗余力着墨于女性绝世的容貌和妖艳的身材，将女性塑造成极富挑逗性的诱惑形象，以此来突出男性作者不为女色所动的德行，企图证明自己好德不好色的君子形象。比如司马相如的《美人赋》全篇以对美人容姿的铺陈为重心，目的虽然是将她们的出现预设为男性德行的考验，但是却不经意间透露出男性对女色的熟悉观察反衬出男性的好色心理，“这是中国第一篇色情文学。他用最细密的描写，大胆的态度，以及清丽洁白的文句，去表现一个色情狂的女子。”[1] 女性的面貌、身材、服饰、神情无一不是按照男性作者的审美取向来构想的，是男性的眼光令美人之容色蒙上了淫邪的色彩，“作者有意识地运用自己的创作权力在创造理想的适合于他的趣味和意愿的女性形象。赋中的女子不仅是赋中男主人公的情人，更是作家招之即来挥之即去的情人。通过这种虚构的只存在于文本内部的虚幻世界，文人满足了他们在现实世界无法满足的欲望。这是文人的心灵世界，是他们最隐秘的情感和愿望，也是在政治道德一统天下、士人缺乏独立人身和自由意识的背景下，汉代文人生活情感的一种补充。”[2]

此外，儒生术士都热衷于利用阴阳五行学说，把地震、日蚀等自然灾害视为天地失常之灾异归咎于女色，将女色视为不祥之物，丑化妖魔化女色形象也是儒生惯用的手法，使女色祸水论在汉代更加增添了一丝神秘感，造成男性对女色的普遍性恐慌。在流行的价值观中对妾的选择证明了男性对容貌的重视，但对择妻来说德的选择标准总是要重于容色的选择标准，不得不说女色祸国说是对女性美的亵渎。

三、女性审美伦理化趋势的现实突破可能

在妇容日益被儒家伦理化倾向所裹挟的过程中，曾经出现过可能突破这种定型的力量。其一就是崇尚女性的道家思想的流行，形成了自然飘逸的女性审美风格元素，“质素纯皓，粉黛不加”、“峨眉不画，唇不施朱，发不加泽”在重妆饰的汉代可谓一抹清新的色彩，道家以阴柔为贵的审美特征为女性审美向纤弱转向提供了依据。道教之房中术对女性身体美的大胆观察和追求是完全突破儒家正统审美观的，道教之相术又对女性外貌神秘化和标准化提供了另一种可能。

其二，佛教的传入令女性审美标准融入了一丝异域思想因素，色即是空否定了世俗中的女性美，色复异空又肯定了有现实美的存在，在抑制对女色的原始欲望方面与儒家观点异曲同工。尽管礼佛在女性群体中较为流行，却晚于儒家思想

[1] 刘大杰：《中国文学发展史》，百花文艺出版社，1999 年，第 125 页。
[2] 刘淑丽：《先秦汉魏晋妇女观及文学中的女性》，学苑出版社，2008 年，第 181 页。

的传播，无法撼动妇容被伦理化的根基。

其三，汉代文化中的楚文化色彩也是阻碍儒家伦理化妇容的力量之一。汉初统治阶级和当权贵族多来自楚地，所成汉初文化自然少不了楚文化因素，楚文化中神秘绮丽的特征影响了女性美的整合，例如汉画中的侍女形象多身长腰细削肩，裙装宽大，摇曳多姿，身材婀娜，有楚文化特征；极具楚特征的美人赋中多华丽奢靡的女性，极力描写女性神态、姿势、器物之铺排夸张，仿佛与儒家妇容观格格不入，最具备冲破其伦理化趋势的可能却没有最终完成。

另外，统治者自身的私欲膨胀也有突破伦理审美的可能。尽管汉立国以后后宫选美制度逐渐形成，美貌无疑成为最高统治者选择女伴最重要的标准之一，“汉代统治阶层的政治生活与日常生活是两离的。这种生活的两重性必然为其价值选择带来巨大的困惑：作为政治人物，他必须接受礼乐服饰的规训，从而使其身体服从伦理的要求；作为性情中人，他的日常生活又陷于声色犬马之中，从而使其身体服从欲望的自然要求。”[1] 男性统治者在理性的自我要求与感性的自我放纵中挣扎，他们也日益受到来自舆论的压力，“女色祸国”的审美文化传统同样裹挟着统治者的自由意志。

[1] 刘成纪：《汉代美学中的身体问题》，武汉大学博士论文，2005 年 5 月。

第四节　西汉妇功的实态

汉代官方主流的理想两性分工是“男主外、女主内”，但实际上汉代女性并没有被完全禁锢在家庭内部，有出入的自由、参与社会劳动的自由、从事各行各业的自由。“在中国古代漫长的岁月里，被排斥在政权之外的绝大多数女性，是家庭小农经济的‘充分伙伴’”[1]，她们并没有被排斥在劳动之外，多数女性都需要依靠自己的劳动才能养活自己，甚至在某些家庭里还有可能是劳动的主力，供养整个家庭。

按照具体社会阶层来说，皇室家族的女性多数情况下可以脱离实际生产，她们拥有最为丰富的物质财富，不必从事繁重的体力劳动，部分纺织习作也并不是出于经济考虑。官吏家庭中的女性分两类，一类高级官吏家庭，男性俸禄可养活全部家眷，也允许妻子随丈夫任职，不必参加农事等传统体力劳动，只用专职家庭内部杂务。供养奴仆的官宦家庭中的妻女可以完全脱离生产，类似于皇家女性，但这类女性毕竟占少数。另一类小吏家庭，男性俸禄并不足以养活家眷，各方面条件也不允许妻子随夫居住，男性只能单独就任，这些家庭中的妻女必须参加所有可从事的女性劳动才能解决生存问题，她们甚至比平民家庭中的女性参与的劳动更多、范围更广，繁琐的家务劳动也离不开她们。平民家庭中女性与小吏家庭类似，自然也要从事生产劳动解决衣食住行，奴隶阶层女性更无需多言。相应地这些家庭形成了不同的生活状态，高级官吏家庭是男性做官、女性照顾家庭的类型，完全以家庭中的男性大家长为中心；小吏家庭则是男性做官（多数需到外地就职）、女性兼顾生产劳动和照顾家庭的双重劳动，这样一来小吏家庭中的女性就拥有更高的家庭地位和发言权。

汉代女性能够脱离劳动生产的毕竟是少数，大多数女性都要为家庭生计劳作，耕织兼做是女性劳动的常态，她们不辞辛苦通过劳动为家庭带来经济收入、改善生活环境，留下了一个个勤劳的女性印象。地处边陲的居延汉简中有出售缣帛的记载，应该是戍边家庭中的女性劳作，越是底层的家庭女性劳动的重要性越大，也对女性社会地位提升的帮助越大。在保证社会生产的每一个环节中，都离不开女性的身影，承认女性生产力的贡献与男尊女卑理想的达成相违背，所以儒生们以“男耕女织”模糊女性对农业的贡献，模糊女性对社会生产的贡献，将女性置于劳动的配角位置。实际上秦汉以小家庭为主，五口之家耕种百亩农田不可能不

[1] 刘筱红：《中国古代妇女的经济地位》，《中国史研究》，1995 第 4 期。

包括女性劳动。

一、传统女性劳动

汉初授田于民的政策促使小农经济的发展，大批贫困农民获得赖以生存的土地，积极农事生产保证衣食赋税，小家庭中的女性参与农事劳动，部分立户的女性更是农业生产的主力。同时她们执掌蚕桑纺织劳动的整个过程，对西汉经济发展作出卓越贡献，有些贫困家庭中的女子白天家务繁忙只能利用晚上时间纺织以补贴家用，所以女性劳动的辛苦程度和普遍程度丝毫不逊色于男性。此外照顾家庭成员衣食住行的任务也属于家中的女性，闵子骞衣着单薄是继母的安排，他的父亲甚至都不知晓，可见照顾继子也是家庭中女性分内的责任。

1. 蚕桑纺织

文景之时鼓励农桑，“令郡国务劝农桑，益种树，可得衣食。”[1]《汉书》中也说窦皇后曾亲自采桑，又以皇后的身份每年参加“亲桑”仪式鼓励女性桑织，上林苑中的“茧观”是皇后亲蚕所用之地。贵族女性从事纺织却并不以此为生，张安世“然身衣弋梯，夫人自纺绩”[2]，《史记·公仪休传》中公仪休“见其家织布好，而疾出其家妇，燔其机，云‘欲令农士工女安所雠其货乎？’”[3]在这些家庭中女性纺织可有可无，没有劳动的实际意义，相比来说民间采桑才具有广泛性和实用性，汉乐府《陌上桑》以采桑女秦罗敷为主角的，秋胡之妻在丈夫外出为官时采桑不辍，“夫采桑力作，纺绩织纴，以供衣食，奉二亲，养夫子。”[4]汉乐府《上山采蘼芜》中两个女性都勤于纺织，“新人工织缣，故人工织素。织缣日一匹，织素五丈余。将缣来比素，新人不如故。”[5]新妇擅长织缣，故人擅长织素，诗中的丈夫还将两人工作量相比较，认为新妇不如故人的劳动能力强，靠自己的劳动能力养活自己是女性能够不依赖男性的经济基础。《汉书·地理志》中说汉武帝时广阔国土疆域内“民皆服布如单被，穿中央为贯头。男子耕农，种禾稻纻麻，女子桑蚕织绩。”[6]女性从事蚕桑纺织的普遍，“一夫不耕，或受之饥，一女不织，或受之寒。”[7]所以统治者对耕织是同样重视的，“匹夫之力尽于南亩，匹妇之力尽于麻枲，田野辟，麻枲治，则上下俱衍，何困乏之有矣？”[8]而且纺

[1][汉]班固：《汉书》，中华书局，1962 年，第 152 页。
[2][汉]班固：《汉书》，中华书局，1962 年，第 2652 页。
[3][汉]司马迁：《史记》，中华书局，1959 年，第 3102 页。
[4][汉]刘向撰，张涛译注：《列女传译注》，山东大学出版社，1990 年，第 186 页。
[5][南朝陈]徐陵，吴兆宜注：《玉台新咏》，上海书店，1988 年，第 1 页。
[6][汉]班固：《汉书》，中华书局，1962 年，第 1688 页。
[7][汉]班固：《汉书》，中华书局，1962 年，第 1123 页。
[8][汉]桓宽，马非百注：《盐铁论简注》，中华书局，1984 年，第 101 页。

织甚至比农耕带来更多的经济利益和实际意义，汉朝多次赐给匈奴丝织品对促进经济、对外交往方面也起到一定作用。“丝绸之路”是很好的证明，在一定程度上丝绸之路是汉代女性一针一线纺织出来的劳动成果。

出土材料也能说明女性桑蚕纺织的普及，四川成都画像砖中女性拿长杆采桑；山东嘉祥武梁祠画像石秋胡戏妻的画面中女性就是在路边采桑；内蒙古和林格尔壁画女子采桑的画面中还有采桑所用的工具。江苏徐州铜山画像石的两幅纺织图上有女性纺线织布的情景，图中还有女性与婴儿的细节，女性在一边从事纺织劳动，还要一边从事照顾孩子的家务劳动。山东滕州市龙阳店狩猎纺织图织机前有女性在络丝；滕州市后台人物乐舞车骑画像中层左边有一位女性坐于织机前端，左手边有婴儿。山东嘉祥、济宁等多地出土纺织图都证明了女性与纺织的天然关系在汉代延续，并且女性在蚕桑纺织领域发挥着劳动女性的智慧，汉昭帝时陈宝光之妻发明了一部一百二十镊的提花机，生产出当时有名的蒲桃锦、散花绞，据《西京杂记》：“霍光妻淳于衍蒲桃锦二十四匹，散花绫二十五匹。绫出钜鹿陈宝光家。宝光妻传其法，霍光召入其第，使作之。机用一百二十蹑，六十日成一匹，匹值万钱。”[1] 出土汉代纺织实物品类丰富、质量优良、工艺先进，1972 年长沙马王堆汉墓出土大量精美的纺织品均出自女性之手，其中一号汉墓出土两件素纱禅衣，其中一件衣长 1.28 米，袖长 1.9 米，重量仅有 49 克，轻薄如蝉翼，令人叹为观止，是汉代劳动女性的杰作。2013 年成都老官山二号墓葬中考古发掘出 4 部结构复杂的木质织机模型，织机周围有十五件彩绘木佣，木佣的左胸上有不同的铭文来区别工种以及不同的具体司职，她们重现着织造蜀锦的场景，这些是为二号墓主——一位 50 岁左右的女性陪葬所用，可见这位女性很可能是一个拥有蜀锦织造作坊的贵族女性。

成都老官山二号墓葬中的彩绘木佣

[1] [东晋] 葛洪：《西京杂记》，中华书局，1985 年，第 4 页。

随着经济发展、商品市场扩大、纺织品需求量的增大，纺织品市场也随之扩大，女性纺织劳动的强度非常大，她们甚至需要充分利用晚上的时间，“冬，民既入，妇人同巷，相从夜绩，女工一月得四十五日。必相从者，所以省费燎火，同巧拙而合习俗也。”[1]为了获得更多的劳动成果，她们晚上也不得不勤于纺织，“鸡鸣入机织，夜夜不得息”大概是多数女性日常生活的一部分，所谓“日出而作、日落而息”已经不能囊括进此类女性劳动了。而且为了节省照明费用，集体劳动也发展起来，有利于生产技术的提高。王充说“襄邑俗织锦，钝妇无不巧”[2]，连最笨拙的女性都巧于纺织，可见纺织技术是一项普通女性都必须掌握的生产技术，纺织技能教育在女性幼年时也普遍开展。

2. 农事劳动

在男女两性合作的家庭里，女性承担的农事体力劳动并不少于男性，夫妻在小家庭单位里总是共同出现的利益共同体，夫妻之间经济上的互助关系也是保持家庭稳定的因素。关于女性参与农业劳动有记录可查，汉代画像砖上有男女一起耕种的画面，甘肃嘉峪关新城汉墓出土的两块画像砖，一块上是女性在前播种男性在后打土块，另一块上是男性在前驱牛耕地女性在后面播种；山东滕县黄家岭汉代画像砖上有男性操犁、使耙，旁边有三个女性在锄地，还有一个妇女带着两个小孩，挑着担子走来，可能是来送饭的。[3]这些都是汉代女性从事农业的有力证据，再现了当时平民男女参与劳动的情景。尤其当男性从政或服役时，女性就成了农业劳动的主力，刘邦在当亭长时不能归田，吕雉带领两子干农活维持生计。《汉书·杨恽传》记载杨恽夫妻二人的劳作情况：“是故身率妻子，戮力耕桑，灌园治产，以给公上。”汉代重视户籍制度，政府记录在户的能田者包括家中的女性劳动力，而没有人身自由的婢女当然也要参与主人家里的农业生产，从当时生产水平看，中下层女性是不可能脱离农事生产的。

3. 其他家庭劳动

饲养家畜、小面积种植果蔬作为农业的补充，由女性在家中独立完成，是维系家庭开支、贴补家用的劳动之一。山东临沂银雀山汉墓出土《守法》《守令》等篇中有“家畜一豖、一狗、鸡一雄一雌”的记载，河西出土的汉晋绘画53号木屋的绘画中有画女子在喂猪[4]，四川德阳县黄许镇出土画像砖中木架顶上伫立一只鹦鹉，下边是一只昂首翘尾的公鸡，左右有两只肥鹅伸颈朝着同一方向，应该

[1] [汉] 班固：《汉书》，中华书局，1962年，第1121页。
[2] [汉] 王充撰，黄晖：《论衡校释》中华书局，1990年，第539页。
[3] 李发林：《山东汉画像石研究》，齐鲁书社，1982年，第27页。
[4] 张朋川：《河西出土的汉晋绘画简述》，《文物》，1978年第6期。

是等待饲养者前来喂食的情景。至于做饭洗衣、照顾老幼家庭成员等家务更是离不开女性的身影，她们默默劳动的形象一早便在历史中形成了。

二、女性的商业、手工业劳动及财产

西汉女性能够从事的工作除了常规性农事、纺织等以外，商业和手工业也是惯常从事的行业。

1. 商业劳动

《周礼·地官·司市》中解释夕市说“夕时而市，贩夫贩妇为主”，有女性从事商业贩卖的习俗是符合周礼的，其中商业活动范围广泛，女性可以从事卖酒行业，刘邦做泗水亭长时常到王媪、武负两位老妇经营的酒铺赊酒；卓文君私奔以后曾经当垆卖酒为生；辛延年《羽林郎》中有“胡姬年十五，春日独当垆”[1]的记载。从巴寡妇清的故事来看，女性甚至可以经营从家族中继承来的矿产业并富甲一方。馆陶公主的男宠董偃年幼时与母亲以卖珠为生，跟母亲一起出入公主府第才得以宠幸。王章的妻儿流放到合浦后靠采珠“致产数百万”[2]。甘肃武威磨咀子汉墓出土《王杖诏书令》有老年女子经商政府不征收市租的规定。居延新简中记载有“候粟君所责寇恩事”令妻子协同管理收账事宜。一般情况下女性所从事的商业规模都较小，从商女性多属社会中下层平民，她们依靠商业利润获得生活资料，毕竟政策和礼俗都不鼓励商业行为，所以能够通过经商大富大贵的可能性在女性身上极小。她们有些是与家中男性共同经营参与到家族商业中，有些是独自经营，俨然是独立自主的事业女性。

2. 手工业劳动

女性参与社会手工业劳动大概有两种情况，其中有夫妻共同参与手工业，女性作为男性的帮手，如冶铁的卓氏起家之前是以“独夫妻推辇，行诣迁处”[3]，朱买臣砍柴贩卖樵木为生时“其妻亦负戴相随”[4]，这些夫妻共同参与劳动再维持家庭开支的同时也是促进夫妻感情、维系家庭稳定的手段。还有一些家庭没有男性支撑，女性不得不依靠自己的双手获得生活资料，刘备母亲贩履织席为生，翟方进的后母织屦卖钱，“失父孤学……欲西至京师受经。母怜其幼，随之长安，织履以给方进读”[5]。四川新都画像砖酿酒行业中也有女性参与，“画面是一酿酒作坊，正中大釜为酿缸，一妇人左手扶缸，右手正在缸内操作，似在和曲或搅拌，

[1]［宋］郭茂倩，聂世美、仓阳卿：《乐府诗集》，上海古籍出版社，1998 年，第 694 页。
[2]［汉］班固：《汉书》，中华书局，1962 年，第 3239 页。
[3]［汉］司马迁：《史记》，中华书局，1959 年，第 3277 页。
[4]［汉］班固：《汉书》，中华书局，1962 年，第 2791 页。
[5]［汉］班固：《汉书》，中华书局，1962 年，第 3411 页。

其右一男人似在一边协助酿酒。”[1] 四川彭县一画像砖酿酒图中也有女性的身影。

3. 女性与财产

儒家对女德的理想预设是《礼记》所言的女子无私财，实际上汉代女性拥有财产权和财产继承权，女性与财富的关系在一定程度上体现女性在家庭和社会中的自主地位。汉代女性首先具有财产继承权，身为女儿、母亲、妻妾甚至婢女的女性都有继承家庭财产或部分财产的可能；其次，所有女性都拥有财产占有权包括不具备人身自由的婢女；再次，女性拥有在一定程度上自由使用财产的权利，尤其是家庭中的寡母，对整个家庭家族中的财产都有支配和分配的权利。

女性陪嫁的奁产是婚前娘家给予女性的一笔财产，在物质形式上包括钱财、首饰、奴婢、服装、日用品等[2]，奁产陪嫁的多寡由家庭经济条件和母家的意愿决定，随女子一起嫁到夫家，在婚后依然归女性拥有。汉代风俗对奁产十分重视，因此一般女性出嫁都能从母家获得一笔可观的嫁妆，尤其富裕人家奁产的丰厚程度是可以令夫家改变生存环境的，张耳就是因为“女家厚奉给耳，耳以故致千里客，宦为外黄令”[3]。一般情况下，女性对这部分财产始终拥有占有和支配使用的权利，此外女性广泛从事家庭劳动和社会劳动，通过劳动换取的财富对家庭的维系有着巨大的贡献，对自己的劳动所得虽然不一定是完全的占有也拥有某种程度的支配权，女性在家庭整体财富的支配中有一定的发言权，这与其在家庭中的辈分地位和对家庭的贡献相关。

（1）财产继承权

女性的财产继承权在汉律中得到承认，《二年律令·置后律》：“女子为父母后而出嫁者，令夫以妻田宅盈其田宅。宅不比，弗得。其弃妻，及夫死，妻得复取以为户。弃妻，畀之其财。”已婚女性作为其父母的继承人，将田宅并入夫家，等被休或夫死以后可以拿回自己的财产自立为户，《礼记》上有载女性对自己从父母处获得的嫁妆在被休后也归女性所有。另外“孙死，其母而代为户。……诸后欲分父母、子、同产、主母、假母，及主母、假母欲分孽子、假子田以为户者，皆许之。”[4] 母亲在男性户主死后可以代为户主有财产继承权，同时“……为县令有为也，以其故死若伤二旬中死，皆为死事者，令子男袭其爵。毋爵者，其后为公士。毋子男以女，毋女以父，毋父以母，毋母以男同产，毋男同产以女同产，

[1] 刘志远等：《四川汉代画像砖与汉代社会》，文物出版社，1983 年，第 50 页。

[2] 也有可能包括田宅。张家山汉简《二年律令·置后律》：“女子为户毋后而出嫁者，令夫以妻田宅盈其田宅。宅不比，弗得。其弃妻，及夫死，妻得复取以为户。弃妻，畀之其财。”

[3] [汉] 班固：《汉书》，中华书局，1962 年，第 1829 页。

[4] 朱红林：《张家山汉简〈二年律令〉集释》，社会科学文献出版社，2005 年，第 211 页。

毋女同产以妻。诸死事当置后，毋父母、妻子、同产者，以大父以大母与同居数者。”[1]没有子男的家庭女儿也可继承爵位。

女性继承权也有一些实际的案例可供分析，卓文君与司马相如私奔后，其父卓王孙逐渐改变了旧观念，接受了女儿的婚事，“而厚分予其女财，与男等同。”[2]财产继承主要由个人意愿决定，女性就算出嫁以后也可以获得母家给予的财产。《风俗通义》中有一则将财产全部给女儿的特例：“沛郡有富家公，资二千余万，小妇子年才数岁，顷失其母，又无亲近，其大妇女甚不贤；公病困，思念恶贫争其财，儿判不全，因呼族人为遗令云：‘悉以财属女，但遗一剑与儿，年十五以还付之。’其后儿大，姊不肯与剑，男乃诣郡自言求剑。”[3]女儿获得了全部的家财，儿子只得到一把剑，是汉代女性财产继承的极端。汉武帝得知太后在民间还有一个女儿，于是赐她“钱千万，奴婢三百人，公田百倾，甲第，以赐姊。太后谢曰：‘为帝费。’因赐汤沐邑，号‘修成君’。”女性可以拥有财产、土地，被封爵位。但是也应该注意，女性对财产的继承权在任何时候都排在男性继承权之后，这种继承顺序决定于男尊女卑的思想观念和社会现实，女儿的继承权排在儿子继承权之后，母亲的继承权排在父亲的继承权之后，是不容置疑的。

（2）财产占有和支配权

汉代女性可以自立为户，或为寡母或为独女，她们拥有的财产占有和支配权比较明确。尤其是母亲，《先令券书》中的寡母按自己的意愿将土地先给女儿耕种又索要回来给分居出去的儿子耕种，并命令其不得转卖，母亲对家庭财产的分配权之大可见一斑。西汉末，吴汉之妻：“汉尝出征，妻子在后卖田业。汉还，让之曰：‘军师在外，吏士不足，何多买田宅乎？’遂尽以分予昆弟外家。”[4]妻子可以自己购买田宅。西汉时较为频繁“赐女子百户牛酒”，给女户主赏赐（每一女户主百钱左右）是归其占有的。上文提到的女性继承所得的财产也归属女性占有可以自主处置，“初，恽受父财五百万，及身封侯，皆以分宗族。后母无子，财亦数百万，死皆予恽，恽尽复分后母昆弟，再受訾千余万，皆以分施，其轻财好义如此。”有实例可查，但女性支配权往往受有限制，例如从父母处继承来的田宅嫁入夫家以后，若两田相邻则并入夫家，若两田不邻就不得并入，女性只能在离婚或寡后重新获得田宅使用权。儒家对女性尤其作为妻子角色的女性之私有财产权利的排斥出于多方面的担忧，一是汉代重视孝道，担心媳妇拥有私产影响

---

[1] 朱红林：《张家山汉简〈二年律令〉集释》，社会科学文献出版社，2005 年，第 227 页。
[2]［汉］司马迁：《史记》，中华书局，1982 年，第 3047 页。
[3]［汉］应劭撰、王利器校注：《风俗通义校注》，中华书局，1981 年，第 588 页。
[4]［南朝］范晔撰、［唐］李贤等注：《后汉书》，中华书局，1965 年，第 683 页。

到夫家大家庭的和睦团结，二是担心女性仗财而狂、自视而高、违背女德。事实上女性对财产的占有和支配多数情况下起到协助夫家的作用，在关键时刻能够提供经济支持，她们在自己占有财产时供养求学求仕的丈夫或儿子，所表现的妇德足以令儒家对女性的戒备无地自容。

三、西汉女性与政治

汉时女性对政治的敏感度丝毫不亚于春秋战国时期，尤其是有识女性，她们常常能够帮扶男性伴侣在政治上做出选择，例如杨敞夫人深知自己的丈夫胆怯怕事，在废旧立新的关键时候替丈夫拿主意保住了一家人的安全：“此国大事，今大将军议已定，使九卿来报君侯。君侯不疾应，与大将军同心，犹与无决，先事诛矣。”[1] 有些女性是被现实所迫，不得不与黑暗政治展开斗争，例如吕母之子被官吏冤杀，她散尽家财购得兵器、笼络贫穷少年百余人，“遂攻海曲县”。[2] 王莽篡政时有直言上书的平民女子碧竟敢拦截王莽，高呼“高皇帝大怒，趣归国。不者，九月必杀汝”[3]，只为表达自己的政治心声。平原女子迟昭平颇有才华，聚集了数千人在河阻中准备起义，是身为女性敢与政治作斗争的英雄人物，如此有家国情怀的平民女子却势单力薄只能成为政治牺牲品。

更多的女性适应儒家对女性远离政治的塑造，将自己的政治抱负寄托在儿子或丈夫身上，母亲、妻子等用自己的言行影响参政从政的男性家属。尤其处在母亲角色的女性更是时常劝慰自己为官的儿子，西汉重孝的社会环境令母亲话语的份量对子女影响相对更大，她们关心与政治相关的家事而间接参与到政治中，陈婴之母认为儿子“暴得大名，不祥。不如有所属，事成犹得封侯，事败易以亡，非世所指名也”[4]。隽不疑为官期间其母常常询问他治狱情况，希望通过自己的情绪来告诫儿子宽以待冤、不能滥杀，隽不疑成为一名“为吏严而不残”[5] 的好官与其母大有关联。居延汉简中有平民女性上书的记载，缇萦为了救父上书汉文帝以陈说律法的不合理，使汉文帝废除了肉刑，是从自己的角度间接地影响了政治法制。

得以拥有爵位和封邑的女性一般都与政治有着或多或少的联系，女性能够封汤沐邑是对女性尊贵地位的承认，颜师古：“凡言汤沐邑者，谓以其赋税供汤沐

[1]［汉］班固：《汉书》，中华书局，1962 年，第 2889 页。
[2]［汉］班固：《汉书》，中华书局，1962 年，第 4117 页。
[3]［汉］班固：《汉书》，中华书局，1962 年，第 4118 页。
[4]［汉］司马迁：《史记》，中华书局，1959 年，第 298 页。
[5]［汉］班固：《汉书》，中华书局，1962 年，第 3037 页。

之具也。”[1] 女性封侯也是对女性地位的承认，有的是母以子贵，有的是妻以夫贵，汉高祖刘邦封兄伯妻为阴安侯，吕后封萧何夫人为酂侯、封樊哙妻吕媭为临光侯，汉武帝尊王皇后母臧氏为平原君、封王皇后与前夫之女姊为修成君等，这些女性侯爵并不完全是名义上的，《史记》有：“……臣谨请与阴安侯、列侯顷王后与琅邪王、宗室、大臣、列侯、吏二千石议曰：‘大王高帝长子，宜为高帝嗣……’”[2] 可见她们能参与到国家重大事件中。一般女性不可能依靠建功立业走上仕途从政，所以女性参政从形式上无法依靠谋取官职达到，但是她们总是可以通过其他形式参与到政治事件中，如汉宣帝时的女医淳于衍与霍光夫人勾结，害死了临产的许皇后；汉成帝赵昭仪专宠后宫得知许美人为汉成帝所幸生子，“以手自捣，以头击壁户柱，从床上自投地，涕泣不肯食”[3]，迫使成帝誓曰：“ 约以赵氏，故不立许氏。使天下无出赵氏上者，毋忧也。”最终许氏所生皇子被杀成帝绝嗣，都是参与内廷政治的例子，更多的女性因为性别角色的特殊性，通过与最高统治者的亲密关系靠近政治，为皇后、皇太后包括后宫众多女性都有机会进入权力中心，甚至直接处理国家政务。

1. 女主政治

汉代封建集权于皇帝一人之手，为女性独揽大权提供了可能，尤其是身为皇帝母亲身份的女性，她们在推行孝治的汉代地位至高，连九五之尊的皇帝都免不了要看其脸色，以孝治国为女主政治提供了契机。与前代女性只是“参政”“干政”不同，汉代甚至有女性主政，她们以母后的身份对男性统治者的“协助”程度空前，从开国皇后吕太后就为女主政治埋下了伏笔。当然女主政治除了与男权统治的性别不同以外，对经济进步和社会发展还是有一定贡献的，司马迁就为吕太后专列本纪以肯定其政绩，而且作为两代男性统治者之间的过渡性政治，女主政治为幼主的安全过渡提供了一定程度的保障，例如卫子夫在戾太子造反时用皇后之权调动军队解一时之困。对内宫事务尤其是后宫妃嫔的管理是太后职权的常态，而对朝廷政事的直接与间接参与则视情况而定，幼主无法独立执政时太后可直接行使皇权。尽管女主协政并不一定每次都奏效，例如汉元帝王皇后，执政四朝近五十年，只会借力外戚没有政治才能，最后导致被王莽利用篡权。女主政治毕竟不是封建君主制的常态，过渡后仍旧需要归权于男性后代，所以整体上女主政治利大于弊。作为皇后、皇太后的女性，她们身处复杂利益关系的后宫，不可能与政治绝缘，大多数情况下是被迫卷入政治泥潭，想要在政治斗争中存活下来并保证自己的政

[1] [汉] 班固：《汉书》，中华书局，1962 年，第 74 页。
[2] [汉] 司马迁：《史记》，中华书局，1959 年，第 416 页。
[3] [汉] 班固：《汉书》，中华书局，1962 年，第 3958 页。

治利益就需要强大的政治羽翼，依靠关系最为亲近的外戚集团，广泛搜罗心腹为自己所用，还要千方百计削减敌对势力，她们不一定是主动参政，而是被环境裹胁着不得不走上权力角逐的角斗场。

然而女主政治毕竟不是封建君主制的正常形式，当外戚势力威胁皇权以及太后执政这种传统在汉代逐渐暴露出危机时，也是在儒家思想日益占据优势地位的档口，女主政治难免遭到儒生们的口诛笔伐。他们想方设法限制太后在政治上的权力，有些皇帝试图从政治层面找到有效的方法来解除太后主政造成的危机，有些则完全听命于太后失去了对大局的控制。儒生顺势利用礼制、阴阳学说等理论武器证明女主违背伦常，存在僭越君权的嫌疑，尤其在政治危机时更容易令他们有嫁祸给女性的机会。通过宣传历史中女性破坏政权的案例，例如谷永、王仁、班氏父子、刘向等人制造负面舆论效果，援引经文中女子乱政的经典，印证女性乱政的历史必然性。他们甚至不惜利用日蚀、地震等古人不能科学解释的自然灾异现象来映射女主带来的祸乱，增加了女主政治的神秘性，用阴阳五行学说神化女子与乱政的必然联系，丑化参与政治的女性形象，并以不祥之物来暗示象征女主，使世人相信女主政治的大逆不道，令女主政治时时受到来自各方面的舆论挑战。

事实上女主政治有其自身的优势，她们较能体察民情、治民以宽，而且相较于男性统治者，她们本身能够起到前廷后宫的调节作用，作为政治的润滑剂，其统治政策的柔性和弹性是男性统治者较为缺乏的。

（1）吕后

作为刘邦的结发妻子，吕后对丈夫建国立业的帮助巨大。刘邦出征时她能够稳定后方，诛杀异姓王时也毫不手软，为了清除后患达到目的甚至不惜违背诺言，可以看出她不同于常人的深谋远虑，在诛杀韩信、彭越、英布等三位开国重臣的决断上甚至比刘邦还要坚决果敢，完全没有所谓的“妇人之仁”，是一位政治素养很高的女性政治家。在刘邦死后，吕后的政治作为更加夺人眼球。首先，政策上追求黄老之治、政不出房户。其次，重用多位开国功臣，笼络人心。再次，勤俭持政、少用刑法，营造宽松的社会气氛。轻徭薄赋十五税一，重视农业生产，鼓励农民务农，调动了农民生产的积极性；提倡早婚早育繁衍人口，增加劳动力。当然这些政策并不一定是从吕后开始的，但她能够预见到其对国家经济的发展并坚持执行，政治觉悟之高也是一般女性所不能的。她在摄政之前就积累了丰富的政治经验，性格上坚韧果断、敢作敢为符合政治家的基本素质，在面对匈奴冒顿单于的挑衅和侮辱时忍辱负重、能屈能伸，政治手腕灵活。司马迁评价吕后：“孝惠皇帝、高后之时，黎民得离战国之苦……天下晏然，刑罚罕用，罪人是稀，民务稼穑，衣食滋殖。”然而即使她取得了一定的政绩也逃脱不掉被后人诟病的现实，光武帝说她不宜配食高庙，“高皇帝与群臣约，非刘氏不王。吕太后贼害三赵，专王吕氏，赖社稷之灵，禄、产伏诛，天命几坠，危朝更安。吕太后不宜配食高庙，同祧至尊。薄太后母德慈仁，孝文皇帝贤明临国，子孙赖福，延祚至今。其上薄太后尊号曰高皇后，配食地祇，迁吕太后庙主于园，四时上祭。”[1] 是为女主专政评价的不同视角造成的。

（2）窦太后

景帝之母窦太后信奉黄老之学，迫使景帝与窦氏宗族都读《老子》并推尊其学说，景帝在位十六年始终未敢用儒生，到了汉武帝前期窦太后都余威犹存。武帝对太皇太后十分尊重，虽从小受儒家思想的熏陶，即位后打算启用儒生干出一番作为，不料太皇太后听闻他好儒极为不悦，时常出面干预朝政。汉武帝曾任用王臧作太子少傅，由于赵绾、王臧欲立明堂辟雍，而没奏请窦太后，窦太后怒而逼迫他们自杀，所以直到她去世前武帝都不敢重用儒生。拥有雄才大略的汉武帝都对窦太后敬畏三分，不只因为她祖母的身份，更因为她在政治上的权力和地位。不仅如此，汉武帝对吕后也有微词，加上窦太后和其母王皇后的影响使汉武帝对主少母壮的女主政治颇为忌惮，“往古国家之乱也，由主少母壮也。女主独居，骄蹇淫乱自恣，莫能禁也，女不闻吕后邪！”所以汉武帝晚年立刘弗陵为太子后，狠心处死其生母钩弋夫人，也是害怕子弱母强之事重演。窦太后的无为政策在当时是符合经济发展趋势的，她的政治作为对文帝、景帝甚至武帝时期都有巨大影响，三朝盛世不得不说也有窦太后的一份功劳。

（3）元后王政君

并不是所有女主都适合参与政治，孝元帝皇后王政君就是在儒家婉顺妇道的浸淫下成长起来的女性。尽管她有辅佐朝政的心愿，却没有吕后、窦后的大略和作为。她出生官宦之家，性情柔顺、谨守妇道，其父为其许亲却几次都没等到成亲未婚夫就夭亡了，她被送入宫阴差阳错成了皇后，可以说是被历史推到了风口浪尖。王政君辅佐三任皇帝，也曾临朝称制，但她只会任用外戚，使王莽有了篡权的机会，面对刘氏宗庙被毁，她虽痛心疾首却早已无力回天。可以说外戚专权是女主政治必然的结果，因为女主代政时需要依靠能够信任的官吏为之鞍前马后，外戚集团作为女主原生家庭的同姓家属是她们的上佳之选，但外戚势力的不断强大会直接威胁君权的稳定，女主政治之隐患症结即在于此。

2. 和亲女性与政治

由于西汉政权与西域少数民族之间微妙的博弈关系，汉高祖起就采用和亲政

[1]《全上古三代秦汉三国六朝文·全后汉文》卷三。

策来缓解、巩固政权的稳定，从汉室宗族之女中选择合适的女子作为公主远嫁西域，她们作为汉族的使者在两个政权之间调节，肩负着缓和紧张的双边关系之重任，是对女性政治觉悟和坚韧品格的考验。和亲女性以牺牲自己的人生和幸福为代价，为两个民族的政治和平与经济文化交流进步作出了贡献。

（1）与匈奴和亲的女性——以王昭君为例

与匈奴和亲的女性占汉代和亲女性的大宗，能够留名于世的女性却只是个别，汉元帝时以良家女身份被选入后宫的王昭君，因为和亲的需要又被选为嫁给匈奴呼韩邪单于的五位宫女之一，是和亲女性的典型代表。

王昭君作为一个女性，她的故事经过历代文人的层层渲染而不断放大，被奉为融合女德之德言容功的典范。在妇德方面，她为了西汉与匈奴的和平友好关系自愿请求远嫁和亲，是牺牲、放弃了小我，更多考虑国家和民族利益的高尚妇德；妇言方面，她以诗歌表达自己远嫁思归的心境；妇容方面，王昭君被选为待伺皇帝的宫女，自然是容貌可佳，后又经过“画工”桥段的熏染使她的美貌蒙上了神秘的色彩，被视为古代四大美女之一；妇功方面，她挺身应召，自愿作为和亲使者以实际行动体现了女性的最大社会价值。从历代大量歌咏昭君的诗词曲赋、戏剧小说来看，王昭君的身上融合了层累的历史以及对和亲女性的怜悯和关爱，倾向于将她视为和亲女性的悲剧人物，事实上若不出塞远嫁匈奴王昭君可能只是一个默默无闻的宫女了此一生。嫁与匈奴和亲实现了她作为一个普通女性的个人价值，也完成了她对政治的参与，尽可能地缓解民族矛盾，使汉匈之间保持了半个世纪的和平稳定关系。

（2）与乌孙和亲的女性

为了联合对付匈奴汉庭与乌孙和亲，先后有细君公主和解忧公主远嫁乌孙。江都王刘建之女刘细君嫁给乌孙王昆莫时，昆莫已经年老且终年不得相会，昆莫晚年打算根据西域习俗令其孙岑陬续娶细君公主，公主自小受汉文化习染自然接受不了乌孙烝报习俗，她上书汉帝却得到“从其国俗，欲与乌孙共灭胡”的指示，最终牺牲了自己看重的女性名节顺应了乌孙的习俗。同样的解忧公主先嫁岑陬，再嫁岑陬季父之子翁归靡，再嫁岑陬之子狂王。解忧公主与两位夫君所生的儿子元贵靡、鸱靡都病死后，解忧上书希望回归汉土得到汉帝同意，这是对解忧五十余年和亲生涯政治作为的肯定。冯嫽是解忧公主和亲乌孙时同行的侍女，嫁给了乌孙的右大将为妻。她为解忧公主出谋划策，“尝持汉节为公主使，行赏赐于城郭诸国”，多次来往于汉朝与西域之间，连接了大汉与西域的友好关系。她万里跋涉缓解了与西域的紧张关系，首先劝说企图叛乱的乌就屠，被汉宣帝册封为正式使节，在星靡继位后不稳定的政局下又主动请缨出使，巩固与乌孙的联盟关系，深受当地人民敬重，被称为“冯夫人”。

3. 公主与政治

汉代统治者利用公主婚姻来交换对自己有益的政治筹码，是春秋战国时期诸侯国之间政治联姻的演变形式。精明的统治者利用女儿的婚姻将功臣团结在自己身边，高祖之女鲁元公主嫁给张敖，文帝之女馆陶公主嫁给陈午，景帝之女平阳公主嫁给曹寿，武帝之女鄂邑盖长公主嫁给王受、夷安公主嫁给昭平君，宣帝之女敬武公主先后嫁给张临、赵钦、薛宣，元帝之女阳邑公主嫁给张建等都是西汉政治婚姻的实例。这些公主许嫁的男性要么是治国之臣，要么是世代官宦，统治者就此结成了复杂的姻亲网络来巩固自己的政治地位，公主成为男性之间的政治纽带。

另外，西汉的尚主制度在保证公主权益时允许公主的权力最大化，《后汉书·荀爽传》记载，“今汉承秦法，设尚主之仪。以妻治夫，以卑临尊，违乾坤之道，失阳唱之义……宜改尚主之制，以称乾坤之性。”[1] 公主势力之大，凌驾于夫权之上，她们可以拥有封地、获得爵位，既有政治地位又有经济势力，是西汉社会享有特权的一部分女性。因为她们与皇室之间的亲缘关系而对政治风向有一定程度的影响，尤其享有特权的长公主可以对政治产生最直接影响，汉景帝之长公主嫖的地位之高甚至可以参与到太子位的废立，直接左右着君权的花落，汉昭帝时燕王旦勾结鄂邑长公主谋反等，均是直接干预皇权的实例。

四、女乐女舞女妓

汉代以乐舞为生的女性从宫廷蔓延到民间，用于祭祀、礼仪之功的雅乐雅舞所占比重越来越少，用于娱乐功能的俗乐杂舞则相对增多。西汉中期经济发展，贵族大家庭开始有能力蓄养自家的女子乐舞人员，到西汉中后期家养女性乐舞人员泛滥，“富者钟鼓五乐，歌儿数曹。中者鸣竽调瑟，郑舞赵讴”。[2] 汉成帝曾下诏不得私蓄女乐：“公卿列侯亲属近臣，……多畜奴婢，被服绮縠，设钟鼓，备女乐，车服嫁娶葬埋过制。吏民慕效，浸以成俗，……列侯近臣，各自省改，司隶校尉察不变者。”[3] 他斥责贵族阶级过于奢侈、逾礼过制，责其省改，但是已经难改贵族士大夫们耽于女色、蓄养家妓的荒淫行为。官宦富商追求享乐的社会风潮导致社会中女乐女舞女妓数量增多，女乐为日常娱乐流行形式。

乐舞融合杂技、幻术、武术等表演形式而成“百戏”，其中多有女性艺人演出，

[1]［南朝］范晔撰、［唐］李贤等注：《后汉书》，中华书局，1965 年，第 2053 页。
[2]［汉］桓宽撰，王利器校注：《盐铁论校注》，中华书局，1992 年，第 353 页。
[3]［汉］班固：《汉书》，中华书局，1962 年，第 324-325 页。

各种高难度动作，惊险优美。如倒立，四川彭县、德阳出土的画像砖上女性有倒立与顶碗、叠案等其他动作结合的表演，山东沂南画像石墓中的杂技石刻上也有倒立的女性；马戏，登封少室阙刻中有两位骑马的女子在马背上做出高难度动作，山东滕县画像石上有在马背上倒立的女性；冲狭，南阳画像石女杂技表演穿过带有尖刀的狭圈；走索，山东沂南画像石上有女子在细索上行走的图画，下有利刃十分惊险。

山东滕县龙阳店出土的女子马戏画像

出土材料也证明了女乐女舞在汉代民间的广泛存在，画像石中的女娲经常手拿排箫这种乐器，女性舞者多以高髻发型、细腰衣饰为特点，舞蹈形式多样。四川彭县的《舞乐百戏图》女舞技；河南南阳出土的画像石有女子表演长袖舞，舞者双袖加长，以挥舞飘逸的袖管来增加舞姿的灵动；南阳北关出土的画像有女性舞者手持长短不一的长巾，翩翩起舞，与长袖舞类似；南阳唐河湖阳出土的画像中女性边挥舞长袖边折腰表演，唐河县新店新莽郁平大尹墓画像砖上也有“折腰舞”；盘鼓舞在汉代也是流行的乐舞形式之一，将盘和鼓放在地上，女舞者起舞时边挥舞长袖边用足触盘鼓而舞；南阳画像石上还有蹴鞠和舞蹈编排在一起的舞蹈。这些女性舞者舞技高超，因为长袖的广泛运用，汉舞有着灵动飘逸的特点，而且常有乐队伴奏，是女乐女舞的共同发展。

宫廷女乐依然占女性乐舞的相当大的比例，“根骨肉至亲，社稷大臣，先帝弃天下，根不悲哀思慕，山陵未成，公聘取故掖庭女乐五官殷严、王飞君等，置酒歌舞，捐忘先帝厚恩，背臣子义。”[1] 掖庭女乐就是女性乐舞人员，其人数之多至汉武帝时已有数千人。后妃中有相当一部分善习乐舞的女性，如武帝的卫皇后子夫、李夫人都擅长舞蹈，宣帝的生母王翁须本是歌舞姬，成帝赵皇后善歌善

[1][汉]班固：《汉书》，中华书局，1962 年，第 4028 页。

舞等。她们都是从平民阶层一跃成为贵族的女舞女乐的女性代表，导致社会对女性乐舞的理解更为偏颇，一些有女子的贫困家庭企图通过家中女性的学习和从业有朝一日也能鲤鱼跃龙门，而社会舆论对女子乐舞的有色眼镜也就此固定下来。女子乐舞成为底层女性跃升贵族女性的捷径，汉代女性乐舞的发展增加了从事女性乐舞人员数量，乐舞人员增多、乐舞事业的兴盛又反之促进了乐舞技艺的提高。

五、汉代女性的其他劳动

除上述主要女性劳动之外，个别女性可以从事的行业呈现出广泛但稀少的特点。女性服役证明她们的人格是相对独立的，女性可以参与社会公共活动。令女性免役却是弱化女性，将女性生产力掩藏到男性身后。西汉时女性可从兵役可从徭役。《汉书・严助传》记载说："丁男披甲，丁女转输，行者不还，往者莫返。"女性在战争中从事运输粮草等工作。《汉书・贾捐之传》："当此之时，寇贼并起，军旅数发，父战死于前，子斗伤于后，女子乘亭鄣，孤儿号于道，老母寡妇饮泣巷哭，遥设虚祭，想魂乎万里之外。"[1] 女性可以守卫城防。刘邦与项羽在荥阳会战时，曾用两千女军迷惑楚军，"于是汉王乃夜出女子荥阳东门，被甲二千人，楚兵四面击之"[2]，秦始皇时也有上书称"求女无夫家者三万人，以为士卒衣补"[3]，女性在战争中的作用是后代无法想象的。女性需要参与修城筑墙，据《汉书・惠帝纪》，惠帝三年、五年曾两次征发长安周边六百里的男女共十四万人参与修建长安城的工作，每次需要服役三十日才算完成。凤凰山十号汉墓出土的简册中也涉及到女性徭役，"凡十算，遣一男一女"[4]，是出土材料的双重证明。

秦时女性可从医，汉代也是如此，义姁的医术得到汉武帝母亲王太后的器重并因此福及其弟、拜为中郎。[5] 淳于衍是一位妇产医生，宣帝许皇后怀孕时，淳于衍经常入宫为她检查，但是后来被收买而用药毒死了许皇后。西汉延续了上古以来女巫的传统，《盐铁论・散不足》："世俗饰伪行诈，为民巫祝，以取厘谢，坚镇健舌，或以成业致富，故惮事之人，释本相学。是以街巷有巫，闾里有祝。"[6]《汉书・郊祀志上》也说："长安置祠祀官、女巫。"[7]

女性可为女官，《汉书・外戚传》："许美人及故中宫史曹宫皆御幸孝成皇帝……

[1] [汉] 班固：《汉书》，中华书局，1962 年，第 2833 页。
[2] [汉] 司马迁：《史记》，中华书局，1959 年，第 373 页。
[3] [汉] 司马迁：《史记》，中华书局，1959 年，第 3086 页。
[4] 长江流域第二期考古工作人员训练培训班《湖北江陵凤凰山两汉墓发掘简报》，《文物》，1974 年第 6 期。
[5] [汉] 班固：《汉书》，中华书局，1962 年，第 3652 页。
[6] [汉] 桓宽撰，王利器校注：《盐铁论校注》，中华书局，1992 年，第 352 页。
[7] [汉] 班固：《汉书》，中华书局，1962 年，第 1211 页。

前属中宫，为学事史，通诗授皇后。”[1] 女性可参与追捕盗贼，《汉书·鲍宣传》：“部落鼓鸣，男女遮列。”[2] 乳母也是女性惯常从事的社会工作，《仪礼·士昏礼》唐贾公彦疏云：“汉时乳母则选德行有乳者为之，并使教子。”[3] 还有为成年人作乳母的一个特例，张苍免相后“老，口中无齿，食乳，女子为乳母”[4]。漂洗衣物也是女性能够参与的劳动，据《汉书·韩信传》在韩信没出名时曾到淮阴城下钓鱼遇到多位“漂母”，其中“有一漂母哀之，饭信，竟漂数十日”[5]。女性帮厨是女性参与集体劳动的缩影，辽阳城西北郊棒台子出土的壁画中，共有二十二人出现在厨房里，其中包括四个妇女，[6] 甘肃出土的汉画像，有宰羊、屠狗的女性，应该也是帮厨的角色。

综上而言，西汉时期统治者开始认识到女德建设对社会秩序和国家稳定的重要性，所以力图从上而下地建设起一套新型的女德规范。儒家的理想女德设计最为符合统治意志的需求，对理想女德的塑造以儒家的标准展开。妇德方面以董仲舒、刘向《列女传》等汉儒的宣扬为标杆，配合着对妇德的表彰和法律对妇德的强制塑造，追求以儒家妇德要求女性行为，但是现实妇德的表现在某些方面可能契合于理想妇德，某些方面则完全背离于理想，如妇德规范要求男女不得同席，现实中女性不仅参与聚会甚至还主持招待异性宾客；妇言方面呈现出两极化的评价，在忌讳女性语言嫌弃女性多舌、禁忌女性谗言的同时，在女性语言和劝谏的实例上意识到女性言语的力量，尤其当时女性的语言文学创作，真实再现了女性的心声；妇容方面在儒家的强势伦理化过程中，女性审美追求也日益伦理化，以弱为美、德美并重成为审美主流，当然对女性审美伦理化现实突破可能也是存在的；妇功方面女性在传统劳动和商业等方面都有贡献，而女主政治、和亲女性等也是西汉时期妇功的特色之一。

[1][汉]班固：《汉书》，中华书局，1962 年，第 3990 页。
[2][汉]班固：《汉书》，中华书局，1962 年，第 3088 页。
[3][汉]班固：《汉书》，中华书局，1962 年，第 966 页。
[4][汉]司马迁：《史记》，中华书局，1959 年，第 3204 页。
[5][汉]班固：《汉书》，中华书局，1962 年，第 1861 页。
[6] 李文信：《辽阳发现的三座壁画古墓》，《文物参考资料》，1955 年第 5 期，第 27 页。

第三章 东汉女德在理论和实践范畴内的定型

经历了西汉中后期百余年的儒家礼制建设，汉代封建礼教逐渐走向成熟，女德全面封建系统化建设始成，其定型的关键时期在东汉，以儒家独尊和礼教世俗化的文化背景为依托，加上诸多社会因素和人为影响，女德日益受封建礼教的统治而改变了本初的轨迹，例如《诗经》中的诸多女性篇章被汉代成书的《毛诗序》解释为教化后妃之德。经学从汉武帝时开始普及，至东汉已经蔚为发达，光武中兴时，汉光武帝刘秀“昔王莽、更始之际，天下散乱，礼乐分崩，典文残落，及光武中兴，爱好经术，未及下车，而先访儒雅，求阙文，补缀漏逸”[1]，其统治集团内部所用大臣多是好儒之士有经学造诣，邓禹“十三岁，能诵诗，受业长安”，冯异“好读书，能《左氏春秋》”等，之后多位有作为的皇帝也都崇奉儒学重视教化。同时选官制度对德行相当重视，这就使经学起到了修身的效果，士人自觉用礼制规范自己的言行，周燮“志行高整，非礼不动”，朱晖“进止必以礼，诸儒称其高”等，都深刻影响着女德理论和女德实践的成型。

自从儒家礼教开始控制统治秩序，社会风尚以儒家礼仪教化为尊，司马光曾说，“自三代既亡，风化之美，未若有东汉之盛者也”[2]。人民崇尚儒家道德教化潜移默化地渗透到女性的日常生活，一方面统治阶级的宣扬与倡导逐渐起到了引导效果，对女德的表彰和嘉奖确实引领了舆论风尚；另一方面女性日益被礼制教化熏陶，开始了女德的内化与自觉遵守。外部原因与内部原因共同作用造就了东汉女德的实态朝着礼化封建化的方向发展乃至定型。“从遵从男性设计的礼规做中矩守礼的好女人到代男子立言去现身说法教育其它妇女，东汉的班昭是一个转折与象征：父权的巩固使得那些有文化教养的上层妇女思考生活的新策略，她用自己的经验谆谆教导女儿如何在既定的生活空间中适应生存，在不利的环境中以谦德忍道在丈夫的家族中一站稳脚跟，这是一种‘适应性的能动’。反抗是一种能动（如卓文君的自择婚配，与父母决绝出走，焦仲卿与刘兰芝的殉情，等等），适应制度取得生存空间也是一种能动。”[3] 女德能够在理论和实践范畴内趋于定

[1]［南朝］范晔撰、［唐］李贤等注：《后汉书》，中华书局，1965 年，第 2551 页。
[2]［宋］司马光：《资治通鉴》，中华书局，1965 年，第 2173 页。
[3] 杜芳琴：《中国社会性别的历史文化寻踪》，天津社会科学院出版社，1998 年，第 22 页。

型与班昭对女德的教化所起的作用密不可分，整个时代掀起对女德的崇拜风气，《后汉书·列女传》前序言即明言对女德的看重："《诗》《书》之言女德尚矣。若夫贤妃助国君之政，哲妇隆家人之道，高士弘清淳之风，贞女亮明白之节，则其徽美未殊也……故自中兴以后，综其成事，述为《列女篇》……但搜次才行尤高秀者，不必专在一操也"[1]。同时将《女诫》全文引用，对其评价甚高。

班昭首次将女德规范的具体准则限定在德、言、容、功四个方面，"女有四行，一曰妇德，二曰妇言，三曰妇容，四曰妇功。夫云妇德，不必才明绝异也；妇言，不必辩口利辞也；妇容，不必颜色美丽也；妇功，不必功巧过人也。"值得注意的是，自班昭开始就认为女德是需要学习的，德言容功四个方面无一不是需要在学习的过程中掌握的。章学诚说："盖四德之中，非礼不能为容，非诗不能为言；诗教故通于乐，故《关雎》化起房中，而天下夫妇无不治也。三代以后小学废，而儒多师说之歧；妇学废，而士少齐家之效。"[2]三代时妇学始有，三代后更加专精却并没有废除，汉代女性在德行、女工方面的教育自不必说，容貌、言语方面的教育也在家庭教育的范畴，章学诚谈到，"至于通方之学要于德言容功，德隐难名，功粗易举，至其学之近于文者言容之事为最重也；是妇容之必习于礼，后世大儒且有不得闻也，至于妇言主于辞命，古者内言不出于阃，所谓辞命亦必礼文之所须也，孔子云不学诗无以言，善辞命者未有不深于诗，乃知古之妇学必由礼而通诗（非礼不知容，非诗不知言），六艺或其兼擅者耳"[3]。儒家不反对女性的学习，反而对知识文化女性给予尊重，要求女性自我修为、完善自我以获得社会声誉和对自我价值的证明以及社会认可。

所以及至东汉，封建女德观念已经基本成型，"它的封闭性、循环性和秩序性的特征强化了正统女性观在人们心目中的地位和影响。封闭性能给人们心理、性格以自我满足感，表现为虚骄自大、固执保守，认为本系统内应有尽有，完整无缺，不必外求。循环论则否定真正的进化，从而向前只不过是复古，历史的演变不过是天道的循环。秩序性更带来安分守己、听天由命，认为任何努力无不受既定秩序图式的限制和制约，自认已被规范在某种既定位置上和处在这个不能逃脱的图式网罗中，逆来顺受，奴性十足，不敢说'不'；个体价值完全从属于这个作为外在权威的超个性的普遍秩序，锁禁在这个封闭的组织网罗中。于是，君怀臣忠、父慈子孝成了人们安心奉行的长久而普遍的宇宙法规，夫唱妇随、男尊女卑成了

[1]［南朝］范晔撰、［唐］李贤等注：《后汉书》，中华书局，1965 年，第 2782—2783 页。
[2]［清］章学诚，叶瑛校注：《文史通义校注》，中华书局，1985 年，第 536 页。
[3]［清］章学诚，叶瑛校注：《文史通义校注》，中华书局，1985 年，第 536-537 页。

人们女性观的主要内容”[1]。同时儒家女德规范具有一定的弹性空间，作为一种以教化为主的学说体系，儒家伦理规范的设定一般要保持比社会实践高一点的要求，在规范与实践之间保持一定程度的张力，这样才能维持伦理规范对生活实践的指导作用，同时也确保了伦理规范的长期生命力。所以，“这种理论与实践之间的‘脱节’，不是一种制度设计上的‘内在矛盾’，而是有意为之。这种制度设计既能限制女性进入社会公共权力领域（即使女性通过某种途径或手段介入了公共权力领域，其合法性也不能得到证明，因此便不会长久），又能肯定女性在社会私人领域的地位，并且鼓励女性通过‘家庭’这一媒介在一定程度上参与到社会活动中来，这正是儒家社会性别的弹性空间”[2]。导致女性对自我价值的判断扭曲。所以女德理论与实践的合并需要经历相当长的历史过程，儒家思想的约束力量从发展到成型也是需要时间过程、克服重重阻力的，不可能一蹴而就。例如东汉末道教在民间兴起，融合了谶纬迷信、阴阳五行、神仙方术等思想，其女性观就是矛盾的，一方面主张男女平等、女性不可轻贱；一方面又支持男尊女卑、一夫多妻，就可以看做是儒家女德思想实践的阻力。

---

[1] 崔锐：《秦汉时期的女性观》，西北大学博士论文，2003 年 4 月。

[2] 谢晓菊：《儒家社会性别视角下的汉代女性经济地位研究》，东北师范大学硕士论文，2012 年 6 月。

第一节　妇德的理论建构与实践

班昭说“清闲贞静，守节整齐，行己有耻，动静有法，是谓妇德”，注重妇德的规矩礼制对女性的要求，其实不独女性，东汉时期四科取士第一科便是“德行高妙，志节清白”，可以想见东汉时对德行的重视，甚至超过了才能。同时儒学兴盛，官方积极培养儒学人才，从中央太学到地方官学，“四海之内，学校如林，庠序盈门”[1]，所以儒家女性思想一时控制了社会舆论走向，符合儒家理想女性应该具备的素质日益形成一套思维定式：首先，贤惠是女性的普遍标准，不越矩、守礼节的品质一再被歌颂，尤其作为妻子的角色，除了知书达理的女性特质受到推崇，还要求妻子做到匡夫的职责；其次，对母亲角色的“良母”要求定型，女性成为母亲以后，“教子”成为首务，教子成功与否是判断母亲个人价值的最高标准，其中教子尤以德行培养为目的；再次，贞顺、谦卑等逐渐渗透进多数女性的思想深层，以树立女性的奴性心态，例如东汉时孝德成为妇德追求类型之一，孝女曹娥之父沉江溺亡她日夜号哭并投江报父，孝女叔先雄也追随其父沉船而亡，她们的事迹感动人心的同时被统治者作为宣传的典型，形成一股似乎只有以身殉父才足以表达孝心的孝德风潮。而且除了对父母的孝德以外，女性嫁人之后也要求对舅姑的孝顺，姜诗的母亲好饮江水，其儿媳就要经常去挑水供其饮用，不能按时归来的话甚至会遭到丈夫的谴责驱逐；许升好赌博不理操行，靠其妻子吕荣躬勤家业、奉养其姑等。总体来看儒家对女性要求理想化严重，而且理论建设较为抽象，对女性的角色要求过于完美。

妇德的理想转化为现实受到多种因素制约。首先，妇德的发展依赖于统治者和儒生刻意的理论构建，从官方教条式的《白虎通义》到出自女性之手的《女诫》，完成了从外在教化到自觉内化的转变，儒生通过言论努力塑造和极力推崇了符合妇德规范的女性形象，同时制造舆论环境抵制违背妇德的女性行为。其次，统治者加强对以死殉节与守贞不嫁的女性的旌表，期望通过扩大舆论影响力达到教化风俗的目的，民间发现的画像砖石与流传的列女故事都是由上至下的宣传起到的效果。再次，东汉强化明经习儒的社会风尚，相应地女性也扩大了直接研读儒学或间接受男性亲属研儒影响的可能，她们越受到儒家经典的侵染，就越加将儒家男尊女卑的女性观内化为自身观念，接受女性被男性奴役的弱势地位。另外，东汉法律延续了西汉时的基本内容，对女性违背妇德规范的行为进行处罚，从而起

---

[1]［南朝］范晔撰、［唐］李贤等注：《后汉书》，中华书局，1965 年，第 1368 页。

到妇德教化的作用。女性嫁入男性家庭以后，意味着彻底离开了父母娘家的庇佑，疏远了与娘家亲属的关系，而完全投入另一个陌生的家庭，重新建立与新家庭的亲缘关系，而且所有新建亲缘关系都基于与丈夫婚姻的存续。她们需要急速成长为一个能够独立承担家庭责任与社会责任的女性，完成婆家对媳妇的众多规范，完成所有社会舆论对其角色塑造的实践。男性在婚姻中则简单得多，他们只需要接受一个新的家庭成员，不会因为婚姻失去父母亲族的保护，不用离开自小生活的熟悉的家庭环境，不用转换家庭角色，他们仍旧是父母的儿子，仍旧可以最大限度依赖家庭作为后盾，这是中国传统妇德成型的现实基础。

一、东汉妇德的理论建构

为了延续西汉妇德理论对妇德的理想规划，东汉儒家学者更加意识到妇德理论建构的重要，其中既有来自官方的妇德教条《白虎通义》的编订，也有出自东汉杰出女性班昭之手的《女诫》，从官方统治者意志到女性的自我反省、自我约束，妇德在儒家礼制的重重屏障中逐渐内化为女性自身的为人处世的准则。同时类似于《女诫》的家庭类女性教育读物和各种《列女传》注解的出现，丰富了妇德理论体系的构建，也完善了妇德教育的基础。此外，从统治中心到民间习俗都下大力气在妇德宣传普及上，东汉多地区出土的画像砖石中丰富的妇德故事证明了当时对妇德教育的成效。

1. 理想妇德的官方教条——《白虎通义》

东汉章帝时召集诸儒在白虎观展开五经辩论，目的是为了疏通五经之正说异说，会毕班固对辩论材料进行整理记录成《白虎通义》，从东汉统治者的利益出发筛选了利于建立儒家伦理秩序的内容五经正说，涉及政治生活和社会生活的方方面面，从对经书的解释中建构起东汉的官方思想道德体系，是由皇权之权威施加于经书典籍以左右社会价值观走向为目的的法典、礼典，其中包括妇德理论的内容，例如关于女性嫁娶、妻谏夫、三纲六纪等诸多方面。

首先，完全继承并发展了男尊女卑的思想，从理论上强调了男性与女性之间的控制与服从关系，界定女性为“阴卑，不得自专，就阳而成之。故《传》曰：‘阳倡阴和，男行女随’”[1]。女性是男性的附庸和随从，必须依赖于男性而没有独立的社会身份。特别突出“三从之义”，“男女者，何谓也？男者，任也，任功业也。女者，如也，从如人也。在家从父母，既嫁从夫，夫没从子也。《传》曰‘妇人有三从之义也’焉。夫妇者，何谓也？夫者，扶也，扶以人道者也。妇者，服

[1] [清] 陈立撰，吴则虞点校：《白虎通疏证》，中华书局，1994 年，第 452 页。

也，服于家事，事人者也”[1]。这是对男性统治地位和女性被统治地位的牵强解释，男与任、女与如、夫与扶、妇与服本没有所说的对应关系，这种人为地附和是强加给字义的，强调女性对男性的绝对服从，比西汉董仲舒的男尊女卑更进一步。因为“阴卑无外事”，所以女性不得有爵、不得有谥，比西汉时女性姓名制度的范围更狭小。

其次，突出“三纲六纪”对董仲舒纲常伦理的进一步演化，夫妇依然作为君臣、父子关系的比附为三纲之一，“敬诸父兄、诸舅有义、族人有序、昆弟有亲、师长有尊、朋友有旧”之六纪是对三纲的补充。“纲者，张也。纪者，理也”。[2]坚持“夫为妻纲”的同时还说到“妻者，齐也，与夫齐体”[3]。貌似是对三从之女性服从地位的缓和，夫妻关系中妻子可以与丈夫齐体。《大戴礼记·哀公问于孔子》曰：“昔三代明王之政，必敬其妻子也有道。妻也者，亲之主也，敢不敬与？”[4]相比后世封建日深的紧张情况要舒缓一些，如东汉冯良“遇妻子如君臣，乡党以为仪表”[5]，但依然掩盖不了男尊女卑的思想本质，将男尊比附天尊，“地之承天，犹妻之事夫，臣之事君也。其位卑，卑者亲视事，故自同于一行尊于天也”[6]。还说“子顺父，妻顺夫，臣顺君，何法？法地顺天也”[7]，一再强调顺从是妇德的规范和法则。

再次，对女性的社会角色和家庭角色进行定位，指出女性在家庭中无专制“职在供养馈食”，“又取其朝早起，栗战自正也”[8]。强调女性服于家事，有事夫、事舅姑之礼，最重要的是要服侍舅姑，限制女性权利的同时指出其在家庭中还须“妻得谏夫者，夫妇一体，荣耻共之”[9]，妻子对丈夫的重要义务还有“谏夫”。除此之外，对一醮不改之贞节观的坚持和绝对化，是在刘向《列女传》贞节观念的基础上更深一层次地规范化和制度化。“这部书的颁行，不仅是供解经之用，而且它是封建国家所要强制推行的一套道德信条。所以《白虎通》的成书说明统治中国社会一千多年的封建礼教正式形成了。”[10]它产生的巨大影响，将刘向的理想妇德上升到国家意志的高度进行推广，尤其对夫妻关系地位的论述起到了实

[1][清]陈立撰，吴则虞点校：《白虎通疏证》，中华书局，1994 年，第 491 页。
[2][清]陈立撰，吴则虞点校：《白虎通疏证》，中华书局，1994 年，第 373 — 374 页。
[3][清]陈立撰，吴则虞点校：《白虎通疏证》，中华书局，1994 年，第 490 页。
[4][清]王聘珍，王文锦点校：《大戴礼记解诂》，中华书局，1983 年，第 15 页。
[5][南朝]范晔撰、[唐]李贤等注：《后汉书》，中华书局，1965 年，第 1743 页。
[6][清]陈立撰，吴则虞点校：《白虎通疏证》，中华书局，1994 年，第 166 页。
[7][清]陈立撰，吴则虞点校：《白虎通疏证》，中华书局，1994 年，第 194 页。
[8][清]陈立撰，吴则虞点校：《白虎通疏证》，中华书局，1994 年，第 358 页。
[9][清]陈立撰，吴则虞点校：《白虎通疏证》，中华书局，1994 年，第 233 页。
[10]任芬：《〈白虎通义〉与封建礼教的产生》，《中国妇女管理干部学院学报》，1994 年第 2 期。

际的效果。通过对经书的摘选解释达到了制定礼教、规范妇德的效果是《白虎通义》对女性影响的关键，本书成为包括女性在内的全社会的行为准则，标志着礼教之上层建筑的成型，尤其出自统治阶级的官方意志，可以称得上东汉妇德的教条规范。

2. 妇德教条的自我认同——《女诫》

班昭是东汉时期知识女性的代表，她受家庭环境的熏陶很深，其父班彪、其兄班固都称得上儒学大家，她生长在儒学世家从小耳濡目染，班固未著完的《汉书》在她的手里得以延续著录，东汉鸿儒马融也要拜于她“从昭受读”，邓太后自幼爱读书，入宫之后以班昭为左右，“从曹大家受经书，兼天文、算数，昼省王政，夜则诵读”[1]，汉和帝数次诏她担任皇后及诸贵人的老师。班昭身为皇室女性的老师教导其德行规范，她为刘向《列女传》作注使普通女性也能够阅读理解文义，扩大了《列女传》受众的同时普及了刘向的妇德思想。

班昭对妇德形成的更大影响在于她撰写的《女诫》七章。正因为《女诫》出自女性之手，从女性的角度讲述应该遵守的女性条则以及为人处世的办法，证明了女性集体对妇德教条的自我认同，已经从国家意志内化成个人意志，从有识女性思想控制延伸至广泛的女性大众，“但伤诸女方当适人，而不渐训诲，不闻妇礼，惧失容它门，取耻宗族。吾今疾在沉滞，性命无常，念汝曹如此，每用惆怅。间作《女诫》七章，愿诸女各写一通，庶有补益，裨助汝身。去矣，其勗勉之”[2]。虽然最初班昭以教育女儿为目的而作本书，却起到了更为巨大的效果，成为指引训诫妇德规范的女性德行的教科书。《女诫》的出现是符合统治者理想秩序的，是对《白虎通义》内容的具体实践，这种具体化过程对妇德的推广意义重大，可以说是比《白虎通义》更具指导作用，尤其对于文化水平不高的女性群体和远离政治的女性群体，《女诫》是实用的，易于操作和把握。

班昭以母亲的语气写就类似于专门针对女性的家训，《女诫》全书以女卑为思想基调，第一部分“卑弱”具有提纲挈领的意味，是展开其他妇德内容的前提基础，“夫妇”、“敬慎”强调夫妻关系中妇德的重要，“妇行”阐释了传统的女四行细则，“专心”教导如何对待丈夫，“曲从”教导顺从舅姑，“和叔妹”教导与丈夫其他家庭成员的相处。班昭强调女性学习礼仪德行的重要性，将自己所言的女德妇礼附会为古已有之的古礼，企图美化妇德强制规范的合理性，这也从侧面说明了妇德形成的历史轨迹，《女诫》中提到的部分妇德规范在东汉时是符合统治意志的新兴的道德标准，例如对于一醮不改女性贞节观的界定，只是得到部分女性的接受，

[1]［南朝］范晔撰、［唐］李贤等注：《后汉书》，中华书局，1965 年，第424页。
[2]［南朝］范晔撰、［唐］李贤等注：《后汉书》，中华书局，1965 年，第2786页。

现实社会中仍然有女性改嫁且不以为耻的风俗。起初《女诫》中妇德思想的接受并不十分顺利，班昭的夫妹曹丰曾反驳班昭《女诫》中的思想，“为书以难之，辞有可观”[1]，但最终《女诫》的思想体系以符合统治伦理的经世作用被广为传播，对后世的影响更加深远，明万历年间将其视为万世女则之规，证明《女诫》确实满足了统治阶级对妇德塑造的需求。

3. 妇德教育受到重视

《女诫》之后类似的女性家庭教育类著作开始兴起，妇德教育全面进入大众视线，从有识阶级普及到平民阶级，多是对妇德的思想教导与具体操作。例如犍为太守赵宣之妻杜泰姬劝诫女儿和儿媳的《戒诸女及妇》中：“吾之妊身，在乎正顺，及其生也，思存于抚爱，及其长也，威仪以先后之，礼貌以左右之，恭敬以监临之，勤恪以劝之，孝顺以内之，忠信以发之，是以皆成，而无不善。汝曹庶几勿忘吾法也”[2]，传授给女儿和儿媳如何教育子女。杨礼珪《敕二言》教育女性勤俭持家：“吾先姑，母师也。常言圣贤必劳民者，使之思善，不劳则逸，逸则不才，吾家不为贫也，所以粗食急务者，使知苦难，备。”[3] 荀爽《女诫》强调男女有别和女性礼仪：“亲非父母，不与同车。亲非兄弟，不与同筵。非礼不动，非义不行。是故宋伯姬遭火不下堂，知必为灾，傅母不来，遂成于灰。《春秋》书之，以为高也。”[4] 蔡邕专门为女儿所作的《女训》和《女诫》更有针对性，例如有为舅姑鼓琴的具体礼仪和穿衣打扮的具体细节，将追求外在美与内在美相比证。不难看出，从班昭《女诫》开始引发了对妇德教育的关注，尤其在家庭教育中，出现了许多以班昭《女诫》为蓝本的专著女训，以教育女儿、儿媳等为人妻为人母的女性礼制规矩。

对刘向《列女传》的续注也是妇德教育的一种方式，有混在十五卷本二十篇《续列女传》的续写，有班昭、马融等人为列女传作注等，都是对刘向妇德观念的发展延伸，为东汉妇德延续提供新的素材。而《东观汉记》、《华阳国志》、《后汉书》中为女性作传注也是弘扬妇德规范的载体，是对东汉妇德教育的肯定。另外，《礼记》在东汉经学大师郑玄的重新注解下焕发了生机，其中对妇德的礼制规矩再次进入到舆论的风口浪尖，这些都为东汉妇德理论的体系化建设起到了至关重要的作用，也对女德教育的展开提供了不同层次的理论依据。

4. 汉画像女性故事对妇德的宣传教育

东汉妇德宣传教育的形式并不拘于文化书籍的传播，还有音乐、图画等多元

[1]［南朝］范晔撰、［唐］李贤等注：《后汉书》，中华书局，1965 年，第 2792 页。
[2]［晋］常璩撰、刘琳校注：《华阳国志校注》，巴蜀书社，1984 年，第 811 页。
[3]［晋］常璩撰、刘琳校注：《华阳国志校注》，巴蜀书社，1984 年，第 812 页。
[4] 严可均《全后汉文》引自《太平御览》卷二十三，中华书局，1985 年，第 841-842 页。

化形式，尽管班昭等人以浅显的语言注作女教读物希望规诫文化水平相对较低的女性，但是依然没有直观的图画受众群体广泛，汉代画像砖石中的列女故事对此进行了补充。以山东嘉祥县武梁祠、内蒙古和林格尔墓、四川新津、彭山、绵阳、梓潼等地区的画像砖石图画为主的出土画像中都有以妇德为题材的内容，故事内容的选择反映了作者的妇德思想倾向和当时社会的价值取向，所以有学者称“在对历史进行阐述的尝试中，武梁祠画像的设计者比一个以文字叙述历史的史家所享有的自由要少得多。不同于一本书，画像的篇幅已经由祠堂的空间预先决定：设计者必须在这有限的空间里经济有效地表现他的观念，其结果是细节部分必得大量省略，题材必须精心挑选以成为对重要历史主题的提示，或者作为较大历史类别的象征”[1]。画像所选故事并不拘于汉代一朝，也有去汉未远的东周故事，例如山东武梁祠中关于女性的，既有列女传故事又有史传文学中的妇德故事；既有正面积极意义的故事又有讽刺意义的故事，但均以宣传弘扬妇德规范为目的，而且收到了颇为丰硕的成果，例如“秋胡戏妻”故事中的鲁秋洁妇拒绝调戏、不可侵犯的贞节图画流传广泛，在山东武梁祠、内蒙古墓画、四川崖墓画中都有出现，可见所跨涉地区十分广阔。文献中也记录了当时妇德图画的普遍存在，《后汉书》说梁皇后“常以《列女图画》置于左右，以自鉴戒”，曹植《画赞》说明德马皇后“尝从观画，过虞舜之像，见娥皇、女英，帝指之戏后曰，‘恨不得如此人为妃’。又前见陶唐之像，后指尧曰，‘嗟乎，群臣百僚，恨不得戴君如是’”[2]。这些妇德画像故事的受众包括贵族女性、平民女性，对理想女性的形象塑造为东汉妇德建立了标准。

山东嘉祥县武梁祠画像石“秋胡戏妻”

[1] 巫鸿：《武梁祠——中国古代画像艺术的思想性》，三联书店，2006 年，第 73 页。
[2] 严可均：《全三国文》引自《艺文类聚》，中华书局，1985 年，第 1145 页。

二、东汉妇德的实践

东汉妇德一方面因袭了西汉时期之遗音，在很多方面保留了西汉的传统，例如女性仍享有继承权，长沙东牌楼东汉简牍《光和六年李建与精张诤田相和从书》记载的继承纠纷就是李建外祖父精宗有余财八石，由独生女儿精妊继承，却被精宗的弟弟强占，李建成人后索要母亲的继承财物之纠纷。另一方面突出强调了“德”对女性的重要性，从皇家到平民择妻都以德行为首虑，汉明帝马皇后和汉和帝邓皇后都因“德冠后庭”立为皇后，汉顺帝立皇后时曾在四位女性之间犹豫不决，胡广上书称：“宜参良家，简求有德，德同以年，年钧以貌，稽之经典，断之圣虑”[1]。梁皇后“以德进”，可见德在女性素质中占据的首要地位受到统治阶级的重视。

随着儒学大热和妇德理论体系的建构，东汉女性对儒家女德的学习与接受也形成一种流行，这就逐渐使儒家女德观内化成女性的自我女德观，显著体现在对尊卑秩序的认同与实施，尤其在有家学传统的家庭中成长起来的女性更加重视儒学之学习，邓绥“六岁能《史书》，十二通《诗》、《论语》。诸兄每读《经》、《传》，辄下意难问。志在典籍，不问居家之事”[2]；梁皇后“少善女工，好《史书》，九岁能诵《论语》，治《韩诗》，大义略举”[3]；马皇后“能诵《易》，好读《春秋》、《楚辞》，尤善《周官》《董仲舒书》”[4]；班昭续整《汉书》、与后妃教女德、作《女诫》；蔡琰熟通儒家经典受到曹操的赞扬。平民和下层女性也形成积极学习儒学的风潮，刘向家眷习《左氏春秋》，“下至妇女，无不读诵”[5]，大儒郑玄“家奴婢皆读书”，东汉寿张县叫张雨的一个女子“留养孤弟二人，教其学问，各得通经”[6]。这些女子将儒家人生观与价值观内化为自我的人生追求，同时尽全力支持家中的男性习儒以追求功名利禄，表现出对儒家主流文化的认同与积极融合。传统社会性别制度“之所以在中国延续千年不绝，是因为它在相当长的历史时期内，并没有走向极端，而是在制度之内，使居于权力中心的男性群体和居于边缘的女性群体，以相对亲和的方式聚合为一个整体，避免激烈摩擦和暴力冲突，两性之间不是剑拔弩张的关系，而是看起来相对‘和谐’的关系，这就是社会性别制度最高妙的地方，因而在相当长的历史时期内，它不仅被男性接纳，也被女性接纳，甚至常常内化为了女性自身的自觉要求。所以，父权制性别制度不是暴力的枪弹，

[1]［南朝］范晔撰、［唐］李贤等注：《后汉书》，中华书局，1965 年，第 1505 页。
[2]［南朝］范晔撰、［唐］李贤等注：《后汉书》，中华书局，1965 年，第 418 页。
[3]［南朝］范晔撰、［唐］李贤等注：《后汉书》，中华书局，1965 年，第 438 页。
[4]［南朝］范晔撰、［唐］李贤等注：《后汉书》，中华书局，1965 年，第 409 页。
[5]［宋］李昉：《太平御览》卷 616 引桓谭《新论》，中华书局，1960 年，第 2770 页。
[6]［南朝］范晔撰、［唐］李贤等注：《后汉书》，中华书局，1965 年，第 2714 页。

而更像甜蜜的毒药，对人类有深层的伤害，但是也有温柔的诱惑”[1]，女性对妇德规范的接受、对传统社会性别制度的认同是始自东汉影响深广的妇德实践。

1. 夫妇之间以礼相待

东汉时秉承儒家夫妻观念追求夫妇一体、以礼相待、相敬如宾，尤其在士大夫知识分子家庭中，夫妻之间能够做到符合儒家伦理的“以礼相待”需要男性对妻子保持一定的尊重，同时也需要妻子有知书达理的教养与和谐处理夫妻关系的高情商。鲍宣娶桓氏时，娘家陪赠的嫁妆丰盛，鲍宣不敢应承，桓氏不仅不以娘家富贵为傲还归还了陪嫁的奴仆嫁妆，自己也换上短衫布衣与丈夫同归乡里，从事家务劳作。班昭虽然强调妻子对丈夫的敬顺，却也认为“夫为夫妇者，义以和亲，恩以好合，楚挞既行，何义之存？谴呵既宣，何恩之有？恩义俱废，夫妇离矣”[2]。夫妻和睦相处是婚姻长久的基础，班昭将夫妻关系的存续建立在恩与义基础之上，没有恩义则夫妻离分也是难免，而恩与义并不是女性单方面的，需要婚姻中的男性也以恩义之心对待妻子，双方才能和谐相处。

现实生活中夫妻之间追求“夫妻一体”、以礼相待、感情深厚的实例并不少见，秦嘉徐淑夫妻诗文唱和的佳话，秦嘉外出任职临行前与病中不能同行的妻子作诗书辞别，夫妻之情笃厚真挚，秦嘉去世徐淑毁行以誓不愿改嫁更是夫妻二人情深所致；孟光为丈夫梁鸿准备饭食送上时不敢仰视，是“举案齐眉”以礼相待的典范；常林早年家贫却好学，经常带书去田间耕作，其妻则往来田间馈食，二人相敬如宾；隐士樊英之妻依礼派遣婢女来拜问生病的樊英，樊英不顾病躯下床依礼答拜，弟子陈寔奇怪老师为何对待妻子的婢女也如此拘礼，樊英说，“妻，齐也，共奉祭祀，礼无不答”[3]；顾悌繁忙经常夜入晨出很少见到妻子的面，却以礼相见“尝疾笃，妻出省之，悌命左右扶起，冠帻加袭，起对，趋令妻还，其贞洁不渎如此”[4]；张湛为人矜严好礼，独自一人在家也注重仪表修整，对待妻子礼若严君，被时人讥笑为伪诈；相似的好礼之士仇览也是如此闲居在家以礼自整，妻子犯有过错他出于夫妻一体脱帽以自责，妻子一再道歉以礼相还。

江苏邳县出土的东汉画像石上也有夫妻以礼相见的图画，以儒家礼制来看夫妻之间感情虽然最亲近，却又最不能忽视礼制规矩，所以班昭说：“房室周旋，遂生媟黩。媟黩既生，语言过矣。语言既过，纵恣必作。纵恣既作，则侮夫之心

[1]白路：《先秦女性研究——从社会性别视角的考察与分析》，南开大学博士论文，2009年5月。
[2][南朝]范晔撰、[唐]李贤等注：《后汉书》，中华书局，1965 年，第 2789 页。
[3][南朝]范晔撰、[唐]李贤等注：《后汉书》，中华书局，1965 年，第 2765 页。
[4][晋]陈寿撰、[宋]裴松之注：《三国志》，中华书局，1959 年，第 1137 页。

生矣”[1]。夫妻之间礼制的存在具有明显的二重性，一方面要求丈夫对女性有礼有节、不能随意轻慢，虽然并不具备强制性只有少数有识男性能够做到，却也给其他慕名男性和家庭带来了向好的观念引导效果，这样一来女性享有的尊重增多；另一方面疏离了本应该亲密无间的夫妻关系，将礼制横跨在两者之间增加了距离感，使日常生活变得定式呆板、索然无味、缺乏情趣，也使女性成为服务丈夫的机械化工具，妻子难以从夫妻关系中获得应有的情感慰藉。

此外匡夫作为妻子的职责之一被看得相当重要，《后汉书·列女传》载沛郡周郁的妻子赵阿“少习仪训，闲于妇道”，但是周郁本人骄淫轻躁、行为无礼，并不见时人指责周郁，只见周郁父亲归咎于赵阿“新妇贤者女，当以道匡夫。郁之不改，新妇过也”[2]。周郁之父管教自己的儿子不力，反而指责媳妇，显然是把匡正丈夫言行、劝诫丈夫改正看成是妻子的责任，赵阿只能感叹自己没有樊姬不食鲜禽以劝楚庄王诫田猎的本事，也没有卫姬不听五音以劝齐桓公诫音乐的才行。赵阿深知自己陷入了两难之境，若周郁不听从她劝诫，其父还要继续以不匡夫的名目责备她；若周郁听从她劝诫，其父即要责备周郁为何不听父亲却听从妻子，选择自杀来寻求解脱，实在是匡夫不成的极端悲剧。而乐羊子之妻能够规劝捡到金子的丈夫丢弃到手的钱财，还能够规劝回家的丈夫继续远游完成学业，是身为妻子角色成功起到了匡夫的作用。

2. 媒妁婚姻

东汉时重视媒妁婚姻的传统不减，“夫自炫自媒者，士女之丑行也”[3]依然是社会主流的价值观和婚姻指向，尽管男女婚前相爱的例子很多，汉乐府和《古诗十九首》中都有所见，但都需要通过媒妁以结成婚姻才算完成了必须的过程。《后汉书·逸民列传》载：“同县孟氏有女，状肥丑而黑，力举石臼，择对不嫁，至年三十。父母问其故。女曰：‘欲得贤如梁伯鸾者。’鸿闻而聘之。”[4]梁鸿回归故里之后声名远播，当地达官显贵都爱慕其高节想要女儿与他结亲，孟氏之女长相丑陋、皮肤黝黑、身材肥硕，简直是丑到极致，而且力大如男能举起石臼，丝毫没有女性柔弱的特质，但她却是个有主见的女子，在自己的婚姻问题上十分挑剔，到三十岁还没嫁出去。她想要嫁给梁鸿为妻，梁鸿当即聘娶了孟女，二人志同道合、举案齐眉、隐居而生。婚姻媒妁之礼仍旧为制约多数婚姻的一道不可跨越的障碍，同时也对婚姻双方形成一层保障，已经形成的婚姻会达成某种程度

[1]［南朝］范晔撰、［唐］李贤等注：《后汉书》，中华书局，1965 年，第 2789 页。
[2]［南朝］范晔撰、［唐］李贤等注：《后汉书》，中华书局，1965 年，第 2784 页。
[3]［晋］陈寿撰、［宋］裴松之注：《三国志》，中华书局，1959 年，第 568 页。
[4]［南朝］范晔撰、［唐］李贤等注：《后汉书》，中华书局，1965 年，第 2766 页。

的效力，窦融之子窦穆胆大为非，“以封在安丰，欲令姻戚悉据故六安国，遂矫称阴太后诏，令六安侯刘旴去妇，因以女妻之”[1]，为了达到自己的目的企图破坏刘旴的婚姻，被刘旴之妻家上书告状到皇帝处，皇帝怒而“乃尽免穆等官”牵连窦氏家族多人。

3. 离婚、改嫁与贞节观念的强化

东汉时离婚多由男性主动提出，休妻的“七去”之名已经坐实，女性对婚姻的离弃与否彻底失去了话语权，只能听由婚姻中的男性做主。“七去”在名义上是七个对女性不符合男性要求可由男性提出断绝婚姻关系的条件，《大戴礼记》将其定义为“不顺父母，为其逆德也；无子，为其绝世也；淫，为其乱族也；妒，为其乱家也；有恶疾，为其不可与共粢盛也；口多言，为其离亲也；窃盗，为其反义也”[2]。“七去”实质上是约束女性在夫家德言品行的规范，在实际操作中，不仅列入七条之中的违背行为会遭夫家遗弃，没有列入七去内容的妇德妇行只要不能得到夫家的满意，随时都有被遗弃的可能，鲍永因为妻子在婆婆面前训狗把她休了；姜诗的妻子庞氏每日去六七里为婆婆汲水，就因为一日给婆婆送水晚到而被丈夫以不孝之名休掉，庞氏竟不以为冤屈最后还用更加孝顺的行为感动了婆婆。《后汉书·独行传》：“李充家贫，兄弟六人共食递衣。妻窃谓充曰：‘今贫居如此，难以久安，妾有私财，愿思分异。’充伪酬之曰：‘如欲别居，当酝酒具会，请呼乡里内外，共议其事。’妇从充置酒谯客。充于坐中前跪白母曰：‘此妇无状，而教充离间母兄，罪合遣斥。’便呵斥其妇，逐令出门，妇衔涕而去。”[3]李充的妻子因为家贫想要与婆婆兄弟分家单过，没想到李充以为妻子是在离间家人，把她休了。《后汉书·应奉传》：“华仲妻本汝南邓元义前妻也。元义父伯考为尚书仆射，元义还乡里，妻留事姑甚谨。姑憎之，幽闭空室，节其饮食，羸露日困，妻终无怨言。后伯考怪而问之，时义子朗年熟岁，言母不病，但苦饥耳，伯考流涕曰：‘何意亲姑反为此祸’，因遣归家更嫁为华仲妻，仲为‘将作大匠’，妻乘朝车出，元义于路旁观之，谓人曰：‘此吾故妇，非有它过，家夫人遇之实酷。’”[4]邓元义之妻侍奉婆婆勤谨却多受婆婆苛责，终无怨言，邓元义不忍妻子受罪将她遣归，还为她找好了新婆家，并跟人解释妻子不是有错被休的。无论被弃的原因如何，女性大都只能被动接受被抛弃的命运离开辛苦劳作的夫家，不甘被休的命

[1]［南朝］范晔撰、［唐］李贤等注：《后汉书》，中华书局，1965 年，第 808 页。
[2]［清］王聘珍，王文锦点校：《大戴礼记解诂》，中华书局，1983 年。
[3]［南朝］范晔撰、［唐］李贤等注：《后汉书》卷八十一《独行列传》第七十一，中华书局，1965 年。
[4]［南朝］范晔撰、［唐］李贤等注：《后汉书》卷四十八《杨李翟应霍爰徐列传》第三十八，中华书局，1965年。

运选择采取报复行动的女性极少，黄允为了攀权富贵打算休掉妻子夏侯氏而迎娶司徒袁隗之女，夏侯氏借口与亲戚诀别大宴宾客，在席上揭露黄允的罪状，然后登车而去，黄允名誉扫地。对女性离婚与改嫁观念的思想渗透是潜移默化的，至东汉时已经发生一定程度的质变，嫁到夫家的女性被多重伦理观念左右开始内生出“命运意识”，她们的自我意识被完全抹杀而只能接受所谓命运的安排，许升少为博徒、不理操行，吕荣不仅从事丈夫荒废的耕作，还奉养家婆劝勉丈夫，父亲令她改嫁，她则坚定这场婚姻是“命之所遭，义无离贰”而不肯改嫁。

总体上女性改嫁的事例较之西汉减少许多却也并没有杜绝，虽然“一醮不改”观念已经流传但还没有成为绝对，熟读儒家经典的大家也没有全部接受反对女性改嫁的观念，大儒荀爽之女荀采先嫁给阴瑜为妻，阴瑜死后荀爽又打算将女儿嫁给同郡的郭奕；蔡邕虽以儒家女性观作《女诫》《女训》等要求女儿的言行规范，但并未影响蔡文姬改嫁多次；汉桓帝邓后母原嫁邓香后又改嫁梁纪，也是东汉皇室女性改嫁的实例。

东汉妇德观念中带有明显转向的要素之一就是女性贞节观念的强化，随着班昭将《仪礼》中的“妇人不二斩”曲意强调为“夫有再娶之义，妇无二适之文”，坐实了女性单方面的贞节观，并引用《女宪》“得意一人，是谓永毕；失意一人，是谓永讫”，将对情感的自觉专一与被动贞节等同。女性对爱情婚姻的坚贞与专一带有天生对情感的执着追求，她们凭借对爱情的美好想象期望能收获属于自己的一份天长地久，她们面对上天发誓：“上邪，我欲与君相知，长命无绝衰。山无陵，江水为竭，冬雷震震，夏雨雪，天地合，乃敢与君绝！”却时常忽略了情感的双方性导致了单向度的坚持，她们“闻君有他心”时，有痛快的诅咒“拉杂摧烧之，摧烧之，鉴风扬其灰”，有恨不能绝的彻底“从今以往，勿复相思，相思与君绝”。从中不难发现汉代女性在婚姻爱情问题上的自律自省，即她们首先要求自己对爱情和婚姻的忠诚和坚守，以求收获男方对自己的情感反馈。但是女性对情感的专一与贞节具有本质的区别，一类是女性自觉由情感出发的坚守，另一类是被迫接受命运的安排，主动与被动都是女性个体意识被忽略和强制压榨的体现。

贞节观的强化离不开儒生的理论建设和统治阶级的宣传引导，东汉时贞节观念强化明显，史料记载的贞节女性数量明显增多，《后汉书·列女传》中许多贞女事迹得到记录，其中最极端的事例是选择自杀以示贞节，当歹徒企图侵犯乐羊子的妻子时，她举刀刎颈而死以示贞节，当地太守赐以缣帛并以礼葬之。皇甫规死后其妻面对董卓重金之聘不为所动，跪陈请辞不得免只能毅然选择死在董卓车下。荀采的丈夫去世后她便时常戒心自己的家人将她改嫁，但父亲荀爽假称自己生病召荀采回娘家，她竟“怀刀自誓”以示贞节，荀爽依然强行将她嫁给郭奕，到郭家以后荀采还是选择了自缢。桓鸾的女儿遭遇夫死子亡的变故害怕娘家逼迫其改嫁选择“豫刑其耳以自誓”立志不改嫁，当地长官上奏其高行，不仅得到高节的封号还得到“县邑有祀必膰”的尊荣。东汉时兴起了女性为守住自己的贞节不惜采取断发、断指、刑耳、刑鼻等自残手段来避免改嫁的风潮，如公乘会的妻子张氏、纪配、周度等，据《华阳国志》统计，为表贞节自残甚至自杀的女性有三十一人之多，立碑表彰的就有七人，自此女性贞节正式成为被政府表彰的要素之一。《后汉书·百官志五》载：“三老掌教化，凡有孝子顺孙，贞女义妇，让财救患，及学士为民法式者，皆扁表其门，以兴善行。”[1] 贞女们以惨烈的方式避免再嫁，不管她们的行为是否出于自愿都受到政府的表彰而产生上行下效的效果，由此生成的舆论压力不可估量。文学作品中秦罗敷、胡姬等节妇都以不屈强霸坚守贞节成为喜闻乐见的女性形象，徐淑毁形不嫁对逼迫自己再嫁的兄长写《为誓书与兄弟》：“盖闻君子导人以德，矫俗以礼，是以列士有不移之志，贞女无回二之行”[2]。根据《后汉书》记载东汉时期共有五次旌表贞妇的举措，安帝元初元年赐贞妇帛，人一匹；元初六年赐贞妇有节义十斛，甄表门间；延光元年赐贞妇帛，人二匹；顺帝永建元年赐贞妇帛，人三匹；桓帝建和元年赐贞妇帛，人三匹。加大物质刺激对平民女性来说有一定的实际意义，而大肆宣传所起的舆论效果才是她们趋之若鹜的根本。恪守贞节的人数上升，“不但帝王后妃中无已醮之妇；东汉公主除光武帝之女湖阳公主有再嫁宣平侯宋弘之意但未如愿以偿外，已无公主改嫁、再嫁之举；王侯的淫乱行为也大为改观。此外，出身官宦、儒士阶层的女性及下层平民女子恪守贞节的人数也日益增多”[3]。例如光武帝之女舞阳长公主在丈夫梁松遭诽谤而下狱死后并未再改嫁。

贞节观也具有地域差别，据《华阳国志》三蜀之地贞妇倍出，是政策上行下效的成果，女性贞节成为有教养的行为，广汉杨文之妻李氏寡居守志，父欲其改嫁，乃投水以明志；广汉王辅之妻彭非、新都便敬之妻王和、郭人冯季宰之妻李进娥也都年少寡居，不惜残体以明守节之志。《华阳国志·巴志》：“永初中，广汉、汉中羌反，虐及巴郡。有马妙祈妻义、王元愦妻姬，赵蔓君妻华，夙丧夫，执共姜之节，守一醮之礼，号曰三贞。遭乱兵迫匿，惧见拘辱，三人同时自沉于西汉水而没死。”[4]各地方政府刻意宣传使百姓纷纷效仿，将贞节烈女故

[1][南朝]范晔撰、[唐]李贤等注：《后汉书》，中华书局，1965 年，第 3624 页。
[2] 严可均：《全上古三代秦汉三国六朝文》，中华书局，1958 年，第 991 页。
[3] 郭玉峰：《两汉时期贞节观念的世俗化趋向》，《天津师范大学学报》，2005 年第 2 期。
[4][晋]常璩撰、刘琳校注：《华阳国志校注》，巴蜀书社，1984 年，第 3041 页。

事刻于砖石成为一种流行趋势，秋胡戏妻画像砖石在山东嘉祥武氏祠、四川彭山282号崖墓石棺、四川新津邓双镇崖墓石棺、四川绵阳、四川梓潼县等多地均有出土，内蒙古和林格尔的墓室壁画也有秋胡戏妻的彩绘图像，这种发展势头使“贞节观念呈现出一种世俗化的趋势。所谓的‘世俗化’，是指某种观念或信仰被人们逐渐接受，并自觉地指导其行为的过程。任何一种观念或信仰的‘世俗化’，大致要具备以下基本条件方可实现：其一是一种观念或信仰的产生和不断地丰富、发展，并形成一个较为系统的体系；其二是存在某种激励机制，促使人们遵循这种观念或信仰；其三是这种观念或信仰逐渐被人们所认同，并作为行动的规范”[1]。可以说东汉二百年完成了贞节观念世俗化的过程，激励机制形成并成为人们日常行为的规范。与贞节相对的是对淫行的律法惩处，据《白虎通•嫁娶》云：“女子淫，执置宫中不得出；男子淫，割其势也”。可见东汉对男女淫乱的惩处力度都相当之大，是从反面强制推行贞节观念的实践。

从班昭力图将女性守节奉为女性道德判断的标准之一，贞节开始上升至道德层面，但是严守贞节仍旧是少数女性的行为。黄昌的妻子早年归宁途中被蜀人掳走，多年以后黄昌已经认不出结发之妻，其妻前来相认两人相持悲泣、还为夫妇。黄昌没有不接受曾为他人妇的妻子，其妻被掳走也没有自残自虐以示贞节。另外，奖励不嫁却没有反对再嫁，离婚或夫亡的女性多数还是选择再嫁，这也体现了贞节观世俗过程中为女性生存留出的空隙。

4. 母德

在封建礼教的熏染下，最为无私的母德透露出教化的色彩，班昭作《女诫》就是以教育女儿和媳妇为初衷，她尤其担心到了适婚年龄的女儿出嫁以后“不渐训诲，不闻妇礼，惧失容它门，取耻宗族”。班昭的家庭情况使她更多地关注子女的教育问题，教化女儿的目的是为了令她们不至于不懂妇礼而有辱家门。班昭丈夫曹世叔早年而逝，她独自一人抚养子女长大完全依靠母亲的教化培养子女，班昭自己“赖母师之典训”长大，深知母亲教化对子女的影响巨大，写成《女诫》的初衷也仅仅是将自己人生的经验教训传授给女儿，可谓用心良苦。对母德的重视在班昭时更加引起注意，对母教的社会关注从无意识到有意识，认识到母亲对一个成长中的孩童人生观价值观的引导作用，也更加注重母亲自身的品德对子女的言传身教。皇室立后也考虑女性是否能够“母仪天下”，明德马皇后“德冠后宫”有为天下之母的母仪母德，她为了广继皇嗣给皇帝举荐后宫佳人，自己虽无子乃抚养贾贵人生下的皇子刘炟犹如亲生，而且“肃宗亦孝性淳笃，恩性天至，母子

[1] 郭玉峰：《两汉时期贞节观念的世俗化趋向》，《天津师范大学学报》，2005 年第 2 期。

慈爱，始终无纤介之闲”，同时马皇后“常与帝旦夕言道政事，及教授诸小王，论议经书，述叙平生，雍和终日”，她不仅自己衣着朴素还教育子女族人生活从简从约，想方设法抑制外戚的势力扩大，“在家则可为众女师范，在国则可为母后表仪。”和熹邓皇后也是朴素无华，有母德忧皇嗣不繁而数选才人入宫。

母亲的言行在潜移默化中影响着子女的言行，崔寔虽世有美才，也不能忽视其“母有母仪淑德，博览群书。初，实在五原，常训之以临民之政，实之善绩，母有助焉”[1]。陆续的母亲治家有法连切肉切菜的小事都规守有度，行为品德深刻影响了陆续的成长，当陆续被牵连下狱时，其母亲赶至洛阳却无法与儿子相见，只能做饭通过门卒送给陆续，陆续知道母亲前来却不得见，对食悲泣不已，断狱者得知访诸谒舍相信陆续，其母亲言行敬慎其子也可类推，然后上书赦免了陆续。有气节的母亲自然传授给子女节义气质，辽西太守赵苞的母亲妻子一行追随其到任的途中被鲜卑人劫持，并将她们作为人质押入囚车作为攻打赵苞防守之郡城的筹码。当时赵苞率领二万步骑与敌军对阵，一面是生养自己的母亲，一面是国家军政大事，他陷入既是儿子又是臣子的两难之境。赵苞之母是一位深明大义的母亲，她毫不畏惧死亡宁愿牺牲自己的生命，“威豪，人各有命，何得相顾，以亏忠义？昔王陵母对汉使伏剑，以固其志，尔其勉之！”[2]以此支持赵苞，勉励自己的儿子为国尽忠，她的言行举动为赵苞率军进击带来了更大的勇气，一举摧毁了敌军，但“其母、妻皆为所害”[3]的后果也不可改变，赵苞之母留下了传世的美名。

社会舆论重视对母德的宣扬和引导，山东武梁祠画像石中有曾母投杼的故事，讽刺曾母自己逃走；闵子后母的故事讽刺后母偏心亲生儿子，闵子骞不但不仇视她还阻止父亲休妻，令后母惭愧等。程文矩之妻李穆姜是后母之德的典型，丈夫死后穆姜独自抚养自己的两个儿子和丈夫前妻留下的四个儿子，四个继子因为穆姜不是亲生母亲，每天怨怼憎悔后母，穆姜不但没有因此心生嫌隙，还对他们慈爱用心、照顾有加，为他们提供的衣食资供比自己亲生儿子还要丰厚。长子重病时，穆姜“恻隐自然，亲调药膳，恩情笃密”，终于四个继子被穆姜感化，听从穆姜的教诲成良士，感恩为报。穆姜为了化解继子对自己的偏见做一个称职的母亲，将继子视如己出，辛苦照顾甚至超过自己亲生，用母爱感化了继子们的心，被当时作为母亲之德的典范加以旌表。

后母出于自身利益不能善待继子女是很常见的，《后汉书》载冯衍之妻虐待前妻所生的子女冯姜、冯豹，“婢病之后，姜竟舂炊，豹又触泥涂，心为怆然，

[1][南朝]范晔撰、[唐]李贤等注：《后汉书》，中华书局，1965 年，第1731页。
[2][南朝]范晔撰、[唐]李贤等注：《后汉书》，中华书局，1965 年，第2692页。
[3][南朝]范晔撰、[唐]李贤等注：《后汉书》，中华书局，1965 年，第2692页。

编谷放散，冬衣不补，端坐化乱，一缕不贯”，甚至在冯豹睡觉时企图毒害他。汉乐府《孤儿行》中的孤儿受尽兄嫂的刻薄虐待、境遇悲惨。王充曾经说过：“受气时，母不谨慎，心妄邪虑，则子长大，狂悖不善，形体丑恶。”受尽苛责成长起来的孩子，很容易在成年之后依旧以非正常的心态对待人生。尤其在皇室家庭中，皇上一夫多妻导致妃嫔与皇子之间的继母子关系复杂，为了皇嗣继承等利益关系，陷害、谋杀事件不绝如缕。汉章帝窦皇后没有子嗣，嫉妒宋贵人及所生皇太子刘庆，多次诬陷宋贵人用巫祝，企图使章帝厌恶她们，逼得宋贵人饮药自杀、皇太子被废；梁贵人将所生子刘肇送于窦皇后抚养被继立为太子，窦皇后担心日后太子继位尊仰生母对自己不利，便用诬陷梁贵人之父等手段，使梁贵人忧愤而死，汉和帝刘肇年幼继位也由窦氏长期掌权。汉和帝的阎皇后嫉妒成性，因宫人李氏生皇子刘保，遭到阎皇后毒杀，后来刘保也因为阎皇后的谗言被废。所以东汉时期重视母德的宣扬教化中，也突出了后母继子之间的德行教化，山东武梁祠画像石中将“齐义继母”的故事放在重要的位置，突出牺牲亲生子而偏袒继子是一个东汉时有节义的母德形象。

山东嘉祥县武梁祠画像石“齐义继母”

女性在家庭中的德行向来是判断女性、定义女性的标准，媳妇与婆母之间的关系历来都被视为考察媳妇角色的重点。《后汉书》中保存了浙江会稽地区的一则孝妇故事：“孟尝字伯周，会稽上虞人也，其先三世为郡吏，并伏节死难。尝少修操行，仕郡为户曹吏。上虞有寡妇至孝养姑，姑年老寿终，夫女弟先怀嫌忌，乃诬妇厌苦供养，加鸩其曾，列讼县庭。郡不加寻察，遂结竟其罪。尝先知枉状，备言之于太守，太守不为理。尝哀泣外门，因谢病去，妇竟冤死。自是郡中连旱二年，祷请无所获。后太守殷丹到官，访问其故，尝诣府具陈寡妇冤诬之事。因曰：‘昔东海孝妇，曾天致旱，于公一言，甘泽时降。宜戮讼者，以谢冤魂，庶幽枉获申，时雨可期。’丹从之，即刑讼女而祭妇墓，天应澍雨，谷稼以登。”[1]因为奉养

[1]［南朝］范晔撰、［唐］李贤等注：《后汉书》，中华书局，1965年，第2472-2473页。

婆母而冤死终得洗白的孝妇故事，自然也是宣扬家庭中婆母与媳妇和谐相处的风向标。

至东汉传统母德形象基本成型，首先母爱多以慈祥温柔的模式呈现，没有轰轰烈烈的炽热却爱之入骨，蔡文姬的诗中能感受到母子告别的感伤和归汉之后的思子之痛；其次母亲以言传身教对子女的成长起到了关键作用，母亲的德行深刻影响着子女德行的培养；再次母亲对子女的教化多是和风细雨式的，在于每时每刻琐碎而日常的潜移默化，所以重视母德的宣传教育对塑造理想人格的社会价值是无穷的，统治阶级也深深认识到母德的重要性，选择从旌表制度等方式入手扩大理想母德的社会意义。

5. 女性节义

儒家讲究仁义礼智信，其中孟子最侧重“义”，东汉士风转向崇尚节义之士，他们为正义、名节不惜牺牲自我、视死如归。武梁作为东汉后期一位有节义的处士，汉碑记载：“州郡请召，辞疾不就。安衡门之陋，乐朝闻之义。诲人以道，临川不倦。耻世雷同，不窥权门。年逾从心，执节抱分。始终不贰，弥弥益固”[1]。他为武梁祠选取画像故事时深受刘向《列女传》节义观念的影响并体现了自己的思想走向，记录了许多女性节义之事以鼓励女性，受此风气影响出现许多节妇义女。

武梁祠中的女性节义故事经过刘向和武梁等人的选择演绎，多充满理想化色彩，是宣扬鼓舞女性节义的最有力渠道。“鲁义姑姊”是鲁国一个平民女子，她在敌军侵犯时，放下自己的孩子而努力救助哥哥的孩子，“己之子，私爱也；兄之子，公义也”[2]，鲁国一个普通女性却有如此大义将进犯的敌军吓退。“梁节姑姊”讲述梁国一女子遭遇火灾时没能救回哥哥的孩子，也不愿背上不义之名，而选择赴火而死的义事。“齐义继母”是齐国一个后母舍弃自己的亲生儿子而偏袒继子的义行。由此来看东汉女性崇尚的节义是自身的利益与他人利益发生矛盾时，选择牺牲自己的利益以成全他人，越是涉及到生死的大事越能够拔高个人的义行，所谓二者不可兼得，“舍生取义”是对女性德行的高度评价。

同时在家庭成员危难之时甘愿舍弃生命，承担起原本属于男性应该承担的家庭责任和道德责任也被视作“义”德。赵娥之父被人杀害，仇家以赵家男子皆亡以为无忧，没想到赵娥虽为女性却立志为父报仇，历经十余年才完成后去官府自首，被嘉奖孝义而遇赦得免；吕荣亲刃仇家“手断其头，以祭升灵”[3]为丈夫报仇；

[1] 骆承烈，胡广跃：《汉魂——武氏祠画像石考释》，群言出版社，2006 年，第 157 页。
[2]［汉］刘向撰、张涛译注：《列女传译注》，山东大学出版社，1990 年，第 179 页。
[3]［南朝］范晔撰、［唐］李贤等注：《后汉书》，中华书局，1965 年，第 2795 页。

盛道因聚众起兵失败面临被处死的危险境地，其妻赵媛姜不顾自己的安危劝说盛道与其子逃亡，结果父子二人遇赦而归，盛道“感其义，终身不娶焉”[1]。这些女性行为在符合儒家精神的前提下甚至超越了女性德行本职，是女性节义的最高体现。

东汉对不慕名节的隐逸高节行为的崇尚也影响到妇德的评价。光武帝时连征不仕的隐逸之士王霸见到好友父子皆为高官被深刻触动，觉得愧对想要仕进的儿子，其妻子劝他：“君少修清节，不顾荣禄，今子伯之贵孰与君之高？奈何忘宿志而惭儿女子乎！”[2] 王霸之妻不仅不以功名利禄为人生目标，还劝勉丈夫安于隐逸生活，保全了王霸的清节之名。

6. 女性悍妒淫行

“悍”“妒”“淫”是女性无德的行为表现，其中“妒”“淫”可以成为出妻的原因，而“悍”本是勇敢的含义，用在女性身上多指妻对夫或他人不尊敬、行为无端，与儒家女德要求女性柔弱为美截然相反，是女无妇德的罪状之一，所以《张家山汉简》中有“妻悍”现象丈夫殴伤无罪的律法，是道德和法律都不允许的女性行为。东汉冯衍的妻子北地女任氏是一则悍妇的实例，“衍娶北地女任氏为妻，悍忌不得畜媵妾，儿女常自操井臼，老竟逐之，遂埳壈于时”[3]。《后汉书》中保存了冯衍写与妻弟任武达的书信，信中控诉了妻子的悍行，首先明白阐述冯衍当时的处境，“年衰岁暮，恨入黄泉，遭遇嫉妒，家道崩坏”[4]，任氏身为妻子和母亲的角色本应疏解丈夫不得志的忧愤，和谐家庭中较为复杂的继母子关系，却完全不能做到，反而“以白为黑，以非为是，造作端末，妄生首尾，无罪无辜，谗口嗷嗷”，其夸张程度甚至“醉饱过差，辄为桀纣，房中调戏，布散海外，张目抵掌，以有为无”。冯衍身为文人仕士，深受女祸论的思想影响，把罪责归咎于女性“乱匪降天，生自妇人。青蝇之心，不重破国，妒嫉之情，不惮丧身。牝鸡之晨，唯家之索，古之大患，今始于衍”。而且从他指责任氏不顾妇言“词如循环，口如布谷，悬幡竟天，击鼓动地”，不讲妇容“头无钗泽，面无脂粉，形骸不蔽，手足抱土”，毫无妇功可言“缣縠放散，冬衣不补，端坐化乱，一缕不贯”，而且“入门著床，继嗣不育，纺绩织纴，了无女工，家贫无僮，贱为匹夫，故旧见之，莫不凄怆，曾无悯惜之恩”，可以看出他对妇德、妇言、妇容、妇功的要求是完全出自儒家伦理观的。或许冯衍是将自己久不得志的幽怨转嫁到了不合心

[1][南朝]范晔撰、[唐]李贤等注：《后汉书》，中华书局，1965 年，第2799页。
[2][南朝]范晔撰、[唐]李贤等注：《后汉书》，中华书局，1965 年，第2783页。
[3][南朝]范晔撰、[唐]李贤等注：《后汉书》，中华书局，1965 年，第1002-1003页。
[4][南朝]范晔撰、[唐]李贤等注：《后汉书》，中华书局，1965 年，第1003-1004页。下同。

意的妻子身上，他对妻子悍妒行为的形容显得极为夸张，“不原其穷，不揆其情，跳梁大叫，呼若入冥，贩糖之妾，不忍其态”，“暴虐此婢，不死如发，半年之间，脓血横流”。同时指责任氏不仅没有妇德还没有母德，“婢病之后，姜竟舂炊，豹又触冒泥途，心为怆然”。冯衍一早就有弃妇的打算，却考虑到儿女们年幼恐怕无人照顾落入悲凉的境地，“自恨以华盛时不早自定，至于垂白家贫身残之日，养痈长疽，自生祸殃”。到最后终究忍受不了任氏的悍妒无状，发出“不去此妇，则家不宁；不去此妇，则家不清；不去此妇，则福不生；不去此妇，则事不成”的感慨，做出了去妻的决定。虽然冯衍才不得志的晚景令人惋惜，但他不仅将家庭不和归咎于任氏，还把自己的无功无成归咎于妻子，“衍以室家纷然之故，捐弃衣冠，侧身山野，绝交游之路，杜仕宦之门。阖门不出，心专耕耘，以求衣食，何敢有功名之路哉”，显然是男权思想的偏颇。

女性妒行是指阻碍丈夫纳妾或妻妾之间不能和睦相处争宠夺爱的行为，源于女性对同性的嫉妒心理和对丈夫的专一占有欲，嫉妒并不专属于女性，女性也并不是天生就有嫉妒的本性，但是父权文化将嫉妒与女性建立单一联接，误导出女性嫉妒心理强烈的刻板印象。女性嫉妒成因于一夫多妻的不平等婚制以及父权文化对女性的压迫。夫妻关系中女性处于劣势地位却也希望在多妻家庭中具有存在的意义，她们渴望自主却又不能自主的心理意识被父权层层压制到畸形的状态就生成了妒行。越是父权男权集中的家庭、越是妻妾不平等的家庭中，女性嫉妒之无德越是会产生恶劣的后果，其中以皇室女性嫉妒最甚，吕后将戚夫人虐为人彘、赵飞燕迫害嫔妃皇子等都是女性妒行造成的惨剧，嫉妒心理作祟往往导致报复行动过于激烈，如前文所言不许冯衍畜媵妾的任氏，所以妒悍两类女性行为常常是相伴随的。钟繇之妻孙氏对妾张昌蒲嫉妒厌恨，便“置药食中”企图谋害之，被钟繇得知后出妻。跋扈将军梁冀宠爱貌美的妻子孙寿，她不仅不对有权有势、骄横无状的丈夫俯首帖耳，还嫉妒丈夫在外的情妇友通期并带领家奴前去抓奸，将友氏“截发刮面，笞掠之”[1]还打算上书告状，梁冀害怕请孙寿之母说和才肯罢休。但是梁冀色心不改继续与友氏私通并生下儿子伯玉藏着不敢公众，孙寿知晓后令儿子诛杀了友氏，梁冀竟不敢吭声还害怕孙寿再来加害只能将伯玉“常置复壁中”。夫妻二人的尊卑关系完全不符合儒家伦理，而且孙寿也不是忠贞于丈夫的烈女，“冀爱监奴秦宫，官至太仓令，得出入寿所。寿见宫，辄屏御者，讬以言事，因与私焉。”孙寿与秦宫的淫行大概也是得到梁冀的默认了。

汉代尚主制度在东汉仍旧有所保留，公主们虽然不如西汉时能有参与政治的

[1]［南朝］范晔撰、［唐］李贤等注：《后汉书》，中华书局，1965 年，第 1180 页。

特权，却依然在自己的生活圈中享有尊贵的地位，所以往往有恃宠而骄的行为。郦邑公主嫁与表哥阴丰，但是“公主骄妒，丰亦狷急”[1]，最后竟然因为骄妒成性被丈夫阴丰杀害，皇上得知后诛杀阴丰，其父母也被迫自杀。袁绍妇刘氏“甚妒。绍死未殡，宠妾五人，刘尽杀之，又毁其形”[2]。东汉刑法虽严厉惩治淫乱却也有特殊群体突破，例如拥有特殊权利的公主。西汉时公主不讳私夫，在东汉伦理贞节观念强化的时期大为改观，然而她们在婚姻关系中地位高于丈夫恃尊而骄。阴城公主身为汉顺帝之姑，却极端淫乱根本不把丈夫班始放进眼里，“与嬖人居帷中，而召始入，使伏床下”[3]，班始终日忍受公主的骄淫却不能以“淫”的七去之名休掉公主，日积月累最后终于“拔刃杀主”，因而被顺帝腰斩并牵连同产被弃市。

7. **女性教育的针对性更强**

东汉教育阶层分化比西汉尤甚，贵族女性受文化教育人数远远多于普通女性，对女性才学的尊重与对女性文化教育的重视相辅相成，孝成许皇后“聪慧，善史书”，章德窦太后“年六岁能书”，和帝阴皇后“少聪慧，善为艺”，和熹邓皇后“六岁能《史书》，十二通《诗》、《论语》。诸兄每读经传，辄下意难问。家人号曰‘诸生’”，顺烈梁皇后“少善女工，好《史书》，九岁能诵《论语》，治《韩诗》”，皇甫规妻“善属文，能草书”。尤其邓太后自幼注重读书学习，也十分重视女性教育。《后汉书·皇后纪》载邓后邀班昭：“自入宫掖，从曹大家受经书，兼天文、算数。昼省王政，夜则诵读。”[4]《后汉书·皇后纪》中有邓太后为皇家男女开办学堂的记载，使女性也有获得正式教育的渠道：“太后诏征和帝弟济北、河间王子男女年五岁以上四十余人，又邓氏近亲子孙三十余人，并为开邸第，教学经书，躬自监试”[5]。邓太后执政时期还“诏中官近臣于东观受读经传，以教授宫人，左右习诵，朝夕济济”。女性文化教育受到统治阶级重视，《后汉书·崔骃传》说崔骃的曾祖“母师氏，能通经学百家之言，莽宠以殊礼，赐号羲成夫人，金印紫绶，文轩丹毂，显于新世”[6]。班昭、蔡琰皆是出自贵族阶级的知识女性代表，平民女性则较为缺少文化教育的经济基础和家庭环境，针对下层女性的教育集中在妇功的适用性技能教育和以谋生为目的的女性乐舞，教育是她们获得生存技能的不容忽视的途径。经史文化教育与女德教育相辅相成，女德的教育受到

[1]［南朝］范晔撰、［唐］李贤等注：《后汉书》，中华书局，1965 年，第 1132 页。
[2]［唐］欧阳询：《艺文类聚·上卷》，中华书局，1965 年，第 614 页。
[3]［南朝］范晔撰、［唐］李贤等注：《后汉书》，中华书局，1965 年，第 1586 页。
[4]［南朝］范晔撰、［唐］李贤等注：《后汉书》，中华书局，1965 年，第 424 页。
[5]［南朝］范晔撰、［唐］李贤等注：《后汉书》，中华书局，1965 年，第 428 页。
[6]［南朝］范晔撰、［唐］李贤等注：《后汉书》，中华书局，1965 年，第 1703 页。

整个社会的重视，《女诫》以说理形式的女性教育开辟了专门针对女性的性别教育类别，散见于儒家典籍如《礼记》中的女教内容和刘向《列女传》中的女教事例在针对性上都不如《女诫》，在扩大受众的影响力上《女诫》也有其天然的优势，班昭本着教育诸女经营婚姻家庭的目的，从女性的身份和女性的角度出发，所以言论更具可信度，且文辞简约利于普通女性理解，劝诫作用也更容易得到发挥，适用性广泛到各阶层女性。

第二节 妇言性别文化特征初成

以儒家女德标准来看，女性在一个家庭的上下周旋中语言起到了关键的作用，班昭说“妇言，不必辩口利辞也”，还教育子女说夫妻之间“房室周旋，遂生媟黩。媟黩既生，语言过矣。语言既过，纵恣必作。纵恣既作，则侮夫之心生矣”，意即夫妻之间过于亲密在相处时就容易过界，事情总有曲直是非就难免令双方争讼而生出忿怒，尤其在语言上容易过激而引起纵恣侮夫之情，夫妻相处避免言语过激引发祸端就要求女性不能长于口辩，对待丈夫怀有敬顺之心。但班昭的言论却与她实际的做法并不相符，她不仅作邓太后的幕僚进言劝谏，还上书直言期盼兄长班超回归故土，单从保留下来的两篇疏作就能看出班昭的才辩之能。东汉时期虽然要求女性收敛锋芒、深藏于男性身后，要求妻子与丈夫相处时保持敬顺之礼，却并没有否定女性语言的力量，她们由于自身的性别特色使人类的语言增加了一抹亮色，女性的名字和语言在文学作品中也开始充满性别文化特征。

一、女性才辩

女性语言上的能力与其思想和才华密不可分，若想让语言达到预期效果，语言层次和技巧必不可少，巧思和例证也是必须。班昭以才学得到邓太后的赏识，邓太后之兄大将军邓骘请求告老还乡照顾母亲，邓太后犹豫不决，班昭谏疏先称赞太后德行政绩后劝谏到：“妾闻谦让之风，德莫大焉，故典坟述美，神祇降福。昔夷齐去国，天下服其廉高；太伯违邠，孔子称为三让……《论语》曰：‘能以礼让为国，于从政乎何有。’由是言之，推让之诚，其致远矣。今四舅深执忠孝，引身自退，而以方垂未静，拒而不许；如后有毫毛加于今日，诚恐推让之名不可再得”[1]。列举先贤谦让的德行之后，由古及今谈到邓将军推让之风和忠孝之举，终将得其美名，以此说服了邓太后。董祀犯法以后，蔡文姬“蓬首徒行，叩头请罪。音辞清辨，旨甚酸哀”，让人不免伤心动容，曹操欲难之，蔡文姬对曰：“明公厩马万匹，虎士成林，何惜疾足一骑，而不济垂死一命乎？”[2]曹操终于被打动免除了董祀死罪。马融之女马伦嫁给袁隗为妻，袁隗因为马家嫁妆丰厚为难马伦道：“妇奉箕帚而已，何乃过珍丽乎？”马伦机智应答反激丈夫：“慈亲垂爱，不敢逆命。君若欲慕鲍宣、梁鸿之高者，妾亦请从少君、孟光

[1][南朝]范晔撰、[唐]李贤等注：《后汉书》，中华书局，1965年，第2785页。
[2][南朝]范晔撰、[唐]李贤等注：《后汉书》，中华书局，1965年，第2800页。

之事矣。”[1]若丈夫有鲍宣、梁鸿的高节，妻子也可追随贤妇过清贫的生活。女性在语言上表现出的不卑不亢风格和灵活应变的能力与女性的性别特征逐渐结合为一体，她们既需要维护自己的尊严不被男性压倒，同时又需要通过语言表达达到自己的目的，例如马伦面对丈夫的诘难，既不能有损母家的声誉又要让丈夫舒服地接受，打消丈夫对自己千金大小姐的出身能否适应普通生活的疑虑，马伦的回答一方面解释了嫁奁丰厚并不是有意炫富使夫家难堪，而是出于父母的慈爱，另一方面表达了自己愿意追随丈夫清贫生活的意愿，最重要的是把选择的主动权交到了丈夫袁隗的手中，只要丈夫愿意选择追求高节，妻子一定可以像少君或孟光一样紧紧追随、安于清贫，彻底消除了丈夫的顾虑。袁隗又反问马伦先于其姐出嫁不合常理，马伦答道：“妾姊高行殊邈，未遭良匹，不似鄙薄，苟然而已。”[2]巧妙地把自己先出嫁的原因回击为“苟然”，看似自损自谦同时又不着痕迹地看低了丈夫。袁隗最后为难马伦其父马融过于富足有贪财的传闻，马伦答道：“孔子大圣，不免武叔之毁；子路至贤，犹有伯寮之诉。家君获此，固其宜耳。”[3]以孔子和子路的遭遇类比父亲马融的不实传闻，令帐外偷听的人都感到惭愧。

女性因为性别特色其语言具有相应的性别色彩，尤其在复杂家庭关系中，女性身处男性的家长尤其是婆母的势力范围内，又需要与家中同辈女性和谐相处，还需要对子女辈进行教育，因人择言是保全自身并游走于各种力量中的技巧和手段。例如刘兰芝离开焦家时，对焦仲卿之母说：“生小出野里。本自无教训，兼愧贵家子。受母钱帛多，不堪母驱使。今日还家去，念母劳家里”，既有媳妇的谦卑又有礼节；对焦仲卿之妹说：“新妇初来时，小姑始扶床；今日被驱遣，小姑如我长。勤心养公姥，好自相扶将。初七及下九，嬉戏莫相忘”，回忆两人相处的过往依依不舍；刘兰芝对自己的母亲则：“府吏见丁宁，结誓不别离。今日违情义，恐此事非奇”，直接明白说出自己的打算；对逼迫她再婚的兄长说：“理实如兄言。谢家事夫婿，中道还兄门。处分适兄意，那得自任专。虽与府吏要，渠会永无缘。登即相许和，便可作婚姻”，她只能表面周旋暗下誓言，对不同的人物关系有不同的处理态度和不同的语言应对，以女性特有的柔性和女性在家中特殊的位置巧妙游走于大家庭中。

女性也通过语言表现出性格中强势的一面，黄允为了仕途打算休掉结发妻子夏侯氏再娶，夏侯氏不仅没有哭闹还要求临别前与黄家亲戚再见一面，却在众人

[1]［南朝］范晔撰、［唐］李贤等注：《后汉书》，中华书局，1965 年，第 2796 页。
[2]［南朝］范晔撰、［唐］李贤等注：《后汉书》，中华书局，1965 年，第 2796 页。
[3]［南朝］范晔撰、［唐］李贤等注：《后汉书》，中华书局，1965 年，第 2796 页。

参加的临别酒席上条条揭露黄允的罪状，“妇中坐，攘袂数允隐匿秽恶十五事”，毁掉了黄允苦心经营出来的贤隐形象，彻底击碎了他期望通过再婚攀附权贵的企图，夏侯氏的陈说除了情之所至之外也必定条理清晰、字字珠玑，才达到了自己的目的。钟离春勇于谏言的故事在东汉武梁祠画中被单独列出，与其他女性故事在空间分布上区别开显示出特殊性，可见对女性谏言的推崇与“不必辩口利辞”之间存在着预期与实际的差距。被休掉的女性偶遇前夫，长跪相问“新人复何如”，看似轻松简单的语言把弃妇既恭敬有礼又暗含嘲讽的心理活动表现出来，而这位女性从被动的可怜形象猛然转换为隐忍有自觉精神的女性，并不露声色地令前夫对比反思她与新妇的优缺点以确定自己的优势，想让前夫后悔将她休弃的过往并达到了自己的目的，委婉又不着痕迹的问话代表了女性语言特征的共通之处。

二、女性名字的性别文化特征

先秦时期女性的姓名称呼相对复杂，有姓、有名、有字、有谥，有以父国或父姓称呼、有以夫国或夫姓称呼、有以排行身份称呼，更有多种并称，例如秦穆姬，秦是夫国、穆是夫谥、姬是父姓，根据《礼记·曲礼》“妇讳不出门”的说法，女性名和字不能随意示于人。最重要的是先秦时期女性的姓名称呼都是其身份、归属的体现，到了汉代开始出现具有女性气息的名字，体现了当时性别文化秩序的建立。

汉代女性姓名称呼褪去了父夫姓氏等身份归属，开始能够独立地使用并显示出当时的性别文化特色。首先，表现在女性气息的名字出现，显露出女性文化色彩，例如刘兰芝、秦罗敷、蔡文姬等等，以中国传统文化对女性名字的命名规律来看，贞、丽、珠、娥等字眼只用于女名而不会用于男名，她们表现了女性或温柔贞顺或端庄秀雅的风格特征，是与男性特征截然不同的。带有女字偏旁的汉字被用于女性姓名，如馆陶公主嫖、许皇后姐姐许孊、顺烈梁皇后妠等也是显示女性特质而不用于男名的。其次，汉代多数女性取名时并不考虑性别文化特征，所以她们的名字往往是中性化的，例如王昭君、班昭等，这些女性意味不浓的名字在当时仍旧占多数，说明性别文化特征的男女之别尚没有完全渗透进姓名文化，还处在逐渐渗透的过程中。再次，部分女性名字颇有男性化倾向，例如卫子夫、东汉顺帝之女刘成男、孝女叔先雄等，这些带有男性阳刚气质的汉字使用在女性名字中或许带有命名者的主观感受和角色期待，即希望女性拥有男性的某种特质，足以证明汉代女性姓名文化中女性气息和女性色彩处于从无到有的过程。尤其结合魏晋以后女性名字的性别文化特征来看这种趋势更加明显，甚至出现以德言容功、花草珠玉为女性取名的完全女性化趋势，反映了性别文化的构建过程和社会伦理对女性角色期待的渗透进入了女性姓名文化中。

三、女性语言文学创作

东汉时有识有知的女性增多，女性的语言文学创作也增多，安帝的母亲左姬“善史书，喜辞赋”，东汉安定皇甫规妻“善属文，能草书，时为规答书记，众人怪其工”[1]，临淮徐小季模仿老子《道德经》作《经说》六篇，班昭子妇丁氏集班昭作品为《大家赞》，徐淑作《徐淑集》一卷，傅石甫妻子孔氏作《孔氏集》一卷，三国吴母注《列女传注》七卷等，马融的女儿马芝“少丧亲长而追感，乃作申情赋云”[2]，遗憾的是多数女性语言文学创作像《申情赋》一样仅存目，只有极少部分得以保存，但依然可见东汉时期女性文学作品的高度，胡应麟先生认为：“班姬团扇，文君白头，徐淑宝钗，甄后塘上，汉魏妇人，遂与文士并驱，六代至唐蔑矣。”[3]例如丁廙之妻所作《寡妇赋》虽然没有全文保存，却被李善注《文选》时引入到潘岳《寡妇赋》的注解中，可以看出潘岳赋对丁廙妻赋内容和结构上的借鉴。

与男性作家相比，女性的语言文学创作内容较为单一，除了闺阁之情外较少涉及社会公共领域，这与东汉时期女性寓于家庭的现实密不可分，她们的生活相对狭窄，没有更广阔的经历做背景就难以扩大创作题材，“作为女性以礼义自绳、贞节自缚的自抑心理，西汉女性创作中尚极为少见。而东汉则较为普遍，且愈是受过良好的教育，这种自抑倾向愈是明显，不能不说是女性教育在创作中的投射”[4]。而且女性的创作更加具有随意性，她们并不以文才仕进，缺乏创作动力，只有当内心情感沉淀到一定程度才会冲击而出形成语言文学创作。同时也正是因为女性语言文字中总是充满悲剧色彩，只有当痛苦达到不堪忍受的情况她们才会奋而作文，抒发自己不幸悲惨的遭遇，所以真情实感是女性语言文学创作的最大特点。

1. 班昭

班昭的语言文学作品在女性群体中最为丰硕，除续写《汉书》、撰写《女诫》之外还有诗赋创作，不仅与其难得的“博学高才”有关，也与其被召入宫与太后等宫廷女性相处、重视文化教育有关，“每有贡献异物，辄诏大家作赋颂”[5]。所以班昭的赋作、谏疏作品更有保存下来的途径，其子妇丁氏集为《大家赞》在

[1]［南朝］范晔撰、［唐］李贤等注：《后汉书》，中华书局，1965 年，第 2798 页。
[2]［南朝］范晔撰、［唐］李贤等注：《后汉书》，中华书局，1965 年，第 2796 页。
[3]［明］胡应麟：《诗薮》，中华书局，1959 年，第 31 页。
[4] 鞠传文：《汉代女性教育与文学》，《中南民族大学学报（人文社会科学版）》，2007 年第 5 期。
[5]［南朝］范晔撰、［唐］李贤等注：《后汉书》，中华书局，1965 年，第 2785 页。

当时应该也是女性们争相阅读崇拜的作品，但流传至今仅存赋作《东征赋》《针缕赋》《大雀赋》《蝉赋》，疏作《为兄超求代疏》《上邓太后疏》等，从中可以窥见班昭语言的特色。

《东征赋》虽是模拟其父班彪《北征赋》之赋作，却有着女性文学难见的广阔视角，没有宫闱幽怨也没有相思愁情，而是关注现实生活民情。内容上改变了女性创作题材的狭小家庭环境，描述了东行沿途的景物风土，追忆当地先贤名士，抒发自己离开故土的悲怆。语言上也突破了婉约柔和的女性特征，清雅古朴更具有文人的创作脉络和语言色彩。兼具文人的理性与女性的感性为一体，刚柔相济、感情细腻、平易近人，因而超出了两者的范畴具有个人特色，被昭明太子选入《文选》保存下来。

为兄班超请求回归故土的上书《为兄超求代疏》语言上则更为迂回："妾窃闻古者十五受兵，六十还之，亦有休息不任职也。缘陛下以至孝理天下，得万国之欢心，不遗小国之臣，况超得备侯伯之位，故敢触死为超求哀，匄超余年。一得生还，复见阙庭，使国永无劳远之虑，西域无仓卒之忧，超得长蒙文王葬骨之恩，子方哀老之惠。《诗》云：'民亦劳止，讫可小康，惠此中国，以绥西方。'超有书与妾生诀，恐不复相见。妾诚伤超以壮年竭忠孝于沙漠，疲老则便捐死于矿野，诚可哀怜。如不蒙救护，超后有一旦之变，冀幸超家得蒙赵母、卫姬先请之贷，妾愚慈不知大义，触犯忌讳。" 先援引故有习俗再夸赞皇帝以孝治国以引起为兄班超请归的话题，写到班超的战功和垂老的现状并引诗陈述对兄长回归故土的利害关系，消除皇帝的戒虑。皇上出于情理也应该允许班超告老还乡，既是对战功的肯定以及旌表鼓励更多战将报国卫国，又能够满足家人热切的期盼，还提到"超旦暮入地，久不见代，恐开奸宄之源，生逆乱之心"，若继续让班超留在西域恐怕会出现动乱断送掉之前付出的艰辛。班昭之文多引经据典、述古及今，她学识渊博对典故的运用信手拈来，使语言表达丰满充实更有感召力，且情感细腻、语言清冽。清人王士禄评价为："二班奕奕，流耀东京，大家如白发青裙，婕妤殆藐姑冰雪矣！"[1]

2. 蔡文姬

蔡文姬深受家学影响，她卓越的创作才情和独特的生活经历造就了她作为一个女性文人"感伤乱离，追怀悲愤，作诗二章"，其创作的五言《悲愤诗》和骚体《悲愤诗》都保存在《后汉书》中，是当时战乱生活最真实的描述。汉末董卓乱政时，蔡文姬被胡骑掠走，受尽凌辱不得归家，她将遭受的所有苦难过程都记录在作品中，

[1] 胡文楷：《历代妇女著作考》，上海古籍出版社，1985 年，第 2 页。

“汉季失权时，董卓乱天常，志欲图篡弑，先害诸贤良。逼迫迁旧邦，拥主以自强。海内兴义师，欲共计不详。卓众来东下，金甲耀日光。平土人脆弱，来兵皆胡羌。猎野围城邑，所向悉破亡。斩截无孑遗，尸骸相撑拒。马边悬男头，马后载妇女”。用现实主义的手法再现了汉末颠沛流离、动荡不安的社会局面，尤其对匈奴恶劣生活条件的反映和思念家人不能团圆的感情既是珍贵的史料又是难得的女性创作，最令人动容的是蔡文姬回归故里时被迫与在匈奴生活十二年中所生育的子女别离，“家既迎兮当归宁，临长路兮捐所生。儿呼母兮号失声，我掩耳兮不忍听。追持我兮走茕茕，顿复起兮毁颜形。还顾之兮破人情，心但绝兮死复生”[1]。作为一个母亲，她疼惜自己的孩子，但是作为一个被掠者，她也掩盖不住对家国的思念，当她选择舍弃母子情深回到汉地时，见到战后满目的疮痍也是“魂神忽飞逝”“虽生何聊赖”。以蔡文姬的学识和才华，加上她历经磨难的曲折生活必定还有许多没有流传下来的语言文学作品，只可惜没有合适的载体和渠道保存下来，从仅存的两首《悲愤诗》来看，蔡文姬应该代表了东汉时期女性文学创作的最高水平。

3. 窦玄妻

窦玄因为形貌绝异被天子相中打算以公主妻之，突如其来的变故使窦玄之妻成为弃妇。她作为一个无权无势的女子只能用诗歌表达自己的心声：“弃妻斥女，敬白窦生。卑贱鄙陋，不如贵人。妾日已远，彼日己亲。何所告诉，仰呼苍天。悲哉窦生，衣不厌新，人不厌故。悲不可忍，怨不自去。彼独何人，而居我处。”[2]除了呼天告地陈白自己不如贵人的地位，还怒斥了窦玄抛弃结发妻子的悲怨，“衣不厌新，人不厌故”，对男性喜新厌旧的埋怨也无法改变自己被弃的现状。同样被天子相中的宋弘能够以“糟糠之妻不下堂”为由拒绝，窦玄却做不到，年老色衰、地位悬殊是其妻悲惨命运的症结，她似乎也不愿接受自己被丈夫抛弃的现实，却丝毫没有改变自己命运的能力，呼告无门的可怜女性形象油然而生。诗中所用四言颇有古雅之味，被认为同样出自窦玄之妻的《古怨歌》“茕茕白兔，东走西顾。衣不如新，人不如故”[3]中也有“新衣故人”说法，而茕茕白兔却更得《诗经》比兴的趣味，四句短诗比长诗更简洁明快，文意也更加隐晦，但被遗弃的悲情却毫不逊色。

4. 徐淑

徐淑的丈夫秦嘉为官升迁将仕于京，致书赠诗给妻子，徐淑回赠《答夫秦嘉诗》和《答夫秦嘉书》，夫妻二人诗书互答颇为清雅。徐淑拥有诗文创作才华，

[1]［南朝］范晔撰、［唐］李贤等注：《后汉书》，中华书局，1965 年，第 2803 页。
[2]［唐］欧阳询：《艺文类聚》，上海古籍出版社，1982 年，第 168 页。
[3]［清］沈德潜：《古诗源》，中华书局，1963 年，第 57 页。

作为妻子可以与丈夫互相唱和是少数女性能够做到的，她在诗文中既表明自己因病不能陪同去京的遗憾，又有与丈夫分隔两地的思念，“悠悠兮离别，无因兮叙怀。瞻望兮踊跃，伫立兮徘徊。思君兮感结，梦想兮容晖”[1]。同时还不忘叮嘱丈夫在京城乐土，不要玩物丧志、往而不归，俨然一位知书达理的妻子形象。丈夫因病去世之后，徐淑的兄弟打算令其再嫁，她作《为誓书与兄弟》发誓对丈夫从一而终绝不再嫁，“是以黾俛求生，将欲长育二子，上奉祖宗之嗣，下继祖称之礼，然后覲于黄泉，永无惭色。仁兄德弟，既不能厉高节于弱志，发明明闇昧，许我他人，逼我干上，乃命官人，讼之简书。夫智者不可恶以事，仁者不可胁以死”[2]。叙事条理清晰、有理有据的语言表述，铿锵不移的感情贲张，令文字有力而鲜明。

5. 苏伯玉妻

苏伯玉长期在蜀地为官，妻子思念丈夫作诗抄于盘中寄给远方的丈夫，先以“山树高，鸟鸣悲。泉水深，鲤鱼肥。空仓雀，常苦饥”[3]三个起兴烘托出哀伤的气氛，接着写自己坐卧不安思念丈夫的心情，自诉中的深情与怅然若失是女性真情的流露，“出门望，见白衣。谓当是，而更非。还入门，中心悲。北上堂，西入阶。急机绞，抒声催。长叹息，当语谁。君有行，妾念之。出有日，还无期”。还有担心时日太久丈夫忘记自己的忧虑、盼望丈夫早日归来的殷切之心等等，都情真意切读之令人动容，尤其诗句三言的排列形式以及作于盘中的巧妙构思，都是女性智慧独具匠心的体现。

6. 汉少帝唐姬

汉少帝刘辩不仅被董卓废去帝王之尊，还被逼上绝路，强迫其饮鸩，适时刘辩对妻唐姬和宫中之人留下最后的悲歌：“天道宜兮我何艰！弃万乘兮退守蕃。逆臣见迫兮命不延，逝将去汝兮通幽玄”。唐姬伤心欲绝不愿起舞抗袖而歌：“皇天崩兮后土颓，身为帝兮命夭摧。死生异路兮从此乖，奈我独茕兮心中哀！”[4]这般悲欢离合的最后诀别令众人泣下呜咽不止，刘辩饮鸩而亡，唐姬坚守对故夫的挚爱，终身不嫁。她所作的抗袖之歌是临时起意的随心之作，是遭遇不测内心情感强烈贲张的结果，既有悲愤又有无奈。唐姬以诗歌发起道德控诉的形式，制造道德舆论的风习，是极少保存下的东汉时皇室女性的语言文学创作的代表。

7. 女性视角文学

从《楚辞》开始出现模拟女性视角的文学创作，到汉代许多男性文人模仿女

[1] 逯钦立：《先秦汉魏晋南北朝诗》，中华书局，1983 年，第 188 页。
[2] 严可均：《全上古三代秦汉三国六朝文》，中华书局，1958 年，第 991 页。
[3] 逮钦立：《先秦汉魏晋有北朝诗》，中华书局，1983 年，第 776 页。
[4]［南朝］范晔撰、［唐］李贤等注：《后汉书》，中华书局，1965 年，第 450 页。

性角度的赋作以致东汉《古诗十九首》中文人诗的女性闺音更加流行，以女性情感体验出发描述女性心理或感情变化历程，以男女关系喻君臣关系，以女性被弃来比喻臣下不遇或以女性思夫来比喻对君恩的渴望，借此传达良士不被礼遇的等待与期盼的无奈，如司马相如的《长门赋》尽力模拟被汉武帝冷落的陈阿娇之语气和情感表现内心的苦闷忧愁，张衡《同声歌》以女子口吻代言女性心理。《古诗十九首》中有更多出于女性口吻的作品，如《行行重行行》中“相去日已远，衣带日已缓。浮云蔽白日，游子不顾反。思君令人老，岁月忽已晚。弃捐勿复道，努力加餐饭”，女性在等待男子的漫长岁月中不知不觉衣带渐缓、形容憔悴，但也改变不了浮云蔽日的现状，无尽的苦痛只能在努力加餐饭的无奈中聊以度日。女性视角文学虽然并不是出于女性之手，记录的也不是最直接的女性真实语言和情感，却借女性之口于不经意间寄托情感体验时流露出文人理想化的女性形象，这是女性视角文学的共通之处。东汉诗赋中的女性是“盈盈楼上女，皎皎当窗牖”，是“明月何皎皎，照我罗床帏。忧愁不能寐，揽衣起徘徊”，是“皮肤罗裳衣，当户理清曲”，她们深居闺阁、足不出户，却有着“娥娥红粉妆，纤纤出素手”的女性美，融合了男性集体对女性美的描绘和对女性生活状态的理解。出于以男女喻君臣的创作目的，他们不会像《江南可采莲》中描写女性的劳动场面，因此缺乏女性积极阳光的生活态度，而且也绝没有《有所思》中“拉杂摧烧之，摧烧之，当风扬其灰，从今以往，勿复相思”的刚烈豪情，而是以委婉含蓄的情感塑造了专心等待心上人归来的女性形象，隐晦地表达了男性对女性专一贞节的期待，整体上引领了文人拟作宫怨诗的先河。

第三节　妇容伦理化审美要求的定型

儒家伦理慎言女性容貌，班昭认为“妇容，不必颜色美丽也”，而且提到女性美以清洁为主要标准，“盥综尘移，服饰鲜洁，沐浴以时，身不据辱，是谓妇容”，拒绝谈修饰、美貌、妆容这些女性审美的关键词汇，“出无冶容，入无废饰”“入则乱发坏形，出则窈宛作态”，只以鲜洁无尘为妇容的具体要求，是层累的历史妖魔化女性美貌的后果，与儒家对女祸论的极端夸张有关。将美与罪恶间接联系起来是历史慎言女性审美的缘由，在一定程度上影响着女性审美的进化，却并不能改变人类对美的追求初衷。蔡邕在同样是训诫女儿的《女诫》中阐述对“妇德”的看法时就采用女性最熟悉的日常梳妆的几个步骤来比喻心灵的修饰过程，包括览照饰面、傅脂、加粉、泽发、用栉、立髻、摄鬓，步步紧凑照顾全面，尽管是教育女性要以心灵美的追求为目的即传播以德为美的审美标准，却不经意间透露了女性日常装扮的步骤：

夫心，犹首面也。是以甚致饰焉，面一旦不修饰，则尘垢秽之，心一朝不思善，则邪恶入之。人咸知饰其面，而莫修其心，惑矣。夫面之不饰，愚者谓之丑，心之不修，贤者谓之恶。愚者谓之丑，犹可。贤者谓之恶，将何容焉。故览照饰面，则思其心之洁也。傅脂，则思其心之和也。加粉，则思其心之鲜也。泽发，则思其心之顺也。用栉，则思其心之理也。立髻，则思其心之正也。摄鬓，则思其心之整也。[1]

虽然儒家伦理讳言女性容貌审美，却不能从根本上杜绝女性审美的历史发展进程。女性美的审美判断和语言描述与记载的载体有关，赋作中描写女性多铺排豪奢，史书中提到女性美则简略扼要，对容貌、服饰涉及较少，这是由文体的特征决定的。赋本是铺采摛文尤其到汉赋极尽夸张笔力，史传则多从统治阶级角度出发更具伦理化的审美视角，少言、慎言女性美尤其避讳女性外在美。所以汉代赋作的流行也是对严肃史传文学的补充，其后流行的宫体诗等可以看作是不同时代的汉赋替代品。依靠史书褒贬善恶、警示后人并以德为美的女性观进行创作已成社会礼制，以引领道德追求的风尚。“长壮妖洁”“姿色端丽”是东汉宫廷采女制度的选美标准，其中修长的身材、娇艳的面庞、端庄的仪态是女性美丽的要

[1] 严可均《全后汉文》引自《太平御览》卷五七七，中华书局 1985 年版，第 878 页。

素。梁鸿品格高节不趋炎附势，择妻时不考虑门第身份也不在乎女子外貌，孟氏女长相奇丑、皮肤黝黑、身材魁肥、力大如男，梁鸿却并不在乎，不选择美女选择了丑女为妻，二人举案齐眉、相伴一生符合儒家伦理化审美要求，体现了对审美进化的引导起到的宣传效果，力图塑造女性以自然为美、以德为美的风气。“中国人对形体美的欣赏往往引申出道德的结论，其典型表现就是形体美的比德现象。比如，‘巧笑倩兮，美目盼兮，素以为绚兮’，本是描绘女子之美的，而孔子从中体会到的，却是某种道德含义。比德只是感性认识结果，只是外界万物与人的品德的一种比附，还不是纯粹意义上的审美。”[1] 在当时价值观的重重阻碍下，纯粹美很难得以实现，多数审美以附庸美的形式存在着。

附庸美在东汉时期的女性审美中最能体现出伦理允许的范围内进化，梁翼的妻子孙寿引领了京都妇女愁眉、啼状的流行审美时尚，成为当时女性审美竞相追逐的潮流，愁眉、啼状、折腰步、龋齿笑都是以弱化女性、取悦异性为审美目的。秦罗敷“头上倭堕髻，耳中明月珠”；胡姬“长据连理带，广袖合欢襦。头上蓝田玉，耳后大秦珠。两鬟何窕窕，一世良所无。一鬟五百万，两鬟千万馀。不意金吾子，娉婷过我庐”；刘兰芝“新妇起严妆”、“著我绣夹裙”等全是以符合儒家伦理的女性审美眼光来观察女性的，连统治者自身都控制不了对女性美的天然欲望，《后汉书》中写王昭君之美，“丰容靓饰，光明汉宫，顾景斐回，竦动左右。帝见大惊，意欲留之”[2]，却早已许诺给匈奴无法悔婚了。汉光武帝初见阴丽华时，“闻后美，心悦之。后至长安，见执金吾车骑甚盛，因叹曰：‘仕宦当做执金吾，娶妻当得阴丽华。’”而且认为她“有母仪之美，宜立为后”[3]。女性的身体容貌是女性美的载体，所有女性美的记录都离不开对女性容貌体态的描摹，崔琦《七蠲》对女性容貌神态的表现写到：“红颜溢坐，美目盈堂，姿喻春华，操越秋霜。从容微晒，流耀吐芳。巧笑在侧，顾盼倾城。”所有的附庸美都在伦理审美的框架内呈现出多姿的形态，皇甫规卒时其妻年盛容色美被董卓看中而选择自缢，《后汉书》中说冯衍说其妻北地任氏女之丑，“头无钗泽，面无脂粉，形骸不蔽，手足抱土，不原其穷，不揆其情，跳梁大叫，呼若人冥”，冯衍对妻子有情感上的偏见，所以他偏激的审美言论也是带有主观意愿的，汉末时出现了虚构的美女形象——貂蝉，也是符合男性主体审美趣味的。

[1] 逄金一：《身体理论视域中的秦汉女性美研究》，山东大学博士论文，2007 年。
[2] [南朝] 范晔撰、[唐] 李贤等注：《后汉书》，中华书局，1965 年，第 447 页。
[3] [南朝] 范晔撰、[唐] 李贤等注：《后汉书》，中华书局，1965 年，第 405-406 页。

一、以弱为美的审美标准

班昭的《女诫》以“卑弱第一”为开篇，不仅体现了女性地位上的卑弱，而且还是对“女以弱为美”的着意强调，精神上的弱和形体上的弱在女性审美发展中互相影响，尤其就儒家伦理弱化女性、卑化女性的目的来说，以弱为美的审美风尚有利于强化女性的弱势地位。同时女性对以弱为美达成了某种审美接受，《后汉书》中有载：“桓帝元嘉中，京都妇女作愁眉、啼妆、堕马髻、折腰步、龋齿笑。所谓愁眉者，细而曲折。啼妆者，薄拭目下，若啼处。堕马髻者，作一边。折步腰者，足不在体下。龋齿笑者，若齿痛。始自大将军梁冀家所为，京都歙然，诸夏皆效仿”[1]。愁眉、啼妆都是以化妆技术描摹突出女性的忧愁之态，希望烘托出惹人怜爱的情姿，而折腰步的走路姿势意为像扭折腰肢一样走路时左右摇摆，扭动幅度越大、动作越迟缓，越显出柔弱之状。张衡《观舞赋》中有：“搦纤腰而互折，嬛倾倚兮低昂。增芙蓉之红花兮，光的皪以发扬。腾雩目以顾眄，盼烂烂兮以流光。连翩骆绎，乍续乍绝。裾似飞燕，袖如回雪。”[2] 可见女性乐舞中也以折腰为美，其《南都赋》也写到舞女动态：“于是齐僮唱兮列赵女，坐南歌兮起郑儛，白鹤飞兮茧曳绪，修袖缭绕而满庭，罗袜蹑蹀而容与。翩绵绵其若绝，眩将坠而复举。翘遥迁延，蹴躄蹁跹。”[3] 均是缠绵柔弱之态。楚地以女性细腰为美的审美标准在汉代发扬至全国，汉赋中也继承《楚辞》描写女性柔弱之态的审美表现手法，至东汉“细腰”已经身为女性柔弱美的代名词，《思玄赋》中描写的神女“舒訬婧之纤腰兮，扬杂错之袿徽”[4]，逐渐形成了以弱为美的审美习惯，而孙寿开创的像牙疼一样的龋齿笑就更加具有病态美的前兆。

以弱为美的审美标准最能体现出女性审美问题上的男性话语权，女性美与审美的判断从最初两性的眼光逐渐过渡到男性单一眼光，到东汉时连女性自身都对男性在审美过程中占有绝对主动权予以认可，并用“以弱为美”的标准严格要求自身。从史前女性以强硕为美过渡到《诗经》中健康体态美再到东汉时以弱为美的女性审美发展，完全是女性审美话语权跌落过程的再现。“中国古典的女性美审美，主要是一种‘主体性审美’。历代皇帝及上层贵族集团，包括相当一部分的文人雅士，他们对女性的审美倾注了极大的主体性关注，发出了许多主体性指令，诸如小脚、细腰、纤手、皓腕、粉白黛黑、浓妆艳抹，主要体现了男性主体的意愿，反映了不同时代男性审美主体的审美要求。这种主体性审美是强化女性客体性质

[1] [南朝] 范晔撰、[唐] 李贤等注：《后汉书》，中华书局，1965 年。
[2] [唐] 欧阳询：《艺文类聚》，上海古籍出版社，1982 年。
[3] [南朝梁] 萧统编，[唐] 李善注：《文选》，中华书局，1977 年，第 72 页。
[4] [南朝梁] 萧统编，[唐] 李善注：《文选》，中华书局，1977 年，第 219 页。

最有效手段之一，它对女性的客体化定位历史悠久、发展普遍而富有隐蔽性与欺骗性。”[1] 以弱为美也是审美的形态之一，从产生之初就主要与女性审美相联系，而较少与男性审美相关，柔弱哀怨的女性形象在语言文学创作中占了绝大多数，这是对男性审美主体的妥协，与审美弱化相伴随的是精神弱化、地位弱化。

二、重修饰的审美风气日盛

女性审美重视修饰的风气与社会进步、经济发展相关，东汉社会在西汉一统大国的基础上国力更加强盛、物产更加丰富，更加具备修饰美的物质基础。同时也与对女性美的主体干预相关，随着审美文化的发展，人类日益将主观感受融入审美过程中，使女性美彻底从自然美过渡到社会美的形式中。相较而言贵族女性更有能力支撑修饰审美的经济开销，并引领了重妆容、重装饰的流行风潮，诗赋中的女性角色多以绫罗绸缎、穿金戴银的形象出场，以奢华为美的风气可见一斑，蔡文姬“曳丹罗之轻裳，戴金翠之华钿。羡荣曜之所茂，哀寒霜之已繁”，宫廷女子更是“窈窕淑女美胜艳，妃带翡翠珥明珠”。蔡邕在《女诫》中提到东汉女性服饰与礼制之间的出入：“礼，女始行服纁。纁，绛也。红紫不以为亵服，缃绿不以为上服。缯贵厚而而色尚深，为其坚韧也。而今之务在侈丽。志好美饰，帛必薄细，采必轻浅。或一朝之晏，再三易衣。从床移坐，不因故服。”[2] 女性极力追求服饰上的变化，《后汉书·舆服志》对当时贵族女性的服制之颜色、质地都有详细制定，求新求奇的心态竟然不顾礼制的约束，既奢又丽的夸张程度甚至一朝之晏三易其衣，制衣所用的布料颜色质地极为讲究，一惯重视的发饰、首饰也从简易发展到繁复，由专业工匠精心雕琢，从象牙、美玉、珍珠到金银、琥珀无所不用，将女性对美的刻意追求表现得淋漓尽致。就连汉乐府中的民间女子也不乏浓艳的修饰之美，“耳中明月珠”“双珠玳瑁簪”等透露出平民女性对于色彩、造型、质感、搭配等多方位多角度的审美追求，和其中蕴含的东汉女性审美文化中趋向奢侈华丽的动态进程。实际上这种违背礼制的审美追求体现了理想美与自由美的距离，一方面依靠符合儒家道德规范的理想女性美引领审美趣味，另一方面也在一定范围内允许原始审美旨意的自由发挥，提供给东汉女性美之表达的多重选项。

因为重视修饰对容貌的功用，东汉女性更加注重装扮来改变提升美丽指数。东汉女性发型追求高髻，大多盘于头顶，有单发髻、双发髻、三发髻，汉代歌瑶有“城

[1] 逄金一：《身体理论视域中的秦汉女性美研究》，山东大学博士论文，2007 年。
[2] 蔡邕：《女诫》，见《全后汉文》。

中好高髻，四方高一尺”[1]的说法，在发髻上装饰有发笄、发布、簪花、步摇等，造型丰富夸张，材料多样繁复、华丽富贵，皇后、公主等贵族女性所戴步摇由金玉材质所作，再缀有花鸟珠玉装饰，“头上玳瑁光”“耳后玳瑁钗”“宝钗可耀首”“头上金钗十二行”“头上三爵钗”“金薄画搔头”“双珠玳瑁簪，用玉绍缭之”等都是对女性发饰的细致描写、不胜繁复。汉代高髻的式样很多，飞仙髻、瑶台髻、环云髻、迎春髻等，尤其流行一种堕马髻，是由孙寿引领的京城女性发型风尚，将头发梳成髻偏侧在一边垂坠下来，像骑马欲堕之势，西安任家坡西汉墓陶俑就有堕马髻的发式，秦罗敷“头上倭堕髻”也是民间美女流行的发型，能梳成各种发髻对女性的发质、发量、发长都有基本要求，据载马皇后的美发可以为四起大髻，梳好以后尚有余发能够绕髻三匝，可见美发是为女性外在美的基本要素，汉末乱世甚至有抢夺女性头发的事件发生。

在容颜的妆饰上延续了西汉以来多样化的发展势头，例如画眉有多种样式交互流行的趋势，广州一座东汉初期墓中出土的一个舞女俑，戴着巾帼、描着阔眉。马皇后虽眉不施黛，却“独左眉角小缺，补之如粟”，孙寿则以细曲上翘的眉形首开愁眉的先锋。首饰的运用更加讲究，例如提到的耳饰有“耳中明月珠”“耳后大秦珠”“耳著明月硝”“耳中双明珠”等等。关于女性的手也出现了审美标准，“娥娥红粉妆，纤纤出素手。昔为倡家女，今为荡子妇，荡子行不归，空床难独守”“指如削葱根”“纤纤出素手”“纤纤擢素手”“攘袖见素手”等都是能够表达女性身体美的代表。

东汉女性日常服装以上襦下裙或上襦下裤为主，贵族女性也经历从深衣向上襦下裙的过渡，“何以接欢欣，纨素三条裙”，汉时女性着裙时常常一次穿层层叠叠的几条，同时注意色彩搭配，赵飞燕曾身穿南越贡给的云英紫裙，秦罗敷“缃绮为下裙，紫绮为上襦”用紫色的上襦搭配淡黄色的下裙，色彩明艳活泼，对比强烈十分讲究，汉代女性已经开始注重服装色彩搭配，时人喜欢鲜艳的颜色，服饰有从端庄转向清新活泼的趋势。下裙的形制多长裙，有赵飞燕的留仙裙、马皇后的大练裙、刘兰芝的绣夹裙、洛神的绡裙，还有“佳人俱绝世，握手上春楼。点黛方初月，缝裙学石榴”的石榴裙，整体以更加宽松为特点，衣袖和裙摆都有所加宽，辛延年《羽林郎》有“长裙连理带，广袖合欢襦”，就是胡姬裙子长及地，上襦宽大的袖子上绣有合欢花。《孔雀东南飞》曰：“妾有绣腰襦，葳蕤自生光。”刘兰芝的上襦在腰部绣有花纹，看起来熠熠生光。宽松的衣裙使下肢动作更加灵活，尤其在女舞与杂技结合的表演中，有利于女性表演者动

[1]［南朝］徐陵：《玉台新咏》，华夏出版社，1998 年，第 26 页。

作的施展。加宽加长的衣袖使舞者动作气势磅礴。《后汉书•舆服志》记载了宫廷女性的服饰制度，以深衣和袍服为主，领口袖口绣有装饰，崇尚青紫色，按地位不同服饰形制有别。长沙马王堆出土的一号汉墓中长沙王利苍夫人的服饰中有12件均为袍服，山东金乡朱鲔汉墓石刻中的女性服饰就又比利苍夫人的服饰宽肥了许多，而洛阳东汉壁画、内蒙古和林格尔壁画、山东沂南画像石中女性也多是宽衣长裙的形象。宽衣大袖长裙配合女性丝织锦布料的柔软质地更能展现女性飘逸柔弱的身体之美，如曹植《洛神赋》中描写的理想女性之美："其形也，翩若惊鸿，婉若游龙。荣曜秋菊，华茂春松。髣髴兮若轻云之蔽月，飘飖兮若流风之回雪。远而望之，皎若太阳升朝霞；迫而察之，灼若芙蕖出渌波。秾纤得中，修短合度。肩若削成，腰如约素。延颈秀项，皓质呈露。芳泽无加，铅华弗御。云髻峨峨，修眉联娟。丹唇外朗，皓齿内鲜。明眸善睐，靥辅承权。瓌姿艳逸，仪静体闲。柔情绰态，媚于语言。奇服旷世，骨像应图。披罗衣之璀粲兮，珥瑶碧之华琚。戴金翠之首饰，缀明珠以耀躯。践远游之文履，曳雾绡之轻裾。微幽兰之芳蔼兮，步踟蹰于山隅"[1]。尽得飘逸幽远的气质，服装是女性审美的表现载体，在服装的衬托下突出女性体态的婀娜多姿、玲珑有致、优雅修长才是服饰装扮的存在意义，所以讲究服饰与自身体型容貌气质的结合也是女性审美的进步。

三、后宫选美制度标准

汉代开始有较为严谨的后宫遴选制度，容貌是其中的要素之一。《后汉书》中记载："汉法常因八月筭人，遣中大夫与掖庭丞及相工，于洛阳乡中阅视良家童女，年十三以上，二十以下，姿色端丽，合法相者，载还后宫，择视可否，乃用登御。所以明慎聘纳，详求淑哲。"可见汉时选妃对容貌的要求是"姿色端丽，合法相者"，最终能够选为皇后的女性更需要有母后之仪，个别以色相出众得皇上宠爱的女性往往没有以德仪称颂的女性更合舆论和情理，尤其东汉以后选妃制度较之西汉严格，在身份地位的考察上也有所要求，像卫子夫和李夫人那样以歌舞艺人身份选为后妃的可能性大大减少，统治阶级日益意识到选妃对引导社会大众女德观念的风向标作用，选妃活动不只是为最高统治者遴选伴侣，同时起到了匡正男女审美风气的舆论效果。这样一来女性端庄温柔的审美标杆在皇上选妃活动中被一再放大，逐渐成为贵族阶级豪门地主的择偶标准，进而成为普通男性的娶妻标准，对德美的强调日益超过貌美的势头成为女性审美趋势。

同时史传文学中对具体某个女性外在美的描写极尽简略之能事，对皇后容貌的介绍也以短短数语一言概之。阴皇后是历史上有名的美人，《后汉书》于其相

[1]［南朝梁］萧统编，［唐］李善注：《文选》，中华书局，1977 年，第 270 页。

貌只言“美”而已，对马皇后则写到“仪状发肤，中上以上”，章德窦皇后只说“有才色”，邓猛女皇后“貌美”，邓皇后“后长七尺二寸，姿颜殊丽，绝异于众，左右皆惊”[1]。却对“合法相者”有所侧重，所谓“合法相者”与道教相术中对容貌的要求标准有关，汉代有相士专门相人面貌，还有专门的相人之书。《后汉书·皇后纪下》记载梁皇后的容貌：“永建三年，与姑俱选入掖庭，时年十三。相公茅通见后，惊，再拜贺曰：‘此所谓日角偃月，相之极贵，臣所未尝见也。’”但多数相术倡导的审美标准与秦汉以来的审美传统并无差别，诸如手足柔软纤长为美、身体端正为美等，总体上也不违反相术之审美禁忌为“合法相者”。

四、道教对女性美的大胆追求

道教之房中术敢于直言女性美尤其身体美，是基于女性之身体对男性的“采阴补阳”之说。“细骨弱肌，肉淖曼泽，清白薄肤，指节细没，耳目准高鲜白，不短不辽……”[2]女性丰满的乳臀、白皙的皮肤、黑亮的秀发、细弱的骨节都是可能引起异性怜爱的特征，与儒家的隐晦不明截然相反，道教不仅敢于直言女性美，同时敢于追求女性美必然掀起对儒家女性审美的反拨。道教对女性身体美的直言不讳与史前审美原始特征在某种程度上达到契合，重庆堰坝村东汉墓中半裸浮雕是男女共舞的情景，女性裸着上身祈神求福，仿佛重演着史前舞蹈中的画面，这显然与儒家严苛保守的女性观念格格不入，与道教中毫不讳言女性身体甚至利用女性身体的初衷却相吻合。这种有违于儒家伦理的审美体验恰恰契合了隐藏的原始欲望对女性审美的要求，性别审美本质上离不开性的驱动力，房中术的探求实际上对女性审美的具体形态起到一定程度的影响。另外道教相术有一套相女性之容貌的审美标准，以女性的容貌来判定其人生轨迹前途，例如明德皇后就被相士认为以其貌必称臣，章德窦皇后之貌被称“大尊贵”，安思阎皇后之貌被相士称“日角偃月”极为尊贵。虽然道教之房中术与相术依然是以男性为审美主体，却也令儒家严肃正统的女性审美有所松懈。

[1]［南朝］范晔撰、［唐］李贤等注：《后汉书》，中华书局，1965 年，第 405-415 页。
[2]《素女经》转引自李零《中国方术考》（修订本）附录，东方出版社，2000 年，第 506 页。

第四节　女性劳动分工向家庭化靠拢

东汉性别角色伦理化的定型使男女性别分工越加朝着男耕女织的规定方向发展，班昭在《女诫》中将妇功解释为“专心纺织，不好戏笑，洁齐酒食，以奉宾客”，着重强调了女性的职功在于纺织和日常准备酒食饭菜的家务劳动，从众多语言文学作品和出土画像砖石中也不难发现，女性劳动多以纺织和家务劳动为主，而农业耕作、经商等活动已经远远少于西汉。这种性别分工明确化走向与男尊女卑的社会秩序强化不无关系，男耕女织的分工定型意味着女织只能成为男耕的附庸，女性不再拥有独立的主体劳动地位，属于手工劳动的纺织劳动在农耕社会被附属于男耕创造的经济价值之上，纺织原料的提供依靠男性的劳动所得，女性纺织也日益被边缘化，劳动的认可度降低。同时纺织劳动使多数女性留在家庭内部兼顾家务劳动，其经济生产的社会属性逐渐消失，女性本身的社会属性也随之更加拘于家庭。当女性成年累月地忙碌于纺织劳动和家务劳动之中，就很难再有走向开阔的渠道，她们的社会劳动价值被抹杀而只剩下家庭劳动价值，与思想领域相伴随的女性伦理道德观念的普及，在精神和现实中使女性角色定型于家庭。

但是女性尤其是下层劳动女性没有完全脱离生产劳动的内容就意味着她们还可以保留一定程度的发言权，她们在婚姻家庭中地位就不至于完全消失，有些男性为了得取功名专业游学，据《后汉书・儒林传》“其服儒衣，称先王，游庠序，聚横塾者，盖布之于邦域矣。若乃经生所处，不远万里之路，精庐暂建，赢粮动有千百，其耆名高义开门受徒者，编牒不下万人”[1]，或者外出做官留女性在家照顾老小，如秋胡妻子奉养老人的经济道德行为。他们脱离生产就导致背后的女性更多地投入社会劳动中以保证衣食等家庭支出，此时男性需要依赖于女性劳动，女性的家庭角色就显得较为重要。

一、女性桑蚕纺织

女性与桑蚕纺织类劳动的天然关系在东汉时愈加强化，《论衡・程材》说“齐部世刺绣，恒女无不能；襄邑俗织锦，钝妇无不巧”，强调每一个女性都参与到纺织类手工劳动中，就连贵族女性也不能免责。东汉章帝皇后邓绥十二岁时通《诗经》《论语》，但邓母不以为意觉得读书非女子本业，邓绥只得“昼修妇业，暮

[1]［南朝］范晔撰、［唐］李贤等注：《后汉书》，中华书局，1965 年，第 765 页。

诵经典”[1]，白天纺织女功，只好利用晚上时间来读书。中下层女性的纺织劳动就更加普遍，“莫愁十三能织绮，十四采桑南陌头”是多数女性与纺织劳动相伴随的成长过程的真实写照，刘兰芝也是“十三能织素、十四学裁衣”“十三教汝织、十四能裁衣”，女性从小就要在母家学习纺织技术，嫁入夫家以后也要勤于纺织，“鸡鸣入机织，夜夜不得息。三日断五匹，大人故嫌迟”。[2]刘兰芝鸡鸣时就要开始纺织，晚上还不得休息，就这样婆婆还嫌刘兰芝织布太慢，最后以此名义休妻，小官吏的家庭尚且如此，下层平民情况应该更加严重。《迢迢牵牛星》中的织女“迢迢牵牛星，皎皎河汉女。纤纤擢素手，札札弄机杼”，终日纺织劳动却不能与心上人相见。《上山采蘼芜》中“新人工织缣，故人工织素。织缣日一匹，织素五丈馀”，旧妇与新妇之间竟然需要依靠女性的劳动力价值一较高下，夫妻感情需要依靠女性纺织劳动来衡量，足见女性被捆绑于家庭纺织中不能自已的程度。更令人啼笑皆非的是，公仪休却因为妻子织布太好休妻，不得不说是女性不能自主的缘故，相较而言乐羊子之妻在丈夫求学期间依靠纺织养家糊口就被认为是女德应该具备的品质。

投身于纺织劳动的女性越集中，生产水平提高越显著，她们生产的织品数量之多使皇宫里“宫女积于房掖，国用尽于罗纵”[3]，贵族之家也“腾御数百，无不兼罗纵”[4]，成都土桥东汉墓出土的画像石上有女性正在用织布机纺线织布的情景，江苏负铜山洪楼东汉墓出土的画像石上有三个女子进行调丝、摇纬、制绢的纺织工序。《后汉书》载荆州株归县许多人家的女儿终身不嫁，以纺织为业供母家家庭生计[5]，汉末裴潜“每之官，不将妻子。妻子贫乏，织藜芘以自供”[6]。女性参与到所有的桑蚕纺织过程，崔寔的《四民月令》中记录了东汉庄园经济中女性从事纺织的情况，整个纺织的过程由数位女性参与，女性们进行分工协作，对于每个月份的工作时间与具体的生产过程都有明确的安排，例如二月“蚕事未起，令缝人浣冬衣，彻复为袷其有赢帛，遂为秋服”，八月“趣练缣帛，染采色。擘绵，治絮，制新，浣故”[7]。这种分工详细明确的桑蚕纺织劳动是经济发展到东汉时期较高水平的结果，集中生产以提高生产效率，使得纺织业相当壮大以致“女工

[1]［南朝］范晔撰、［唐］李贤等注：《后汉书》，中华书局，1965 年，第 418 页。
[2]［宋］郭茂倩编，聂世美、仓阳卿校点：《乐府诗集》，上海古籍出版社，1998 年，第 780 页。
[3]［南朝］范晔撰、［唐］李贤等注：《后汉书》，中华书局，1965 年，第 2166 页。
[4]［南朝］范晔撰、［唐］李贤等注：《后汉书》，中华书局，1965 年，第 2443 页。
[5]［南朝］范晔撰、［唐］李贤等注：《后汉书》，中华书局，1965 年，第 1636 页。
[6]［晋］陈寿撰、［宋］裴松之注：《三国志》，中华书局，1959 年，第 673 页。
[7]［汉］崔寔著，石声汉校注：《四民月令校注》，中华书局，1965 年。

之业，覆衣天下”[1]。普通家庭纺织仍旧是当时社会的大多数，例如《四民月令》也提到“谷雨中，蚕毕生，乃同妇子，以勤其事，无或务他，以乱本业”，一家男女老幼都参与到劳动中。

二、女性从事农业、商业及其他

虽然“男耕”的角色分工已经定型，但仍旧有男性无法从事农业生产的情况，其一可能是战争将有劳动能力的男性征发于战场而无法兼顾家庭农事。汉桓帝时有童谣“小麦青青大麦枯，谁当获者妇与姑，丈人何在西击胡”[2]反映了男性参加战争，留守女性从事农业生产劳动，诗前题解有“命将出众，每战常负，中国益发甲卒，麦多委弃，但有妇女获刈之也”[3]。其二读书治学活动可能会耽误男性从事农事生产的效率，不得不由女性来代替承担，高凤曾专心读书“家以农亩为业，而专精诵读，昼夜不息。妻尝之田，啧麦于庭，令凤护鸡。时天暴雨。而凤持竿诵经，不觉潦水流麦。妻还怪之，凤方悟之”[4]。其三男性在外为官无法顾及家庭的农事活动，《后汉书·王良传》载：“代宣秉为大司徒司直。在位恭俭，妻子不入官舍，布被瓦器。时司徒史鲍恢以事到东海，过侯其家，而良妻布裙曳柴，从田中归”[5]。其四男性不务正业时只能由女性养家糊口，许升“少为博徒，不理操行”，其妻子吕荣“躬勤家业，以奉养其姑”[6]。事实上一般家庭中的女性也需要协助男性进行农事劳动，王充在《论衡》有“立春东耕，为土牛象人，男女各二人，秉耒把锄，或立土牛”[7]，立春时的耕田仪式有女性拿农具的传统。《后汉书·逸民传》记载了：“庞公夫妻相敬如宾，因释耕于垄上，而妻子耘于前。”[8]可见女性参与了农业生产环节。除此之外采集劳动作为农业的补充仍旧多由女性担任，在许多女性诗篇中得以呈现，例如“涉江采芙蓉，兰泽多芳草”，又如“江南可采莲，莲叶何田田。鱼戏莲叶间，鱼戏莲叶东，鱼戏莲叶西，鱼戏莲叶南，鱼戏莲叶北”，都是女子欢愉动态的劳动场面。

因为商品经济的衰退，女性经商的条件不存在了，女性从事商业劳动情况式微，像巴寡妇清那样的大矿业主只能成为历史的记忆，女性至多将自己的纺织手

[1][南朝]范晔撰、[唐]李贤等注：《后汉书》，中华书局，1965年，第535页。
[2][南朝]范晔撰、[唐]李贤等注：《后汉书》，中华书局，1965年，第3281页。
[3]《后汉桓帝初小麦童谣》诗前题解引《后汉书·五行志》。
[4][南朝]范晔撰、[唐]李贤等注：《后汉书》，中华书局，1965年，第2768-2769页。
[5][南朝]范晔撰、[唐]李贤等注：《后汉书》，中华书局，1965年，第933页。
[6][南朝]范晔撰、[唐]李贤等注：《后汉书》，中华书局，1965年，第2795页。
[7][汉]王充：《论衡》，上海人民出版社，1974年，第248页。
[8][南朝]范晔撰、[唐]李贤等注：《后汉书》，中华书局，1965年，第2776页

工产品以小规模贩卖，东汉朱儁的母亲曾以贩缯为业[1]，刘备之母也曾贩履织席，冯衍提到“贩糖之妾”[2]等。张衡在《西京赋》中对市场内女性商业者也有描述，“尔乃商贾百族，裨贩夫妇”，不再有大规模的女性商业。其他劳动领域也偶尔出现女性的身影，成都土桥东汉墓出土的画像石刻画院内鸡、鸭、鹅、猪、狗成群，二个妇女似在喂食[3]。甘肃嘉峪关新城汉墓出土的画像砖上，“左方倒悬一抵羊，一仆持刀宰羊，下置一盂，血注于其中，右画一女拉羊”[4]。江苏泗洪曹庙出土的东汉画像石中有四个女性，其中一女正在“屠狗。狗倒悬在横梁上，屠者左手执狗足，右手持短刀”[5]。值得注意的是，女性在其他劳动领域的出现较少并不能定性为女性不参与其他劳动，更多是因为女德伦理要求女性束缚于家庭劳动中，因而缺乏对其他劳动的表现。

三、女性乐舞

音乐的教化功能在周代就被注意到，即所谓“德音之为乐”。建立在“德”的基础上的女乐在东汉时盛行，尤其私家豢养女乐，马融“善鼓琴，好吹笛，达生任性，不拘儒者之节。居宇器服，多存侈饰。常坐高堂，施绛纱帐，前授生徒，后列女乐”[6]。张衡《南都赋》中记载了当时南阳女性乐舞活动的情况：“于是齐僮唱兮列赵女，坐南歌兮起郑儛，白鹤飞兮茧曳绪，修袖缭绕而满庭，罗袜蹑蹀而容与。翩绵绵其若绝，眩将坠而复举。翘遥迁延，蹴躄蹁跹。结九秋之增伤，怨西荆之折盘。弹筝吹笙，更为新声。寡妇悲吟，鹍鸡哀鸣。坐者凄欷，荡魂伤精。”[7]张衡还在《舞赋》里描写盘鼓舞：“美人兴而将舞，乃修容而改服。袭罗縠而杂错，申绸缪以自饰。拊者啾其齐列，般鼓焕以骈罗。抗修袖以翳面兮，展清声而长歌。”都证明了东汉女性乐舞的普及，从事乐舞的女性技艺专业化增强，私豢女子乐舞人员成为官僚大家的常态。

四、女性职官

东汉时女性可以担任女尚书的职官，桓帝时陈蕃指责侯览、曹节等人“与赵夫人诸女尚书并乱天下”[8]，而“女史”“学事史”“女侍史”的职责包括教授

[1]［南朝］范晔撰、［唐］李贤等注：《后汉书》，中华书局，1965 年，第 2308 页。
[2]［南朝］范晔撰、［唐］李贤等注：《后汉书》，中华书局，1965 年，第 1002 页。
[3] 刘志远、余德章、刘文杰编著：《四川画像砖与汉代社会》，文物出版社，1983 年，第 46 页，图四十六《家禽家畜》（拓片）。
[4]《嘉峪关汉画像砖墓》，《文物》，1972 年第 12 期。
[5] 尤振尧：《江苏泗洪曹庙东汉画像石墓》，《文物》，1986 年第 4 期。
[6]［南朝］范晔撰、［唐］李贤等注：《后汉书》，中华书局，1965 年，第 1972 页。
[7]［南朝梁］萧统编，［唐］李善注：《文选》，中华书局，1977 年，第 72 页。
[8]［南朝］范晔撰、［唐］李贤等注：《后汉书》，中华书局，1965 年，第 2169-2170 页。

皇后等女主文化知识、参加相关的典礼仪式等。《后汉书·礼仪志下》注引丁孚《汉仪》曰："孝灵帝葬马贵人……女侍史二百人著素衣挽歌，引木下就车，黄门宦者引出宫门。"[1]《后汉书·礼仪志中》刘昭注引蔡质所记立宋皇后仪："宗正读策文毕，皇后拜，称臣妾，毕，住位。太尉袭授玺绶，中常侍长太仆高乡侯览长跪受玺绶，奏于殿前，女史授婕妤，婕妤长跪受，以授昭仪，昭仪受，长跪以带皇后。"[2]宫中甚至有女性骑兵职官，她们是陪同皇后出巡的女官，"皇后出……女骑夹毂"[3]。此外女性还参与到战争中，章帝元和二年颁布的诏书中有与匈奴作战的历史，称"弱女乘于亭鄣"[4]，章帝元和年间凉州一带"男子疲于战陈，妻女劳于转运"[5]，"关西诸郡，颇习兵事，自顷以来，数与羌战。妇女犹戴戟操矛，挟弓负矢，况其壮勇之士以当妄战之人乎"[6]，都是女性参加战事的记载。更有个别女性如"琅邪海曲有吕母者，子为县吏，犯小罪，宰论杀之"，她觉得罪不至死，于是"招合亡命，众至数千。自称将军，引兵还，攻破海曲，执县宰……遂斩之，以其首祭子冢"[7]。当然在封建伦理日益强化的东汉，女性参战只是个例而已。

五、女主政治的发展

继承自西汉以来的传统女主政治在东汉时期有所发展变化，作为少数特权女性可以参与甚至主导政治的形式，女主政治协助幼主的功用巨大，她们帮助汉室王朝安全过渡到下一任男性统治者的手中，颇有临危受命的意味。但部分女主沉迷权力不愿交接的情况也时有发生，如邓太后在殇帝死后故意挑选了十三岁的安帝，梁太后在冲帝死后挑选了仅八岁的质帝，质帝死后又挑选了十五岁的桓帝。大多数宫廷女性的命运是不幸的，她们是统治阶级内部的被统治者，不仅受到男性统治者的命令，还要遭受更高地位女性的颐指气使，这种同性间的倾轧往往更加残酷。女性若想得到一定的发言权，必须着意扩大自己的政治势力，任用自己的母家人脉，培养自己的羽翼。东汉二百年有章帝窦后、和帝邓后、安帝阎后、顺帝梁后、桓帝窦后、灵帝何后共六位皇后临朝听政，后妃参政情况更加蔚然成风，致使《后汉书》为东汉皇后立传将所有皇后都升入纪。《后汉书·皇后纪》有言"东京皇统屡绝，权归女主，外立者四帝，临朝者六后，莫不定策帏帝，委事父兄"，

---

[1]［南朝］范晔撰、［唐］李贤等注：《后汉书》，中华书局，1965年，第3153页。
[2]［南朝］范晔撰、［唐］李贤等注：《后汉书》，中华书局，1965年，第3122页。
[3]［南朝］范晔撰、［唐］李贤等注：《后汉书》，中华书局，1965年，第3110页。
[4]［南朝］范晔撰、［唐］李贤等注：《后汉书》，中华书局，1965年，第2951页。
[5]［南朝］范晔撰、［唐］李贤等注：《后汉书》，中华书局，1965年，第1451页。
[6]［南朝］范晔撰、［唐］李贤等注：《后汉书》，中华书局，1965年，第2258页。
[7]［南朝］范晔撰、［唐］李贤等注：《后汉书》，中华书局，1965年，第477页。

这样一来外戚势力过大就有取代皇权的危险，如邓姓、窦姓外戚，在女主权威过后，他们就成了众矢之的，受到皇族、权臣的群起而攻，甚至招来杀身灭族的灾难，很难全身而退。因此明智女主临朝时往往限制自家外戚的势力，如邓后在位时要求族人“皆遵法度，深戒窦氏，检敕宗族，阖门静居”。除了临朝称制的女主以外，还有女性间接参政情况的出现，如明德马太后，孝明帝经常与马皇后商讨政事，“时诸将奏事及公卿较议难平者，帝数以试后。后辄分解趣理，各得其情。每于侍执之际，辄言及政事，多所毘补依汉制”[1]。其他女性中也不乏有具备政治素养的人物，例如崔寔的母亲博览群书有着极高的政治觉悟，“常训以临民之政”，崔寔在政治上的作为史称“寔之善绩，母有其助焉”[2]。

综上而言，经过西汉中后期和东汉数百年的儒家女德建设，此时女德已经全面封建系统化，成为一个较为完整的女德体系，并实现了在理论和实践范畴内的基本定型。首先，在官方教条的理论指导下，形成了《女诫》等一些从言行生活中规范女性的女教书，民间也以画像砖石等形式宣传女德故事，使社会现实中对妇德的要求细化、深化，使社会舆论走向定型于对妇德的追求；其次，要求妇言不必辩口利辞，意识到妇言对家庭和睦的重要意义，从女性语言文学创作来看妇言的性别文化特征已经形成；再次，不以妇容颜色美丽为追求，慎言女性修饰、美貌等，以弱为美等伦理化审美被正式定型下来；最后，女性的劳动分工向家庭靠拢，就连女主政治也比西汉时期弱化了。

[1]［南朝］范晔撰，［唐］李贤等注：《后汉书》，中华书局，1965 年，第 1078 页。
[2]［南朝］范晔撰，［唐］李贤等注：《后汉书》，中华书局，1965 年，第 1731 页。

第四章 对秦汉女德的时代审视

通过对秦汉时期女德历史建构和现实情况的一番考察不难发现，尽管自上而下地采取了诸多渠道和手段，以理论的形式、示范的榜样、法律的强制甚至加强教育等等措施以期达到理想化女德的塑造，终究是美好而遥远的愿望。但是儒家所设置的包括女德在内的所有统治条纲，都不仅仅是为了寻求千篇一律的为人标准，也不仅仅是为了限制人本身的自由发展。儒家所讲的德性实际上是为整个社会建构勾画出的一个蓝图，儒家所倡导的理想女德是为女性群体描摹出的一个倩影，“儒家伦理学的原本与主要任务，并不在于发现或制定行为规则、规范、底线，从而规管、命令和诫告人们，在具体生活情境下什么该做和什么不该做，而是探究我们每个人活灵活现的道德人格与道德品格，如何在历史和生活中培育与建立起来，影响开去。”[1]或许这是为我们揭开理想女德与现实女德差距之谜团的钥匙，塑造理想女德的示范和榜样是要给现实中鲜活的女性提供一条可供追寻和借鉴的路，引导、教化具有同等需求的女性群体，使她们逐渐接受、认同这种价值体系，甚至参与到构建的过程中，从而形成一种共通的女德风尚，和一种能够得到多数女性群体认可并乐于实现的德行品质。

遗憾的是现实女德并没有一直朝向理想的模式行进，而是出于统治的需要、利益的驱使被迫走上了一条命定的路线，女德被日益禁锢于狭小的道德封闭空间，成为父权制必然的牺牲品，甚至造成当代对“女德”含义的过度贬义化，简单地将“女德”与“三从四德”等同起来。女德并不吃人，历史中无数女性悲剧的命运并不能完全归咎于女德，就像中华民族传统文化中有灿烂的成果也有微小的瑕疵一样，不应该因为传统女德中有限制女性自由发展的规则就全盘否定，实际上我们所讲的女德在先秦时期就已经在族群中萌芽甚至蔓延，直到形成一种风气固定下来，又随着历史的发展不断发展演化，到秦汉时期逐渐从松散到固定、从自由到保守。

所以，以现实的眼光观察秦汉女德中的各种因素并分析其变迁的过程，条分缕析地探讨妇德、妇言、妇容、妇功的具体细节，就是为了在理想女德与现实女德之间架起一个桥梁，从历史的走向里观察女性如何从不断地学习中，被女德榜样所教化，又是如何培育出符合时代特征的女德风尚，以及每个时间节点中的女

[1] 王庆节：《道德感动与儒家示范伦理学》，北京大学出版社，2016 年，第 7 页。

德风尚是如何被改善的，这都有助于为新时代女德体系的建构提出可行性途径和建设性思路。

第一节 对秦汉女德的理性反思

秦汉女德与新时代女德并不是直接承袭的关系，研究的前提是认可秦汉女德对整个中华传统女德的定型起到了决定性的作用。李桂梅《当代女性美德建设研究》中认为传统社会的女性美德包括：忠贞不渝、相夫教子、端庄优雅、勤俭持家、孝老敬亲。[1] 仔细考察其中的内容可以发现，被当代社会所认可的女性传统美德基本在秦汉时期都已经确定，例如女性的贞节观念、女性相夫教子的家庭责任、女性优雅的性别特征、女性孝敬长辈的家庭角色等因素，在秦汉时期尤其是经历了西汉、东汉四百余年女德的发展已经从理论和实践上得到了基本定型。从现实的情况来看，中华民族传统女德中每个部分和因子在秦汉时期都已经出现，比如女性在家庭生活中照顾家庭成员的重要责任、从形象到地位上的柔弱特征等，当然其中的部分消极因素也在当时显现出来，例如对女性社会参与和责任的轻视、对女卑的一再刻意强调、对女性言语的妖魔化等。与此同时，考察其中展示出的积极因素将更易于被我们借鉴在新时代女德的建构中。

一、秦汉女德的消极因素分析

值得强调的是，女德不仅仅单指妇德，班昭说“女有四行，一曰妇德，二曰妇言，三曰妇容，四曰妇功”，除了妇德之外，女德同时还包括妇容、妇言、妇功，单纯简单地把“女德”等同于“妇德”或“三从四德”显然是不合适的。女德是一个相对广泛的概念，既包括了女性在社会生活变迁中习得的道德规范以及将之内化为自我约束力的德行关注，也包括了女德行为的外化即女性语言、女性容貌、女性功职等方面。而这四个方面共同组成了女德的整体，忽视其中的妇容、妇言、妇功是对女德涵义的片面化理解，妇容、妇言、妇功是女德不可分割的一部分。

从先秦时期女德的原始特征到秦汉四百余年的洗礼，最终将女德从众多角度塑造出一个容易被管理、被控制、被评价的要素标准。如果说秦汉女德存在理想与现实、理论与实践之间差距的话，那秦汉时期在女德理论和理想方面的建构，正是带领女德实践走向狭窄的关键。儒家的理论教化对女德的改造与重塑在这一时期发挥了重大的作用，是整个传统女德建构的理论基础。“儒家之所以在这个过程中占了优势和主导，是因为比较其他各家，儒家与中国古老的经济社会传统有更深的现实联系，它不是一时崛起的纯理论主张或虚玄空想，而是以具有极为

[1] 李桂梅：《当代女性美德建设研究》，中国社会科学出版社，2017 年 8 月，第 12-16 页。

久远的氏族血缘的宗法制度为其深厚根基，从而能在以家庭小生产农业为经济本位的社会中始终保持现实的力量和传统的有效性。即使进入专制帝国时期，也仍然需要它来维系社会。”[1] 也正是这个原因，符合封建统治者意志的女德规范从一开始就背离了人的自由人格，不仅将女性的身体控制在狭小的空间内，也将女性的灵魂控制在狭小的空间内，而且成为后代尤其是宋明之后女德标准的严格与强化的滥觞。之所以传统女德在秦汉时期得以定型，与汉代将儒家思想在整个社会自上而下地传播与实施有着密不可分的关系。

1. 儒家性别秩序对女性群体的贬低

马克思曾经说过：“理论在一个国家的实现程度，决定于理论满足这个国家的需要的程度。”[2] 汉代统治者抛弃了秦时的法家和汉初的黄老学说，看到了两者在维护阶级统治路径上的缺陷，而选择了更加符合人伦秩序社会统治的儒家学说作为汉代的政治指导思想。儒家因为顺应时代发展的要求，在汉代登上历史的中心舞台，从只注重经典的传播开始逐渐意识到实际的运用，于是转而将儒家教化作为努力的方向。

汉武帝独尊儒术以后，儒家男尊女卑的性别制度理论从全方位得以建构：通过对“礼”的经典进行解读，《仪礼》《礼记》中为女性生活的方方面面树立起行为准则；以《春秋繁露》《白虎通》为代表的儒家学者将夫妻、父子、君臣的三纲关系附和以阴阳的概念，将男尊女卑、夫为妻纲上升到哲学的难以辩驳的高度；《列女传》《女诫》使儒家的性别观念走向通俗化，深入到每一个普通女性身边，同时在女性教育中引入和普及等。另外在法律层面强制规定了女性地位，明确指出在任何家族、家庭中女性地位总体上低于男性地位，“为人妻者不得为户”是男尊女卑、夫尊妻卑在法律上的认定。尤其是石渠阁会议完成了“政权与儒家经学的合一”[3]，将儒家思想当作基础思想，并自觉地参与、运用到女德的建构过程中，直接形成一个从国家政权到基层百姓能够完整覆盖的教化系统的理论体系，并在东汉时期完成了儒学伦理向各个社会层面的渗透。

儒家思想从理论到实践给女性规定了一条被寓于家庭的路，女人的一生从为人女到为人妻再到为人母都被做了严格的规范，把“男尊女卑”落实到生活中的细节。对比西汉前期到东汉末期的女性地位可以发现，在汉代的儒家理论教化影响下，女性地位经历了一个较大的滑坡。女性不仅成了被管理者，而且被教育训化成男性管理者的代言人，“从遵从男性设计的礼规做中矩守礼的好女人到代男

[1] 李泽厚：《中国思想史论》，安徽文艺出版社，1999 年，第 144 页。
[2]《马克思恩格斯全集》第 1 卷，人民出版社，2016 年 12 月，第 462 页。
[3] 马媛媛：《两周秦汉社会对女性特质的建构过程研究》，南京大学博士论文，2011 年 5 月。

子立言去现身说法教育其它妇女。东汉的班昭是一个转折与象征：父权的巩固使得那些有文化教养的上层妇女思考生活的新策略，她用自己的经验谆谆教导女儿如何在既定的生活空间中适应生存，在不利的环境中以谦德忍道在丈夫的家族中站稳脚跟，这是一种'适应性的能动'。反抗是一种能动（如卓文君的自择婚配，与父母决绝出走，焦仲卿与刘兰芝的殉情，等等），适应制度取得生存空间也是一种能动。"[1]这种适应性的能动令人唏嘘，女性被迫培养出隐忍的品质以得到家庭与社会的认可，而隐忍到最后的结局体现在贞节女性旌表数量的增加、以弱为美的女性审美观念流行、女性社会参与的减少等方面。女性作为社会生活中如此庞大的一个群体，从秦汉以后日益被儒家教化规定为一个低人一等的群体，被男性所奴役。

2. 对女性贞节的过分强调

先秦时期对女性贞节的提及多是宽泛的，并没有详细的规则，在《周易·恒卦·象传》中有"妇人贞吉，从一而终"，最早提出了"从一而终"的贞节观。《礼记·郊特牲》有"信，妇德也。一与之齐，终身不改，故夫死不嫁"，提到终身不改的信德，是女性该有的道德品质之一。秦代之前的女性贞节大概专指与男性伴侣之间的稳定且专一的性关系，因为性关系是在婚姻关系中产生的，与婚姻双方有着千丝万缕的联系，所以贞节在当时成为约束婚姻中夫妻双方的性规范和性道德。

贞节作为一种性道德，它的产生与对偶婚以及稳定家庭关系的出现有关，有学者称其是"为了满足父权家长制社会经过漫长的历史发展之后的更高层次的精神需要，其社会效果并非是为了保证男人得到亲生子女，而是使个人生活和社会的精神面貌更加文明高尚"[2]，把贞节意识上升到了精神层面。不可否认的是，秦代之前对贞节观念的强调是从夫妻关系的稳定和家庭关系的和谐出发的。《尚书·吕刑》中有"男女不以义交者，其刑宫"的法律规定，男女双方都应该以维护夫妻关系为己任，并没有特意强调女性贞节。但随着秦汉时期四百余年的洗礼，"贞节"逐渐划归到女性领域，也就是只强调夫妻之间妻子的贞节而不再强调丈夫的贞节，这就对贞节作为一种品德成为女性专利提供了可能性。

秦汉贞节观念的演化实际上呈现出理论与现实的脱节、观念与行动的矛盾，一方面因为儒家思想的宣传作用，出现了大批看似符合社会发展的贞节理论，例如刘向、班昭都为贞节由社会观念到理论的提升起到了很大的发展作用，他们始终把规劝女性当成一种精神任务。但另一方面社会现实却允许女性的不贞，就连

[1] 杜芳琴：《中国社会性别的历史文化寻踪》，天津社会科学院出版社，1998 年，第 22 页。
[2] 陈经芳：《春秋时期的贞节观》，《西南民族学院学报》，2000 年第 1 期。

统治阶级内部也有大量的女性失贞案例，不仅允许女性改嫁，而且不以女性改嫁为耻，呈现出相当宽松和人道的社会舆论。刘伟杰曾说："'贞节'压根儿就是少数人的事业，不管一个朝代涌现出几万名烈妇烈女，她们在数量上与非烈妇烈女都是不成比例的，为数更多的是旁观者与评论者。然而正是基于这种心理的双重贞节标准观，使那些提倡守节最力的人亲自操持自己的女儿、儿媳或者亲戚改嫁。"[1]东汉以后班昭力倡女性贞节，将贞节与否上升到道德层面，但是现实中离婚、改嫁等现象仍然是社会常态，也正是因为违背贞节观的女性行为占社会主流，所以才更将贞节观念作为一再宣传和褒奖的典型。所谓"贞节被重视的时代，一定是社会不讲贞节的时代"[2]还是具有一定道理的。

徐复观曾经从积极的角度评价两汉时期女性贞节观："第一种意义，所以维护妇女自身的人格尊严，以见不是可任男人随意玩弄。第二种意义，是安定社会的秩序。淫奔成风，必然影响社会正常的生活。这本是男女双方面的责任，所以'义夫''贞妇'，是两个并行的观念，而事实上责任比较偏重在女方，这是历史条件的限制与偏差。第三是维护一个家庭的继续存在。假定一个家庭中的丈夫三四十岁死去，剩下的父母已老，子女尚幼，此时若妻子改嫁以去，此家庭很可能因之瓦解消灭。妻子如肯养老抚幼，守节不嫁，此家庭便可延续下去。"[3]或许对于具体的家庭和社会的稳定而言，贞节观念在秦汉的演化是有利的、是适应时代发展潮流的，但从女性发展的层面来说，偏向于女性而较少提及男性的片面贞节观，显然是有失公允的。对女性贞节要求的严格化是对女性自由发展的束缚，尤其到东汉以后贞节观出现了"世俗化的趋势"[4]，尽管从数量来看，恪守贞节的女性比例是不占多数的，但贞节作为一种意识形态，已经被上至王室女性下到平民女性所普遍接受，更重要的是，秦汉贞节观念对后世特别是宋明贞节思想的极端化提供了源头，这才是对传统女德产生的最大弊端。

3. 剥夺女性话语权

先秦以来，对女性语言的偏见就已经出现，"牝鸡司晨""惟妇言是用"是早已预定好的男权社会对女性语言的警惕。秦汉以后，对女性语言的抵触和禁忌还在演化，尤其是在儒家思想深入世俗生活的同时，平民女性也深深被语言的规范所累。女性在家庭中多言、多舌的行为是不符合当时社会性别规范的，尤其是

---

[1]刘伟杰：《由汉代妇女离异与再婚的状况看汉代人的贞节观》，《民俗研究》，2007年第1期。

[2] 陈东原：《中国妇女生活史》，商务印书馆，1937 年，第 69 页。

[3] 徐复观：《两汉思想史》第三卷，华东师范大学出版社，2001 年，第 27-28 页。

[4] 郭玉峰：《两汉时期贞节观念的世俗化趋向》，《天津师范大学学报》，2005 年第 2 期。

作为妻子角色的女性，多言是被严格禁止的，《大戴礼记》有“口多言，为其离亲也”，多言是“七去”弃妻的原因之一。陈平之嫂、李充之妻都是在家庭生活中因为多言被休妻的例子，这种多言是指出于个人利益而说出了家庭特别是共财大家庭中其他家庭成员的问题。在传统父权制社会，男女婚姻并不仅仅是女性嫁给了男性，而是嫁给了男性所在的家庭甚至家族。在这种较大的共财家庭里，女性虽然可能实际掌管着衣食住行的生活细节，却并没有最根本的决策权，甚至在发表了个人的观点之后，因可能破坏男性家庭的和谐与稳定而被休妻。陈平嫂说出陈平对其家庭的拖累、李充妻说出丈夫兄弟造成其家庭的贫困，表面上看是多言造成了被休妻，实际上是女性话语权的丧失。

传统的性别话语认为女性是多言的、谗言的，所以必须牢牢捍卫男性的绝对话语权，并从礼制规矩的角度规范女性的话语权，严格压榨女性的话语空间。也正是因为男性控制了话语权，因此男性也拥有了解释权，“拥有创造密码、附会意义之权力”[1]，这样一来，话语权就不仅仅是一种个体的权力，更重要的是一种群体权力，是女性群体在争夺政治角色、经济角色、社会角色中有无表决权的问题。班昭说“妇言，不必辩口利辞也”，但是从两汉现实的示例来看，女性预言和才辩因为改变或扭转了某些问题而被父权制社会所认可，例如严延年之母预言了儿子政治上的问题、马融之女马伦面对丈夫的诘难在语言应答上表现出不卑不亢的态度和灵活应变的能力等。东汉传统性别文化语言已经初成，经历了后世诸代的沉淀与积累，逐渐形成了具有中华传统特色的性别语言，语言中的性别差异和性别歧视成为研究性别语言学的重点。“性别歧视话语作为偏离客观事实的观念和态度，是文化意识形态的一部分，与社会文化有着密切联系，是男女地位不平等的反映，女性受到的压迫是一种以男性为中心的话语压迫。男性这一统治性群体规定着话语，创造着符号，包括女性的符号。”[2] 所以女性话语权的丧失是性别博弈中的一场彻底的失败，而这个丧失的过程在秦汉这一节点是非常关键的，基本奠定了女性所期待的性别平等的梦想已经无路可走。

4. 女性审美的伦理化

孔子说：“不学诗无以言，不学礼无以立。”谈到立人的前提应该学礼、依礼、合礼。汉代礼教波及到社会的各个层面，是做人的标准考评，包括强调礼教对女性身体的规训也是其中重要的内容，合乎礼制的女性之美才是符合当时审美趋势的，这是审美从自然性向社会性的过渡。但是越来越多的社会性因素直接造成了

[1] 吴越民：《性别歧视话语与中西文化差异性》，《浙江大学学报》，2011 年第 6 期。
[2] 吴越民：《性别歧视话语与中西文化差异性》，《浙江大学学报》，2011 年第 6 期。

女性审美自然形态标准的丧失，走向了伦理化的境地。即在上文指出的，秦汉审美出现的特定标准——伦理的就是美的，美的就应该是符合儒家伦理的。这是秦汉女性审美的总体特色。

女性审美的伦理化直接造成了许多后果。首先，中国传统文化历来都讲究内在美重于外在美，这是女性审美礼制化与伦理化的必然结果。评价女性的标准也是德行美先于容貌美，相貌丑陋的钟离春被塑造成德美的女性典范，并通过钟离春故事的传播强化大众对德行美重于容貌美的观念。蔡邕在训诫女儿的《女诫》中采用女性最熟悉的日常梳妆的几个步骤来比喻心灵的修饰过程，教导女儿要以心灵美为追求目标，实际上传播了儒家以德为美的审美标准。东汉后宫选妃制度，要求“姿色端丽，合法相者”“进止有序，风容甚盛”“有母后之仪”，宫廷中的审美标准在世俗社会风尚中具有标杆作用，指引着女性审美向道德化倾斜。“中国人对形体美的欣赏往往引申出道德的结论，其典型表现就是形体美的比德现象。”[1]秦汉文学艺术中对女性容貌美的歌颂也以德美为前提，对带有女性性特征的描绘常常是隐晦的，尤其与西方文学艺术相比，表现出整体上的“温柔敦厚”。这种秦汉以来形成的以德为美、德重于美的思想影响了数千年的主流审美文化，造成了女性自然审美的缺失、对身体美的有意遮蔽以及对女性容貌美的慎言和讳言。

其次，女性审美的伦理化使得“女色祸国”在男性话语权的主流文化中根深蒂固，故意夸大女色在失败政权里所起的作用，例如汉成帝时的赵飞燕姐妹被说成是“此祸水也，灭火必矣”；刘向《列女传》专辟孽嬖一个类目，多举历史中女色祸国的示例，以起到警惕统治者的目的等。女色的妖魔化也是造成后世女性审美偏颇的原因之一，秦汉以后对女色的忌惮直接影响了女性的审美走向，甚至刻意改变女性身体的审美趋势，“历史上，人们总是想方设法地忽视身体、克制身体、管理身体、压迫身体、妖魔化身体、放逐身体，因为人们相信身体具有‘反智性’，历史上的人们常常借用理性或上帝的名义，对身体实行各种各样的制约”[2]。例如汉代沿袭了对细腰的追求，善舞的赵飞燕被称为“细腰皇后”，引领了当时的审美走向，女性们纷纷效仿克制身体以追求细腰的体态。

再次，由以强健为美转变成以弱为美的女性审美趋势。在女性审美关系中，虽然美的载体是女性自己，理论上女性应该是审美主体，但是随着男尊女卑的强化过程，也是女性主体地位丧失的过程。《女诫》以“卑弱第一”为开篇，不仅

[1] 逄金一：《身体理论视域中的秦汉女性美研究》，山东大学博士论文，2007 年。
[2] 逄金一：《身体理论视域中的秦汉女性美研究》，山东大学博士论文，2007 年。

体现在女性地位上的卑弱，还是对“女以弱为美”的着意强调，精神上的弱和形体上的弱在女性审美发展中互相影响，汉赋中通常以细腰、削肩、弱颜的女性特征为尚，尤其就儒家伦理弱化女性、卑化女性的目的来说，以弱为美的审美风尚有利于强化女性的弱势地位。但正是这一特色带来了中国女性审美的一些弊端，“从古至今，一直还有一种‘身体技术’，它告诉我们身体是可以修改的，女性身体尤其是可以修改的，这就有了中外历史上皆有的形体美的劫难。在中国古代，对细腰与小脚的苛求就是对女性身体典型的剧烈修改。”[1] 这种弊端贯穿了整个封建社会，直到近现代女性群体觉醒以后，才对歪曲和强制改造女性身体的陋习予以反抗。

《礼记》讲究“男女不通衣裳”，男性与女性的服装是不同的，要求女性服饰区别于男性，出现了许多能反应女性性别特征的样式，特别是由服装引申出的妆容、发型和饰品，例如“三重衣”等。这种从服饰上对男女性别特征的差异强调，与世界其他文化具有相似性，但这种差异化对待导致了女性觉醒以后的反击，例如女性争取到可以穿着裤装等。目前来看，又掀起了一轮新的审美风尚——汉服的流行，尤其是一些 00 后新生代们，以日常穿着汉服为流行趋势，组织宣传汉服的活动，形成了推崇日常穿着汉服的“汉服圈”，被视为弘扬传统服饰审美文化的积极倡导者。

从世界的宏观眼光来看，女性审美的伦理化是具有中国传统文化特色的，相较于西方传统的美学观念中肉体与精神的二元对立，似乎有着异曲同工之妙。在尼采之前的西方主流审美中，也体现着对精神美的高要求和对肉体美的抵制，认为精神与灵魂的美更高级。不同的是西方美学存在着身体美的争论并发展出对人类肉体美的欣赏流派，中国美学却始终将追求精神美奉为圭臬。即使是涉及到身体审美的讨论也都在伦理规范的框架之内，特别是女性审美，作为传统审美文化中的敏感地带，始终是被伦理要求严防死守的对象。

5. 对女性社会角色、社会作用和社会贡献的回避

秦汉时期女性可以参与社会活动，除了从事传统的农业、手工业劳作以外，还可以从事商业、乐舞等职，在统治者、巫医、女官阶层中也有女性的身影，她们拼命地为生活奔波，活跃在每一个社会角落，为社会的进步和发展起着不可或缺的作用。但是与此同时，女性所做的一部分社会活动并没有得到男性主流社会的认可，女性对社会经济生活的参与呈现出式微的趋势。恩格斯曾经说过：“两性在法律上的不平等，并不是在经济上受压迫的原因，而是它的结果。”也就是

[1] 逄金一：《身体理论视域中的秦汉女性美研究》，山东大学博士论文，2007 年。

说女性在经济活动上地位的丧失，是其他社会活动不被认可的关键。这与汉代经济的演化过程关系密切，小农经济的萎缩、商品经济的衰弱使得女性从事农业和商业的可能性缩小，像秦代巴寡妇清那样的女性大工商业者不再存在，更多的女性只能退回到女织等可在家庭中完成的简单生产。生产活动范围的缩小伴随着儒家伦理秩序的深入，彻底改变了女性的生活。

儒家对于男女性别分工主张的是“女事尽于内，男事尽于外”，因此即使在秦汉时期女性充分地参与了社会生活，以儒家为主流价值观的时代也不可能大肆书写女性的社会贡献，反而要在一定程度上贬损女性的付出，例如女性对于政治的参与，特别是一些实际控制了政权的太后们往往被男性所忌惮，儒生顺势利用礼制、阴阳学说等理论武器证明女主违背伦常，存在僭越君权的嫌疑，尤其在政治危机时更给予他们嫁祸女性的机会，通过宣传历史中女性破坏政权的案例，制造负面舆论效果，援引经文中女子乱政的经典，印证女性乱政的历史必然性，破坏女性对政治的参与。正是在这样的社会环境中，女性对于社会发展所起的作用不仅无人认可，还有被诬陷的可能。

二、秦汉女德的积极因素探索

在秦汉时期女性发展“被框架化”和“主动自由”的博弈中，可以探索出女德形成中的积极因素，“具有了超越意识形态、超越社会制度、超越时代和阶级局限的特质”[1]。在几百年的发展寻求后，最终从众多角度将“女德”塑造成为一个容易被管理、被控制、被评价的标准，按照妇德、妇言、妇容、妇功的角度去比较和衡量，这是中国传统文化对女性因素走向制度化的创造。尽管传统女德总是因为归从于男性而被诟病，但不可否认其中的积极因素直到今天仍然是值得去发现和赞扬的女性之歌。

1. 重“情”的两性互动关系

现代爱情观念因为与女性解放、婚姻自由等有着紧密的关系，在现代女性理论引入中国的同时，一起被作为舶来品参与到我国社会文化体系的建构中。现代爱情观念所崇尚的“爱情至上”信条是接受了新思想的青年人抨击旧势力、摆脱旧枷锁的利器，爱情与婚姻的关系一时间得到了广泛的社会讨论，支持自由恋爱、反对包办婚姻兴起，以致于容易让人产生一种误解——以为中国历史上和传统上是没有爱情的。“爱情不是自然的本能的冲动，而是被现代话语建构起来的，它

[1] 路丙辉：《社会转型期我国家庭伦理变化及道德建设研究》，人民出版社，2016年，第85页。

深受现代社会文化的深刻影响。”[1]类似的看法是值得商榷的，问题就在于只看到了爱情的社会性，却没有看到情感是一种人类与生俱来的本能，现代爱情观念确实有着现代社会的烙印，无论是爱情至上还是丢掉贞操，有其出现和发展的时代性和不可替代性，“LOVE”确实是一个舶来词汇，但情感并不是西方文化中特有的，完全否定传统的婚恋观、完全无视历史中男女两性之间的情感互动显然是不可取的。

情感自然存在于人类之间，我们要了解秦汉两性之间的情感，当然需要走进他们的世界，读一读秦嘉徐淑的相思赠答诗，看一看张敞为妻子画眉、常林夫妇相敬如宾的故事。阅后就不得不承认在两性之间存在相对平等且情深意切的关系，他们有的是社会上层也有的是平民夫妻，并不一定完全由所在的社会阶层和经济政治地位决定。许多爱情和婚恋主题的诗赋作品沿着《诗经》《楚辞》中的情感脉络一泻而下，“恨无兮羽翼，高飞兮相追。长吟兮永叹，泪下兮沾衣”[2]。尽管有时情感可能会随着时间流逝为改变，窦玄之妻得知自己将要被休感慨“悲哉窦生，衣不厌新，人不厌故。悲不可忍，怨不自去”，《有所思》中“拉杂摧烧之，摧烧之，当风扬其灰，从今以往，勿复相思”也是感情挫败之时的愤慨。正是有了分手时强烈的情感迸发，我们完全可以以此来想象两人相爱时的浓烈。这些真挚的心理歌唱，鼓励了更多女性表达对爱情的态度。

更值得探讨的是受到《楚辞》的影响，汉代开始固定了一种特殊的女性视角文学传统，坐定了女性与爱情之间天然的联系，仿佛与男女情感、两性关系有关的描述只能通过女性的口吻才能表达出来，扩大并固化了男性的爱情语言与女性的爱情语言的细微差异。汉代文人借鉴并发扬了屈原的叙述模式，以女性对男性爱恋之语的情境来类比臣子对君主仰慕之情的文学，司马相如的《长门赋》、张衡《同声歌》都企图以女性不得男性之爱来比拟臣子难得君主垂怜。这种类比文学一方面将女性多情、细腻的性格特质极大地发掘出来，另一方面又以女性为他者，大量描画女性美色，加大了对女色、女祸的妖魔化可能。男女之间的情感和爱恋自然与外貌、形体等性吸引有关，但若完全用他者的视角来关注则只会将情感的因素淡化，单独突出男女之间的性吸引，这就会陷入将女性视为被关注者并进一步将女性工具化的恶性循环。女性若只是物品只是工具，自然就需要依附于男性权势，女性若是主体是发声者，就可以与男性享有同等权利，就可以成为与男性一样被同等看待的群体，才有性别平等实现的可能。从这个角度来讲，男性作闺音似乎

[1] 张莉、旷新年：《新媒体与现代爱情观念的建构》，《南开学报（哲学社会科学版）》，2010年第4期。

[2] 穆克宏：《玉台新咏笺注》，中华书局，1985年，第32页。

是女性被物化、被妖魔化的罪魁祸首。

秦汉时人的两性爱情模式既有基于父母媒妁的婚后之恋，又有热情奔放的自由之恋；既有符合礼制的传统之恋，也有游离于礼制之外的婚外恋、不伦恋。任何一种爱情模式中，男性与女性之间对爱的渴望都是互相的，男性对爱的感知与需求并不少于女性，两性对“情”的体验并不应因性别差异而扩大，传统观念里女性更重情、男性更重色，更复杂的是在男女关系中通常将“德”作为一个考察因素，所以两性对爱的态度一直在相互的拉扯中难以辨明，正因如此爱情是几乎所有文学类型中一个最重要的话题。诗歌、散文到宋词、元杂剧、明清小说，乃至今日最常见的影视作品，越是宏大的叙事越是离不开两性之间的感情，而这种重情的同时又与容貌、道德息息相关的微妙复杂的两性关系，在秦汉时就已经被作为人类思考的宏伟命题。爱情从来都不是一个单纯的独立存在，它从来都与女性诉求、女性渴望、女性自由地位、女性平等愿望相联系，是男女两性相爱相杀的角斗场。

2. 道教宽泛的女性观念

道家思想崇尚阴柔、守雌观念，与儒家思想一同孕育了灿烂的中华文明，到汉代道教逐渐发展成熟，在女性意识上对儒家礼制作了必要的补充，给趋向严密、狭窄的女德规范腾出了可供喘息的空间。道家崇尚对女性自然美的追求，“质素纯皓，粉黛不加”“峨眉不画，唇不施朱，发不加泽”在重妆饰的汉代可谓一抹清新的色彩，是突破儒家德重于色伦理要求的可能；道教对身体、欲望表达的直接，完全捅破了讳言男女隐秘关系的道德枷锁，特别是汉代房中术的流行，以合阴阳的道学思想为根基传习男女交接之术，以求延长寿命、夫妻和谐、多子多孙。无论是《汉书·艺文志》提到的已经散佚的房中书，还是新近出土的秦汉简帛材料，“房中书有关阴阳相感和阴阳互补的理论明显地肯定了人的自然欲求，尤其是泄欲导情的主张，最能代表中国古代非压抑的性文化的特征”[1]。性文化自然需要男女双方的参与，尽管从“采阴补阳”的角度看房中术是男性视角的御妇人术，但考古出土的西汉摹仿男性生殖器的性器[2]供女性享用的可能性更大。“使用性器的人大概有三种：一是缺乏性器官的人，如太监、受过宫刑的人；二是不能得到正常的性满足的人，如妃子、宫女之类等；三是好色淫贱之徒，如西汉中山靖王刘胜的墓中就出土过铜制的性器。西汉时的这种高级性器，一般都出现于皇帝宫中、王侯府中或富豪之家，而且肯定是女性比较集中的地方，可能会有一些太监或老宫女偷偷运用这些性器为年轻的宫女们提供性服务。”[3]性文化中女性并不总是

[1] 崔锐：《秦汉时期的女性观》，西北大学博士论文，2003年。
[2] 萧健一：《西汉时期的性观念》，《博物》，2003年第4期。
[3] 崔锐：《秦汉时期的女性观》，西北大学博士论文，2003年。

被动的存在，道教宽泛的女性态度给女性欲望的疏解提供了一定的可能：一方面强调了人人都需要在男女交合中达到阴气和阳气的平衡，确定了女性的参与并提出女性在交合过程中获得快感的重要性；另一方面男性为了采阴补阳、延年益寿，只得研究性法、反复修炼，“书中反复建议男子应在同一夜里与若干不同女子交媾，这在一夫一妻制的社会里是鼓励人们下流放荡，但在中国古代却完全属于婚内性关系的范围。房中书如此大力提倡不断更换性伙伴的必要性，并不仅仅是从健康考虑。在一夫多妻制的家庭中，性关系的平衡极为重要，因为得宠与失宠会在闺阁中引起激烈的争吵，导致家庭和谐的完全破裂。古代房中书满足了这一实际需要”。[1]

汉代民间广泛流行西王母崇拜，多有其画像或镜铭出土，从四川彭县到河南南阳、山东嘉祥辐射中国版图东西。西汉末年汉哀帝时曾有以祠西王母为号召的一次大规模暴动，《汉书·哀帝纪》：“关东民传行西王母筹，经历郡国，西入关至京师。民又会聚祠西王母，或夜持火上屋，击鼓号呼相惊恐”，涉及人数达千万，可见西王母崇拜的社会影响力。西王母崇拜文化背后除了人类对长生不老、神秘世界的向往，还隐藏着原始抽象的母性崇拜。“抽象的生育崇拜在于并不具体指向求得多子的直接崇拜，这种抽象概念上的生育崇拜常常将凡是女性的神都作为崇拜敬仰的对象，因为女性是普遍具有生育能力的，所以先民眼中的女神也普遍都有执掌生育力量的权威，只是在某些女神上表现得更显著。”[2] 更何况“汉代每以西王母事为镜铭及图画题材，于西王母之外，又增加东王公以为配。”[3] 西王母与东王公之间异于汉代主流男尊女卑的主从地位，以西王母为尊，就更值得深思了。

3. 孝道观与母亲

汉代以后非常重视孝道，“善事父母”是家庭道德中最重要的内容之一，孝道不仅要求侍奉父母、赡养父母，而且要保持“敬”的态度对待父母，为人子女要做到顺从并尊敬父母，特别是政府实行的举孝廉选官制度，把个人在家庭中的德行品质与政治前途结合在一起，把是否践行孝道作为选拔或任用官职的必要条件，孝这种家庭伦理上升到整个社会层面关注的“孝德”。《孝经》把孝的道德看成是一切道德的根本，我们今天在判断人性善恶时也常将对待父母的态度来作为道德标准的底线。

孝不仅是儒家伦理所提倡，道教也重视“母以慈养、子以孝省”，对母亲的

[1] [荷兰] 高罗佩，李零译：《中国古代房内考》，上海人民出版社，1990 年，第 202 页。
[2] 陈佳：《先秦时期女德研究》，九州出版社，2019 年，第 22 页。
[3] 陈直：《史记新证》，天津人民出版社，1979 年，第 192 页。

孝是孝德的重要组成部分，母亲作为家庭中的主要养育者，在生育子女、照顾家人的过程中起到的作用不言而喻，汉代道教的流行正强调了对母亲的孝道。一般来说，母亲与子女之间的联结更柔性、更出于爱，而父亲与子女之间的关系则更庄严、更出于礼。《礼记·表记》中有“使民有父之尊，有母之亲，如此而后可以为民父母矣，非至德其孰能如此乎？今父之亲子也，亲贤而下无能。母之亲子也，贤则亲之，无能则怜之，母亲而不尊，父尊而不亲。”说明起码从汉代人们就普遍地意识到母亲与子女之间的“亲”，对待有贤德的子女母亲当然是爱的，无贤能的子女母亲也能怜之，与严苛的父亲完全不同。突出子女对母亲的孝，是秦汉时期肯定女性在家庭中的贡献和付出的一种方式，证明对母亲角色的社会认同在一定程度上不亚于父亲角色。毕竟在家庭地位的较量中，妻子地位是明显低于丈夫地位的，也就是说在夫妻关系的较量中，丈夫与妻子之间更多地体现了不平等，但还是同样的夫妻，若论以子女和父母的关系，在父亲与母亲地位的较量中，则父亲没有绝对优势，子女对待父母没有显示出不平等的趋势。尽管父权制的秦汉社会父亲是一家之主，具有绝对的权威，但对孝母的提倡始终是不容置疑的，所以对母亲地位的肯定是秦汉女德保留的积极因素之一。

当然母亲的地位没有因为男尊女卑的观念被排挤具有多方面的原因，其中与秦汉现实母亲的个人表现与整体素质有很大关系。劝阻儿子的陈婴之母、时常训诫儿子的隽不疑之母、助力儿子的崔寔之母等，她们都对儿子做人、为官的准则一再教育训导，表现出强烈的道德感和责任意识，并通过家庭教育传递给下一代，是秦汉时代提倡的最良性的母子关系。在对女儿的教育中母亲的作用更大，仅从班昭作《女诫》的原因来看，她为了教育自己的女儿们，竟然写出一套女性行于世的德性操作手册，供女儿使用实操之外亦流行于民间，成为很多家庭母亲教育女儿的标准。当母亲们以妇德、妇言、妇容、妇功的这套标准来教育要求自己的女儿时，实际上是充满了爱的，既平和宽容又现实可行，她们希望将自己为人的经验，特别是为女人的经验传递给女儿们，让女儿们少走弯路，成为理想的、符合社会总体标准的女性。

尽管当时的母亲因为受到时代的桎梏不可能跳脱出伦理的框架，她们对子女们的态度在一定程度上加剧了传统伦理特别是反自由人性的深化，但自秦汉以来母亲与子女之间的良性关系，母亲对子女成长的教育、子女对母亲的孝与敬，是中华民族传统伦理关系中最值得被肯定的关系之一，也是传统女德中的积极因素。

4. 向学风气与女性教育、女性文学

秦汉发展的几百年间，伴随着对学习、教育重视度的强化，形成了一股向学的社会风气，从皇权贵族到普通世人都有重视教育得益的范例。向学的社会风气

影响到女性群体，东汉较之前知识女性数量增多，可以窥见女性学习和掌握知识的人数在增加。邓太后邓绥六岁能读史书、班昭成为教育家等，女性纷纷加入读书修身的行列，女性知识分子不胜枚举。

女性有条件接受教育、有资格被教育在两汉时期需要一分为二地看待：一方面，女性在被教育的同时通常是被动的地位，以刘向《列女传》为例，其目的是意欲令后宫女性严格遵守礼法规矩，以弘扬儒家伦理思想为主，现实女性是被施教者，“无不围绕端正‘事人’的品德态度和提高‘事人’的质量才干而展开”[1]。通过历史中的典范女性榜样进行教育，这就自然决定了教育的内容更多地涉及女性德行，德行教育是被当做女性教育的重中之重，文化教育等其他方面涉及较少，这不能不说是一种限制，尤其是与男性教育相比而言；另一方面，女性有被教育的可能比绝对的愚化女性政策要有益得多，女性有学习的机会就有可能见识到更广阔的世界，扩大视野参与更多的社会生活。从这个角度来讲，女性教育是秦汉女德中值得被颂扬的一部分，通过教育才有可能改善被动的地位，争取更多的话语权。女性文学创作在两汉的发展是女性教育的积极成果，班婕妤、卓文君、班昭、蔡文姬都是能够独立进行文艺创作的接受过文化教育的女性。她们可以用文字和语言来表达自己的心声，呼喊自己的遭遇，是女性话语权的有力展示。

5. 女性美的表达

受到儒家礼法规制的影响，汉代以后女性审美逐渐呈现出伦理化的特点，也催生着具有中国传统特色的女性审美理念的发展。在女性面容、身材、妆发、配饰、服装等众多方面都形成了时代审美风尚，女性审美逐渐被关注，女性追求美的本性在秦汉时期有较大的发展，形成了一种美的多元。例如女性身材不再单纯追求《诗经》时代的“硕人”，还有“袅纤腰而互折”“形似削成，腰如束素”等强调女性柔弱之美的趋势。又如女性配饰比之前的颈饰、耳饰类名目更加繁多，程度更加豪华，华胜、步摇、“耳着明月珠”、“头上蓝田玉，耳后大秦珠”都是女性装饰自己的修饰之美。

女性们求新求变的心理特征驱使着她们极力追求美的变化，无论是发型还是耳饰，无论是衣服样式还是画眉手法，都在审美时尚的引领中找到了继续探索的道路，就连与女性美相关的妆奁、镜梳、熏球等化妆、美发、美体用具都名目众多，令人叹服。女性的身体、外貌、服饰都是女性审美的一种载体，女性对于美的追求通过对体型的要求、面容的装扮、服饰的改造这些途径来实现，所以无论是服装样式的新变化还是争先恐后地佩戴流行耳铛，都是女性对于美的一种表达。

[1] 曹大为：《中国古代女子教育》，北京师范大学出版社，1996 年，第 131 页。

女性内心是渴望美的，我们通过对女性生活中的妇容观察可以了解女性审美的发展形态以及女性审美的内心世界，女性美本身就是一种生命的美，是人类发展史中认识自我、塑造自我、成就自我的重要内容。女性美被时代文化所构造，在自然美之外发展出符合时代特点的社会性，具体到两汉时期则是浓重的儒家伦理色彩与道教自由气氛的交融，是与先秦时期较为朴素的原始自然美和生育崇拜美完全不同的时代特征。从这个角度来看，女性美是可以被反复塑造与设计的，文化根据时代的需要将女性审美引入到时代话语中，通过灵活的变化以符合时下的风尚与社会价值。

不仅如此，女性审美还是我们认识秦汉女性本真、观察还原历史的一个有效路径。女性审美历史的变迁凝结着女性的内心世界与主体性，被主流历史缺失的女性世界可以通过对当时女性审美的细节去窥探一二，也就是说女性审美不只是美的独立范畴，也是引导我们观察女性的一面镜子。秦汉女性敢于大胆追求美，她们竭力展示美、装扮美、创造美、表达美，是昭示她们主体性地位的渠道。

同时，女性审美的发展得到男性群体的参与和认可，在形成女性审美观念中，男性起着相当重要的地位，女为悦己者容，男性有时候甚至成为审美关系中的主角。男性对女色的追求和将德融入审美这一对看似矛盾的命题在女性审美过程中得到展现，一方面男性要求女色相媚，在一定程度上驱使着妇容观念的变化；另一方面又遵循儒礼要求女性以德为美，遏制过于追求外貌装扮。女性美的表达被写入诗文、刻入壁画，人类一起书写女性美的历史，并将此作为表达美的传统。

6. 女性全面的社会参与

秦汉女性可以全面地参与到社会生活中，尤其是底层的普通人民，女性是重要的家庭劳动力支撑，她们不能完全脱离劳动。她们通过自己的智慧和双手创造劳动价值得到社会的认可，在个别寡母家庭、男性求仕家庭，女性甚至是主要劳动力和经济来源。

对于个人来说，参与劳动、参与社会生活是个体化的、多样性的，不同的女性为了解决温饱走出家门参与社会工作和社会交往。但长远地看，站在女性群体的高度，没有离开社会生活是积极的、有意义的，占据社会角色意味着女性没有被隔离在家庭的狭小空间，证明女性的社会价值依然能够得到肯定，她们仍然被社会所需要。秦汉女性不仅参与桑蚕纺织、农业等传统劳动，而且从事商业、手工业、巫医、军事等社会活动，甚至参与政治，几乎活跃于所有领域之中，这种全面的参与是秦汉妇功之特征，是对传统女德文化中仍旧有适用于当今社会现状之功用的明证。

第二节　新时代女德建构的背景分析

在当前社会，除了思考秦汉时期女德的积极因素和消极因素之外，还应该探讨女德建构的时代性背景，女德的传统性必须与时代特色结合在一起，才能更好地发挥与新时代相契合的匹配度。黄明理《社会主义道德信仰研究》将当今我国的道德信仰危机分为发展型危机和倒退型危机，并认为“新旧道德交替的过程，不是先进的道德自发地取代落后的道德的简单过程，而是在性质复杂的诸道德尖锐冲突中曲折实现新陈代谢（如新旧道德观中都有进步与落后甚至是反动的道德观念，多种形式的道德交互斗争）的过程”[1]，尤其是新时代面对纷繁的道德环境，女德建设暴露出牵一发而动全身的特点，不仅涉及女性生活的问题，而且关系到社会道德的诸多方面，分析目前女德的危机现状、“女德事件”反映出的社会道德危机，并尝试寻找背后的原因，是新时代女德建构的重要步骤。

一、“女德事件”中显示出的社会道德危机

近年来“女德班”随着国学热的带动在多地都有出现，不具备办学资质的民间机构却能够吸引大批的追随者，一再被勒令停办又死灰复燃。这不得不令人感到疑惑，为什么“女德”这一看上去十分传统、并不新颖的形式，却能够得到数量众多的簇拥？她们为什么要选择这个课程？她们又渴望通过这个课程学到什么、改变什么？

女性主义颠覆了 20 世纪女性的人生，但是女性主义走到今天仍旧面临许多问题。“女德事件”恰恰体现了社会对女性道德、女性价值、女性角色、女性规范等一系列困惑，在现实社会中女性所面临的道德难题、角色困境等都时时刻刻影响着新时代女性生活中的处境，也无处不在地影响着女性在人生中的选择。根据新媒体女性发表的深入探访东莞蒙正女德班的文章《叶二娘东莞手记：女德馆的日与夜》和《南方周末》发表的《女德班：教现代女性守妇道》来看，参加女德班的女性们多是在生活中遇到了或大或小的问题，无法依靠自身能力来解决，还有一少部分是被家人朋友推荐来的，她们感觉到自己在“身为女人”这个角色上存在不足。总的来说，这些女性在遇到生活难题之时期待能够从外部找到解决的路径，希望能够从他人身上学到经验教训，而女德班恰好是披上了传统女德外衣的、以改变女性生活状态为口号的集训。在这里，通过一些歪曲传统伦理道德的课程、

[1] 黄明理：《社会主义道德信仰研究》，人民出版社，2006 年，第 269 页。

"成功女性"的真实案例、跪拜圣贤、学院集体忏悔、交流心得等形式，一轮一轮地对渴望改变现状的学员们进行洗脑式教育。

正是因为女德班普遍都以传统文化中的女德为外衣，所以造成了对传统女德中封建保守弊端的夸大，例如《叶二娘东莞手记》中讲授"贞"德的榜样女性李硕，提到不跟男同学握手拥抱、大学谈恋爱的忏悔、每天向丈夫认错扭转婚姻局面等。这些做法显然与新时代男女相处的性别秩序格格不入，也充分地显示出传统女德中的弊端对现代女性的荼毒并没有消失，反而可能随着女德班的传播而再次蔓延。虽然男女平等在今天已经是人尽皆知的观念，可女德班的拥趸们却还是能被"打不还手，骂不还口，逆来顺受，绝不离婚"这种毫无正确性的封建逻辑所煽动，传统女德中的糟粕被幻化成解决女性现实问题的圭臬，赤裸裸地宣示着胜利。这不得不令人反思，新时代存在哪些关乎女性的社会道德危机，符合新时代女性发展的女德到底是怎样的。

1. 性道德与婚姻道德危机

女性主义兴起以来，性解放是女性解放的重要内容之一。根据《当代女性美德建设研究》开展的社会调查来看[1]，女性对婚前性行为大都比较宽容，对婚外性行为却多持反对态度，如果说女性对上述两者的态度是较为符合新时代价值观的话，那女性对功利性性行为即所谓的傍大款、当小三等问题的看法却让人倍感意外，"有 69.8% 的女性对女性的功利性性行为表现出基本认可的态度，这个比例比男性还高 2 个百分点"[2]。而且从调查结果来看，年纪越大、受教育程度越高，反对女性功利性性行为的比例越高。尤其需要说明的是，更多的被调查者认为性道德领域中目前存在的问题多于社会公德、家庭道德、职业道德等领域，占 31.2%。[3] 从占比来看，当前女性在性道德领域存在的问题得到了更广泛的关注，对两性关系中隐藏的性道德危机已经有所觉察。

由于新时代性解放、性自由、性自主权、性支配权与传统女德中的贞节观针锋相对，造成了新旧思想的摩擦与更替。新时代女性抛弃传统贞节观念当然是女性解放的一大进步，但一部分女性过分标榜性自由、盲目推崇性开放，就在打破了传统性道德观念的同时走上了另一个极端。这极易使少数女性将性和身体看作是反对保守的武器，也极易给一些女性将性和身体作为交换金钱、地位、权力等其他物质条件的性道德失范行为提供遮羞布，造成女性性价值观的彻底崩塌。

传统道德文化认为性道德是基于婚姻与性爱相一致的，"淫"是七出休妻的

[1] 李桂梅：《当代女性美德建设研究》，中国社会科学出版社，2017 年，第 56-57 页。
[2] 李桂梅：《当代女性美德建设研究》，中国社会科学出版社，2017 年，第 57 页。
[3] 李桂梅：《当代女性美德建设研究》，中国社会科学出版社，2017 年，第 74 页。

标准之一，即有出轨行为的女性可以被丈夫休妻。尽管秦汉时期性观念较之后代尤其是宋明是较为开放的，但今天来看仍旧讲究这种一致性，尤其对于女性而言。但当代性观念的多元化，非婚性行为被更多的人接受，对非婚性行为的道德谴责日益减少，更有一些观点认为只要是双方自愿的性行为都应该得到社会认可。这必然使女性在面对性道德选择的问题时出现困惑，一方面是女性要求得到性自由的权利，另一方面是承担不起性自由所要担负的责任和后果。新旧性道德文化的冲突日益加深了这种选择障碍，更有学者提出这是“一种后现代性伦理文化”[1]，付红梅进一步解释道，后现代伦理文化是“对主体性、人权、自由、公正等一些核心伦理观念进行解蔽，拒斥任何绝对性的道德规范和强制性的政治权威。在两性性关系上，他们激烈地反对法律、道德、风俗等社会规范对性行为的约束，倡导绝对自由的性行为，把性活动与婚姻、生育、爱情脱钩，主张以快乐为目的的艺术的性、无爱的性、纯粹的性和尽情释放冲动的性，形成了一种后现代性伦理文化。”[2] 这样一来，当代女性面临的就是三种性别伦理文化的冲击，三种性道德标准的对抗与肉搏，无疑更会带来女性选择与认知的困惑。

更难以解决的是，婚姻中的妻子面对丈夫出轨行为时的两难，即由性道德失范引发的婚姻道德危机。就像女德班教育女性丈夫出轨只能接受、包容，并把所有罪责都归咎到女性身上一样，传统婚姻道德观念里女性应该忍受丈夫的婚外性行为，并把这种品德看成是一种大度的正室风范。但当前社会女性面临同样的问题时则出现两种完全不同的选择，一部分女性出于各种原因选择继续隐忍，另一部分女性则勇敢地走出失败婚姻以离婚而告终。可无论是做出何种选择，都透露出女性在面对性道德失范和婚姻道德失范时的无奈，尤其是收入来源不足以覆盖必要生活支出的女性，很有可能迫于生活的压力而容忍男性的失德。除此之外社会舆论对离婚女性的歧视也是影响女性选择的重要因素，公众对婚姻中性失德的男性往往更加宽容，并认为女性应该更多地从子女的角度考虑婚姻和家庭完整对后代的影响。

2. “止言”与女性话语权

传统男权文化以剥夺女性话语权来限制女性表达心声的渠道和路径，以“多舌”“多言”等名目威胁女性，尤其是嫁为人妇的妻子角色，控制女性参与家庭决策的力量。女性在一个家庭中只能是服务者、应声者、执行者，绝不能是发号

[1] 高乐田：《传统、现代、后现代：当代中国家庭伦理的三重视野》，《哲学研究》，2005年第9期。

[2] 付红梅：《当代中国女性性道德失范的性别文化归因与伦理重建》，《伦理学研究》，2014年第2期。

施令者，就算是丧父的母子家庭，母亲的话语权也是相对的。普通家庭中的女性大多像汉代的陈平之嫂一样，兢兢业业地做着家庭劳动、照顾每一位家庭成员的生活起居，包括自己的丈夫子女，甚至包括丈夫的弟弟。但她为家庭的付出并没有家人的认可，只因为对陈平不事劳动有所抱怨，就遭到全面地否定而被休妻。这种通过践踏家庭中女性地位来彰显男权的极端做法，是典型地压榨女性、剥削女性，是传统文化中的思想糟粕。相对而言，宫廷中的女性因为生活在男性统治者的周围，具有进“谗言”而影响国家政治经济的可能性，所以她们的语言往往更加被关注，除最高统治者以外的其他人都是监督这些女性的眼睛。男权文化企图以妖魔化女性话语的办法来控制宫廷女性的语言，与此同时，“少言”“止言”的女性被认为是女性的典范，以树立榜样的做法来规范女性群体的言行，是维护对女性绝对统治的一贯做法。

直到如今的社会舆论，依然认为女性是话多的，女德馆的学习要求女性“男人谈大事，女人不在旁边插嘴”，只能等私下才能说“小女子也有一些建议，仅供先生参考”。以封建的语言规范来要求当今女性，显然是不合时宜的，今日觉醒的女性不再是禁锢于家庭的小脚老太太，她们是在任何一个社会角色中都能独当一面的人，是丝毫不逊色于男性的人。今日女性不仅可以对家庭事宜发表言论，也可以对社会大事发表看法，一再以传统的少言、止言来规范女性，必然会造成传统观念与新观念的冲突，也给现实生活中的女性带来了舆论的压力和具体的困惑。

3. 女性审美的畸形发展

过多地将女性容貌与女性道德联系起来是传统女德带给新时代女德发展的一大阻碍。传统的女性审美观与道德观紧密联系，认为重视外貌、精于打扮的女性就是缺乏道德的，女性不能追求颜色艳丽，“盥综尘移，服饰鲜洁，沐浴以时，身不据辱，是谓妇容”，应该以清洁干净为主要的审美判断。女德班直接用《朱子家训》中的“妻妾切忌艳妆”来要求女性，扼杀女性追求美的天然本性。新时代环境下女性审美标准的提高和普及，使女性对美的天然追求被激发出来，女性可以选择更多的途径来美化身体，具备了自主选择的条件。但是传统审美的观念把女性放在了被动的位置，“男性观察女性，女性注意自己被别人观察。这不仅决定了大多数的男女关系，还决定了女性自己的内在关系，女性自身的观察者是男性，而被观察者为女性。因此，她把自己变作对象——而且是一个极特殊的视觉对象：景观。”[1] 这必然会导致女性审美的畸形发展，女性时刻被男性视角的

[1]［英］约翰·伯格著，戴行钺译：《观看之道》，广西师范大学出版社，2007 年，第 47 页。

审美价值观左右，而不能依靠自身的规律发展，当男性以细腰为美，女性们就纷纷节食细腰；当男性以小脚为美，女性们就裹上小脚；当男性以消瘦、骨感为美，女性们就运动节食而不惜身体代价。

汉代以后的女性画像都将女性放在被观的位置，哪怕是道德说教故事中的女性形象，“当男性观者看到对女性维护道德准则的事件的描绘时，可能特别容易忽略说教的内容而专注于观赏女性的画像”[1]。也就是说尽管女德一再被宣扬、被重视、被强调，但男性观者的原始性冲动依然可能使他们只观察到画像中女性的身体，这也是汉代尤其是东汉以后，女性画像流行的原因之一，“这些表面上是说教性图画的流行，其魅力应更多地归功于它们能够提供视觉上的愉悦，而不是促进道德上的内省。男性观画时的‘误入迷途’恰好证实了男性观看女性的心理需求”[2]。一方面要求女性形象符合男性审美标准，另一方面又要求女性之美符合伦理道德的规范，从这一点来看，传统女性的审美矛盾与当今女性的审美矛盾别无二致。现代社会中依然面临着这种矛盾带来的困惑，一方面重视外貌给女性带来了自信和青睐，另一方面过分精于打扮又会被认为是无德，这种夹缝中的选择是女性集体要面临的，但对于每个女性个体来说，又具有因个体差异而作出不同选择的可能。

4. 传统性别分工与新时代性别分工之间的差异以及由此带来的身份困惑

女性应该更多的留在家庭还是更多的参加社会工作，是新时代女性面临的一大困惑。一方面性别平等观念、高等教育的普及使得知识女性愿意选择留给工作更多的时间和精力，但是巨大的就业压力、广泛存在的职场性别不平等、对已婚已育女性的歧视等都造成了女性实际社会地位提高的程度有限，“干得好不如嫁得好”等观念在社会各个阶层死灰复燃，使得女性择偶观、择业观出现重大的道德滑坡。

另一方面，基于其他家庭成员的传统家庭分工观念，女性应该承担更多家庭劳动和家庭义务的想法依然广泛存在，尤其以事业有成但婚姻家庭不幸的女性为主，指责她们对家庭的奉献过少导致了家庭与事业之间的失衡。尽管对于社会化性别分工来说，现在完全可以通过市场来实现和解决家务劳动的问题，聘请专业化的家政人员来处理，但多数中下层的家庭仍旧不具备完全依靠外力解决实际问题的收入能力。所以这部分家庭劳动还只能用男女双方的性别分工或家庭代际成

[1] [美] 孟久丽著，何前译：《道德镜鉴——中国叙述性图画与儒家意识形态》，三联书店，2014 年，第 7 页。

[2] 王凤：《中国古代女性形象及其生活空间的建构与表达——以四大木版年画为考察中心》，《妇女研究论丛》，2017 年 7 月第 4 期。

员分工来解决，不平等的是，这种性别分工常常是女性来承担更多的责任、付出更多的精力。“中国这三十年的高速发展，很大程度上是依赖拆分式家庭——把再生产职责私人化，很大程度上是妇女化——制造出劳动力的廉价。”[1] 女性对家庭的付出是无偿无酬的，用传统的眼光来看也是必须的和不容质疑的，这就必然带来新时代女性身份认同上的困难，以及由传统性别分工与新时代性别分工之间的差异所带给女性的身份困惑。

那这种困惑应该如何解决？宋少鹏说：“女性面临的‘个体人’与‘家庭人’的角色冲突，并不是妇女个人的问题，而是结构性问题。结构性压迫不能依靠妇女个人去解决，更不能通过召唤妇女个人强大的承受力或是崇高的德性，去‘完美’适应公私领域两种支配原则的冲突，这本身就是一种压迫。而是，我们在思考社会基本制度安排时，必须带入性别平等的视角，充分考虑再生产职责的社会性特征。”[2] 女德班被追捧的原因，正是女性在面对社会角色和家庭角色冲突寻求解决的路径时，企图通过召唤女性个体的德性来平衡，她们将做一名贤妻良母当成毕生的追求，尤其针对“女强人”忍受个体与家庭冲突带来的空间和时间甚至是精神上的挤压，这就必然带来对女性个体的压迫。

5. 对修习女德效果的夸大

参加女德培训的学员被洗脑式地培训、灌输修习女德的优势，认为女德可以给自己和家人带来“福报”，于是相信了所谓的“摸手聊病”，来自各个阶层的女性都选择相信一个从表面看起来就十分愚昧落后的治疗方法，执迷地认为身体罹患疾病的女性就是不修女德的后果。

同时，女德班、女德讲座的组织者们故意夸大传统女德的适用范围和学习效果，希望吸引更多的女性参与到女德教育中，他们当然是为了谋取更大的经济利益，而不是单纯旨在提高女性群体的道德水平。夸大女德的效果容易带来一个弊端，就是使一切关乎男女关系的问题将更多的原因和症结归结到女性身上，可事实是，面对新的历史时期，不仅女性道德亟须重建，男性道德也应该被提高到一个比较明显的地位；不仅性别道德需要重建，职业道德、公共道德等都需要较为漫长的调整与重构，以适应新时代快速发展的阶段，以应对新时代出现的新问题。但不可否认的是，女性道德是其中最为缺失的一环，因为传统文化对女性和女德的约束力至今仍然起着强大的作用，新时代女德系统的建构仍然面临巨大的挑战。

---

[1] 宋少鹏：《中国女性身份认同的历史与现实——从“女德馆”事件谈起》，《文化纵横》，2015 年第 1 期。

[2] 宋少鹏：《中国女性身份认同的历史与现实——从“女德馆”事件谈起》，《文化纵横》，2015 年第 1 期。

当前，女性在各个社会领域崛起，尤其在公共领域中崭露头角。更多的现代女性希望通过参与社会公共事务来实现自己的人生价值，出现了一大批以事业为重的“女强人”，这显然是对传统女德的挑衅。持传统思想的男性想将女性限制于家庭，将传统女德中的顺从、包容、勤快、服务男性、孝顺公婆等女性规范视为尚方宝剑，夸大事业型女性与男性的生理区别，女德班老师说“还有人要做女强人，想要比男人还厉害。你这么想做男人，就先落掉你女人的特点，子宫切掉，乳房切掉”。企图从先天的生理特征上就断定女性不能做强人，这与男尊女卑的观点如出一辙，通过异化事业型女性的办法阻断女性在公共事务中的参与和主导程度。

从女德班、女德馆、女德讲座相关的社会性事件中，折射出许多深层次的社会问题，这些问题既与社会中的女性相关，又与社会中的男性相关。性别问题在当代社会正以一种更加隐蔽的形态影响着我们的生活，看似已经普及的男女平等观念，却没有在每一个范畴内得到很好的实行，例如在就业领域内一再重申的性别平等在实际操作层面依然会面临重重困难，女性因为需要承担更多的生育责任、照顾义务造成了不同程度的就业性别歧视，哪怕是已经身在职场的女性，也有可能因此得不到与男性相同的晋升空间。尤其是全面二孩的放开，更是给女性带来了家庭角色与职业角色之间的两难。与此同时，男性也没有完全撇清关系，他们被呼吁更多地回归家庭、分担照顾家庭的责任。所以女性的问题从来都不是女性自身的，而是整个社会的问题，女德事件反应出的问题是整个社会道德的问题，女德的缺失和扭曲会造成整个社会道德观念的沦丧。

二、当代女德的现状与问题——女德危机

从历史的角度和现实的角度审视女德，不由得令人产生一种危机意识，我们当今虽然走过了封建历史最黑暗的时期，女性已经在绝大多数领域取得了人身权利和自由空间，但是依然存在着许多问题，造成了一个个鲜活的女性在面对人生困境的时候无力解决而选择相信所谓的“女德班”，相信在家庭里的委曲求全可以换来幸福的生活，这其中透视出女德现状中诸多的问题和危机。

1. 对女德含义和边界的模糊认识

早在《左传・僖公二十四年》有言：“女德无极，妇怨无终。”另有《国语・晋语八》：“昼选男德以象穀明，宵静女德以伏蛊慝。”女德的起点是源于人类自然本能的，但后来女德所有的量变与质变却都是人类本能受到文化影响而发生的时而微妙、时而显著的变化，从这个角度来说，女德是一个始终变化着的概念。

“女德”的概念和内涵意义确指产生在周代，但是女德之外化的妇言、妇容、

妇功方面在史前时期就有表现，女娲与伏羲“因夫妇，正五行，始定人道”就是原初意义上的男女道德原型。也就是说，女德是在人类早期即史前、夏商的生活中被不断沉积下来而形成的具体观念，在人类思维的长期发展过程中才逐渐凸显出来，及至《周礼》将女德概括为德、言、容、功四个方面。在抽象的女德观念产生之前，具体的女德行为和某些女德要素就已经在先人们的思想活动和实践生活中出现了，人类群体将符合女德的行为或素质给予肯定和赞扬，就为女德观念的正式出现提供了借鉴，例如对女娲为世间万物生存而补天之壮举的歌颂等。从这一角度来讲，对女德的考察首先应该将“女德”定位在一个广义的概念里，既包括了女性在社会生活变迁中习得的道德规范以及将之内化为自我约束力的德行关注，也包括了女德行为的外化即女性语言、女性容貌、女性功职等方面。

具体来说，妇德是广义女德的精神核心，是女性整体伦理道德素养的内在，从诞生之初的西周就确立了其在德言容功四个方面中的绝对精神主导地位，在礼仪制度发轫之初对女性“德”的要求就已经上升到了至高的统领位置，而女性在现实生活中的语言、容貌、职功等则是德之内在的外化表现，一方面，通过妇言、妇容、妇功表现出思想观念领域的内在妇德，另一方面又从妇言、妇容、妇功这些具体的要素上准化妇德的细则。

“女德”本身是不具有封建性和落后性的，她只是一个描述女性精神内核和外化行为的状态性表达。就像“道德”一词本身并没有色彩倾向一样，封建道德是符合封建社会标准的道德，当代道德是符合当代社会价值观的道德。“女德”一词也不应具有感情色彩，封建女德、传统女德、当代女德是分别属于不同时间范畴内的女德表现与形态，但是目前将传统女德与当代女德的混淆是常见的错误，最简单的就是将“女德”简单地等同于封建女德或传统女德。女德事件中折射出来的就是当代女性对现实生活中的疑惑无法通过自身的经验得到解决，希望通过对传统女德的修习，更正自己可能存在的问题，解决人生中的困惑。殊不知，传统女德显然并不适合当今社会状况，传统女德中压抑女性、奴役女性、试图改造女性的因素早已经被觉醒的女性所抛弃，今日中国绝不可能再回到男尊女卑的时代。

坚定这一点的同时还需要反省的是，为什么这些参加女德修习的女性们认为传统女德可以拯救她们？首先是她们对新时代女德的模糊认识，没有意识到新时代女性应该建立新型女德体系；其次对传统女德的认可，不能甄别传统女德中的精华和糟粕，一味地屈服于传统力量的约束，女性群体的主体意识不够；再次是对传统女德与新时代女德边界的认识不深，将女德完全等同于传统女德，这不仅是参加女德修习班女性易犯的谬误，也是整个社会认识易犯的谬误。

2. 女性外在美的迷失——整容与瘦身的普遍化与低龄化

以女性为审美对象的审美活动是人类最早期的审美活动之一，女性是天然的审美客体，女性的面容、身体、服饰等都被作为观察和欣赏的参照物，雕塑、绘画、文学几乎所有的艺术形式在早期都以观照女性之美为己任，女性美似乎是所有艺术门类中永恒的话题。“任何对象都不能像最美的人面和体态这样迅速地把我们带入纯粹的审美观照，一见就使我们立刻充满了一种不可言诠韵快感，使我们超脱了自己和一切烦恼的事情。”[1] 对女性外在美的注意从审美的角度观察自然无可厚非，但是当今社会对女性外在的审美关照似乎进入了一个误区——过于强调并带有功利色彩。

当消费文化席卷而来，女性身体的外在美成为商品社会经济利益追逐的猎物，“看脸的社会”“以瘦为美”等观念在传统媒体和新兴媒体的连番轰炸下成为社会主流审美观。刚刚准备摆脱父权制文化压榨的女性身体，在稍稍觉醒后又陷入了消费文化的枷锁。从女性选择整容和瘦身的原因上来看，一部分是因为容貌和身体在现实生活中受到过歧视或危机，给生活带来了阴影而不得不选择依靠改变自身容貌来改变现状；另一部分则是因为受到整容和瘦身时尚潮流的影响，采用人工的手段追求更加完美的自我。无论从哪种角度出发，女性渴望对身体美的塑造都是符合审美认知规律的，但整容与瘦身的普遍化则毫无疑问地反映了女性受到审美文化暴力的裹挟。当人人都以瘦为美、接受以整容为手段的美化时，女性身体成为关注的对象和女性最大的价值，女性日益“被身体化”。女性纷纷追求身体化带来的自信和满足甚至是利益，就意味着女性外在美超越女性美的总体概念，而直接等同于女性美本身，也就意味着女性内在美被遮蔽并发展成被舍弃的一部分，造成女性在审美的极端化浪潮中逐渐迷失。

新型的消费文化与传统的父权文化在对女性身体的规诫上不谋而合，“消费文化中以广告为首的媒介宣传在把女性从与欲望相关的禁忌、焦虑和病态中解放出来的同时，又重新对其欲望进行了日益严格的疏导和控制”[2]。更为严重的是除了整容和瘦身的普遍化之外，随之而来的是低龄化的危险，“有 14 岁来做重睑术和鼻综合的艺术特长生，还有 19 岁花费 14 万进行隆胸手术的艺考生”[3]，每年的中考和高考过后，都会有大量的年轻女性涌向整容和瘦身的大军中，有些未成年女性甚至采用一些极端的伤害身体的手段来完成自我的“蜕变”，厌食症和

[1] 北大哲学系美学教研室编：《西方美学家论美和美感》，商务印书馆，1981 年版，第 227 页。
[2] 章东轶、王铁波：《美女文化与电视中的女性形象建构》，《杭州师范学院学报》，2003 年第 2 期。
[3] 樊嘉宁：《女性整容者的角色认知及其意义》，哈尔滨工业大学硕士论文，2017 年 6 月。

整容失败的例子不绝于耳。商品经济对女性身体的改造往往与个体切身的经济利益紧密相关，容貌与收入之间的“高跟鞋曲线”[1]、容貌与婚姻之间的溢价筹码都是经济社会给女性审美功利化的美容刀，它们像医生的手术刀一样将一个个女性雕刻成同样的躯壳。

3. 对女性权利和女性价值的过分贬低或过分拔高——网络女权纷争

女权主义传入我国后逐渐成为女性话题中最具有进步参考价值的议题，为女性争取权利、提高自身社会价值提供了理论依据，但是随着网络媒体和社交平台的普及化，出现了对女性权利和女性价值的倡导者们污名化和妖魔化的趋势。“女权”甚至成了不愿被人贴上的狗皮膏药，女性专家们往往更乐意用“女性主义者”这个名号，唯恐成为“中华田园女权”中的一员。在网络舆论中遭遇污名化的女性权利倡导者通常被塑造成强势、独立、仇男、极端、偏激的刻板形象，这种污名化直接导致了她们所倡导的女性权利、女性价值的目标和追求被掩盖，从而遮蔽女性主义真正要实现的性别平等，人们急于与“女权”划清界限，使女权成为一个贬义词。

同时，某些媒体为了追求经济利益的最大化，故意从迎合女权者们的角度展开探讨，例如触及剩女痛觉的SK-Ⅱ广告，从为剩女群体发声的角度收获了一篇赞誉，但是“广告商们对女权符号的过度使用，某种程度上消解了女权主义追求的真正目标，消费主义中的女权符号，实际上对女性消费者有着‘麻醉效果’，受众在消费带有女权符号商品的过程中，误以为女权主义已受到广泛关注，自己已经成为了女权主义者，而忽略了男女并不平等的社会现实以及对女权主义目标的真正追求”[2]。如此一来，就在网络发达的今天形成了两种态势：第一，女权主义者为了伸张女性权利和提高女性奋斗的价值，得不到大多数群体的认可，除了顽固不化的父权制思想外，就连稍微具有女性意识的群体例如剩女，也因为不愿被归为“女权”一类而消解了自身的反抗斗争精神；第二，对女性权益的广泛申诉，例如女性孕产假的要求、女性退休年龄的要求等，在网络平台上引起过深入社会思考，误使大众认为我国社会已经实现了性别平等，尤其是与资本主义发达国家特别是日本、韩国相比之后，例如我国女性的受教育程度和就业情况良好，从而产生已经达到了很大程度上的性别平等的误读。为了改善对女性价值的过分贬低而引发的的女权主义讨论，是“在女权主义概念尚未被多数人正确理解和广泛接受的情况下，女权主义的严肃报道和讨论的缺乏更加阻碍了受众对女权主义

[1] 郭继强、费舒澜、林平：《越漂亮，收入越高吗？——兼论相貌与收入的“高跟鞋曲线”》，《经济学（季刊）》，2016年第1期。

[2] 易小蓉：《女权主义网络媒介形象研究》，暨南大学硕士学位论文，2018年6月。

的理解和接受，受众只能从国际女权运动和影视、商业的推荐中片面的感受女权主义”[1]。这也是导致网络女权纷争的原因之一。

由此来看，网络女权的纷争极易导致女权主义走上极端化的道路，形成大众舆论对女性权益和价值的两极化认识态势，一大批起初支持争取女性权益的“潜在女权主义者”们，因为害怕被贴上强势、仇男等一系列的标签而不再敢直视女性社会问题，而转用一种看似更温和、实际上更暧昧的态度，这是当代女德不得不面对的尴尬现状。

4. 女性自我意识的迷失

当代女性因为受到女性主义思想的影响，向往着女性的觉醒，渴望着女性地位的提升，从而建立一个性别平等、自由发展的新环境。封建社会女性依附于男性和男性家庭，无法脱离其独立生存，猛然传进来的女性独立思想，“使得对启蒙精神的践行集中在外显的部分，职业自由、经济独立、地位平等、行为解放，沸腾而繁华，但事实上，外显的解放行动没有等到内在灵魂的真正解放，甚至，女性在精神上产生了更多依赖”[2]。也就是女性在接触独立意识之初，单纯从职业、经济、行为等外部开始着手，而并没有触及独立精神的内涵，形成了一种“外显独立，精神依赖”[3]的新型依附关系。这种对男性的依赖比之传统社会中的性别依赖更加难以匡正，所导致的女性自我意识的迷失，也以一种更隐蔽的形式展现。

夫妻在正常生活中形成一定程度的依赖关系本是情感的体现，但是精神依赖的程度不能过度，过度的精神依赖会导致女性自我意识的迷失，失去自我的人终将是难以达到人格独立的。自我的丧失会导致一系列其他问题，例如女德班中的女性们把丈夫的出轨看成是自己的问题，竭力从自己的外表、性格、能力上找不足，以此证明自己在某一方面的缺陷是造成丈夫出轨、家庭破裂的原因，从而形成了对自我的全面否定，更有甚者发展出自卑情绪乃至引起了严重的心理疾病，最终导致了悲剧性的结果。

5. 对母德的过分强调与现实母德教育空缺之间的矛盾

现代社会竞争激烈，家庭为了培养适应社会发展的下一代，比之以往更加强调了学校教育之外的家庭教育，而在传统家庭教育中，母亲的角色往往被认为重于父亲。公共社交平台上随处可见《母亲的性格决定孩子的一生》《母亲的修养

[1] 易小蓉：《女权主义网络媒介形象研究》，暨南大学硕士学位论文，2018 年 6 月。
[2] 关景媛：《以“淑”为表征的传统女性教育合理性问题研究》，东北师范大学博士论文，2014 年 6 月。
[3] 关景媛：《以“淑”为表征的传统女性教育合理性问题研究》，东北师范大学博士论文，2014 年 6 月。

决定孩子的教养》等强调母亲职责的文章，不由得给母亲群体带来教育的焦虑，“教育拼妈”已经成为继“拼爹”之后的又一社会现象，不同的是，“相对于‘拼爹’而言，‘拼妈’应当算是一种进步。‘拼爹’拼的是父辈的权势和财富，破坏了社会公平、阻碍阶层流动，所以遭人诟病。而‘拼妈’则是一种个人竞争，且不是中国独有的现象”[1]。社会对于“好母亲”的期待较之前有过之而无不及，传统母德对母亲在教育子女中的职责还仅限于个体的道德领域、限于女儿的德言容功等，但新时代对母德的要求则涉及到子女教育的方方面面。海斯曾提出“密集母职”(intensive mothering) 概念，金一虹在考查我国的现状时提出了“母职再造”，都是就新时代母亲职责的强化和范围的扩大而引出的讨论。

强调母德在家庭教育中的重要作用是具有历史渊源的。自古以来对子女的道德教化就多与母亲身份有关，金日磾的母亲教子有方受到汉武帝的嘉奖，翟方进的后母织屦为业、无私奉献直到供养他成才，都展现着一个家庭中母亲的德行对子女潜移默化的影响。但与此同时，母亲角色在德行上的输入与输出却是不平衡的，一方面女性身处儒家教化的边缘，尤其是在官学教育中根本不见女性的身影，只是在家学教育中偶尔有对女性角色的教育，可另一方面却苛责一个家庭中的母亲担负起整个家庭教育中的德行教育，这无疑是不匹配的。母亲如果作为整个家庭教育的主要施教者，那么必然应该对其进行较为全面的塑造，通过教育的细节培养出符合母亲角色要求的女性，淘汰不符合要求的女性。但如今的母亲教育并不具备系统学习的可能，只能依靠女性自身成长的过程从身边的母亲样板中学习，从媒体舆论的母亲形象上习得，这恐怕既是传统女德也是现实女德在母德养成上的矛盾之处。

当今的家庭教育中关乎母亲教育的现状无疑存在着许多盲区：首先，忽视家庭教育中的道德教育，过分强调知识教育、能力教育，基本上子女受到的家庭中母亲的道德教育在整个人生道德教育系统中占重要的基础作用，而道德教育在所有家庭教育的类型中往往不占主要位置；其次，对母亲教育的缺失，尤其是外部教育的缺失，学校、社区、社会对母亲教育的忽视，只单依靠母亲们的自我教育实现。对母德的教育是女性道德教育中欠缺的一环，女性并不天然地具备做一位合格母亲的资质，诸多对母亲德行的要求和教育的手段方式等都依靠个体后天的学习与实践，目前缺乏专门学习的环境与场域。这种理想化母德与现实母德之间的矛盾，迫使当今的母亲们在为人母之后才开始补课，通过各种育儿网站、交流群、公众号等新型传播手段接收参差不齐的育儿知识，母亲们焦急地渴望以更科学、更合

[1] 陈方：《“拼爹”要不得“拼妈”也要适度》，《光明日报》，2014 年 6 月 11 日。

理的方式来抚养和教育子女，成为所谓的“超级妈妈”。

母亲教育具有天然的权威性和情感性，子女与母亲之间的关系是任何人都替代不了的，所以母亲角色在子女教育中被认为是重中之重，但与此同时，过分强调母亲和母德可能会带来诸多后果。第一，把女性与母亲等同起来，以母亲的定义来要求女性，使母亲的职责完全覆盖女性的职责，“当女性的角色几乎压缩到和母亲角色等同之时，女性个体的价值就被消解”[1]。一方面对于职场母亲来说，挑战家庭和工作带来的双重压力已经挤占了绝对的时间和精力，很难从压力的缝隙中找到自我价值的实现；另一方面对于全职母亲来说，舆论的压力天然地认为全职角色于家庭、于子女将是全身心的投入，但凡有一丝的不完美都是全职母亲的失职。所以，母亲们集体陷入了焦虑，“无论是接受还是拒绝主流的母职意识，母亲们都无法摆脱焦虑。她们似乎注定要陷入对自己无法称职的自责或无法完全牺牲自我的自责之中”[2]。这无疑也是新时代女性面临的集体困惑，过多关注自我和工作的女性往往被认为是失职的、母德欠缺的，同时现实女性在为人母的实践中却很难得到正规的专业教育，只能依靠自己的摸索与成长，也是当今母德的现状和尴尬。

实际上母德教育本身面临着可行性的质疑，假若在女性教育中强调母德、强调母亲的角色与职责，会有将女性继续困囿于家庭的可能，女性将更难走出家庭，这样一来女性千辛万苦争取来的受教育权，特别是高等教育中的性别差异“支持女性接受更高教育以承担教师职责的做法在理论上也不过是女性扮演母亲功能的扩大”[3]。假若不强调母德与母亲教育，那子女教育的科学性和创造性将很难获得明显的突破和提升，只有在母亲惯性的范围内进行。

6. 女性社会角色与家庭角色的冲突

传统的社会角色分工要求女性将更多的时间和精力用于家庭，这与新时代对女性社会角色的高要求是矛盾的，当今女性同时面临着职场的压力与生活的重担，不可避免地面临着社会角色与家庭角色造成的冲突。

虽然在当代社会无论男性与女性，可能都会面对社会角色与家庭角色的矛盾，但这个矛盾也存在性别差异。因为女性在家庭中被赋予了更多的责任，承担了繁琐家务、照顾老人、养育子女等任务，根据《当代女性美德建设研究》的调

[1] 金一虹、杨笛：《教育“拼妈”：“家长主义”的盛行与母职再造》，《南京社会科学》，2015 年第 2 期。

[2] 俞彦娟：《女性主义对母亲角色研究的影响——以美国妇女史为例》，《女学学志：妇女与性别研究》，2005 年第 20 期。

[3] 史静寰：《妇女教育》，吉林教育出版社，2000 年，第 14 页。

查[1]，约三分之二的人认为女性在家庭中的角色更加重要，剩下三分之一的人认为女性在职业生活中的角色更加重要，58.8%的女性感觉到事业和家庭角色之间的冲突以及两者难以兼顾，“双重角色的压力带来心灵的疲惫感。家庭角色和社会角色的双重压力使广大女性不仅在身体上，而且在心灵上都深感疲惫不堪”[2]。这是当代女性面临的身体与心理的双重难题。“她们被动地为家务所累，自我发展困难重重……在繁重的双重角色面前，心理上强烈地感到身不由己的变化，觉得自己‘越来越变得不是原来的我’。”[3]而家庭中的男性尽管也担负着父亲、丈夫和儿子的角色，却较少会直接影响其社会角色的发挥。导致此种现状的原因除了传统性别分工的余威之外，当代舆论塑造所起的作用也不容小觑，甚至在某种程度上加强了传统性别歧视的内涵，并使其变得更加隐蔽。

根据心理学与社会学的调查来看，相较于男性而言，女性更容易与家庭联系起来，也就是说传统文化中对女性家庭角色的强调，在今天看来只是稍有好转却依然难改整体趋势。“在自我概念中，女性被试比男性被试对‘家庭’角色的认同感更强，也强于对‘工作’的认同；其次，在‘男/女性’概念中，男、女被试均更容易将‘女性’与‘家庭’联结起来且想到‘女性’，家庭概念比工作更容易激活。”[4]在现实情况中，女性因为需要承担以抚养子女为中心的家庭劳动，可能有放弃社会工作或暂时放弃社会工作的选择，在中国社会中，“全职妈妈”“全职主妇”依然占有相当大的比重，但是“全职奶爸”却极少见。“随着年代的变迁，一些欧美和亚洲国家的性别角色态度日益趋向于现代平等和选择自由，但中国被访性别角色认同的传统定型未见衰微，且似有强化态势。从宏观的社会、历史缘由分析，这或许与经济、社会转型期妇女的就业难度增加、全员就业、连续就业减少不无联系。”[5]女性失去社会工作的比例越大，参与家庭工作的比重就越大，也就是说女性不仅被期待参与更多的家庭劳动，也意味着女性在实际生活中更多地为家庭付出。

近来呼吁量化、社会化和薪酬化家庭劳动的声音不断，女性对家庭的时间与精力付出如果能够真正被社会化，那女性在面对家庭角色和社会角色的矛盾或许会有好转，也会在一定程度上缓解女性就业的困境，但薪酬化家务劳动的实际操

[1] 李桂梅：《当代女性美德建设研究》，中国社会科学出版社，2017年，第62页。

[2] 李桂梅、黄爱英：《当代中国女性道德人格塑造的困境与出路》，《伦理学研究》，2014年第2期。

[3] 史莉：《角色·困惑·追求——当代女性形象探索》，中国妇女出版社，1988年，第104页。

[4] 吴梦玲：《中国双薪夫妇的平等性别角色态度与婚姻质量的关系》，西南大学硕士论文，2017年5月。

[5] 徐安琪：《家庭性别角色态度：刻板化倾向的经验分析》，《妇女研究论丛》，2010年第2期。

作目前难有进展。

三、新时代女德建设与实践中诸问题的成因

除了觉察新时代女德建设中的问题以及当前社会存在的道德危机之外，还需要深刻分析这些问题产生的原因。多元化的社会价值观是造成新时代女德矛盾与冲突的社会背景，客观上亟需观念更新、理论更新来适应新情况，同时在价值观的复杂变迁中，正确评判女性的道德行为失范不能脱离整体社会价值观的多样化后果，女德失范与整个社会的道德问题密不可分。

1. 政策上缺乏对女性的保障

新时代女性要突破传统性别制度的束缚，必须依靠政策上对女性的支持与保障，以立法的形式来实现女性权益的保证，以制度化的设计来规范女性道德以及男女道德的边界。尽管新中国成立以来已经逐渐发现了女性权益法制化的必要性，女性们走出家庭、参加社会劳动并得到“半边天”的肯定，但是通过“女德事件”的观察不难发现，女性在当今社会所感受到的焦虑、矛盾、不安全感，都与政策上的欠缺有关。

第一，女性在婚姻家庭中的权益保证有缺失，尤其是《婚姻法司法解释（三）》出台，女性在婚姻关系中财产得不到有效保障。例如有些地方有结婚时男方买房、女方装修的民间习俗，在新的司法解释下，若要离婚房产增值虽不大却仍属男方财产，女方装修部分不参与增值，实际上来看反而是贬值的。再如婚姻中男方婚前的房产，往往为了稳固女方结婚的意愿，而流行一种“加名字”的说法，即将房产的所有者中加入女方的名字。这将直接带来婚姻关系的物质化和对女性物化的倾向。而农村离婚女性连维持基本生活的土地承包经营权、宅基地使用权等都难以保障，“基层法官在处理农村离婚纠纷房产分割时非常难，如果严格按照《婚姻法司法解释（三）》来办，对农村妇女儿童的权益保障确实极为不利，所以一般情况下，法官更愿意调解，让双方都做出一些让步，从经济上给女方更多的补偿，因为宅基地上的房产是无法分割给女方的”[1]。普通女性日常生活中最紧密的婚姻和家庭关系尚且不能得到法律政策方面的保护，女性群体的其他权益就更难上加难了。特别是将全部身心投入到家庭生活中的全职太太和家庭妇女群体，婚姻带给她们的风险将会被转嫁到其他方面，包括结婚彩礼的飙高、结婚率下降、离婚财产划分的困难、全职太太的减少等。

第二，女性在就业方面缺乏有力的政策支持。“以往妇女的高就业率和男主外女主内传统分工的式微，主要是20世纪五、六十年代国民经济恢复和调整时期

[1] 马荟：《当代中国婚姻法与婚姻家庭研究》，山东大学博士论文，2013年4月。

劳动力短缺，以及指令性计划经济年代国家以性别比例搭配、发展幼托事业等行政手段解放妇女劳动力，基层单位全面保障女性连续就业的结果，而当前女性就业率下降以及传统性别角色意识的复归，在很大程度上受生产率提高、农村富余劳力大量涌入城市以及产业结构调整过程中的劳动力供大于求的影响，同时也是市场竞争激烈、工作压力和双重负荷增大的延伸。”[1] 劳动力的富裕使女性在就业时相较男性处于劣势地位，因为以传统的眼光看她们需要面临家庭和生育带来的精力时间占有，而造成用人单位在实际工作中的缺岗，所以用人单位宁愿选择在能力上稍逊一筹的男性，也不愿选会有生育假和哺乳假的女性。所以尽管法律和政策保障就业领域的性别平等，但其执行和贯彻却是不力的、不彻底的，“制度在执行的过程中对于人们起着价值导向的作用，引导其做出符合社会主义道德的行为模式”[2]。这必然引起一系列的恶性循环，使就业中的性别歧视以一种更加隐蔽的形式出现。

2. 对女德教育的忽视

当今社会女性受教育的比例已经大幅度提高，尤其接受高等教育的女性人数增加，已经在较为广泛的层面上改善了受教育权中的性别不平等。但是接受各种专业知识的学习却不能改善女性对女德的认知，这与各阶段学校教育中缺乏系统的女德教育有很大关系。秦汉时期的女德塑造中比较重视教育所起的作用，尽管该教育的目的是培养符合儒家规范的典型女性，这在当代并不可取，但对女德教育的重视却是值得借鉴的。也就是说当代女德建设中出现的诸多问题，与不重视女德教育有很大的关系，导致了对女德规范的模糊认识与理解偏差。

对女德认识的误区直接导致了“女德事件”的甚嚣尘上，也加剧了社会对女德概念的偏见和误解。女德教育应该与所有的道德教育和美德培育一样被纳入专业学校教育的视野，以正规的渠道去获取全面的认识和理解。随着国学热的兴起，近些年传统文化的教育得到重视，传统女德一样可以做到去伪存真，在保留优秀传统的基础上继续为当前的社会进步所用。真正要思考的是如何将传统女德中优秀的文化因素传承下去，以教育的方式得到继承和弘扬，而不应该将女德教育完全排除出教育的范畴，造成女性道德教育的一片空白。

同时值得注意的是，现代社会相对于古代社会相对固定单一的社会生活来说，人际关系更为复杂，道德关系也就更加繁复，而且具有变化性。例如当今职场女性面临的职场关系以及职场道德，就是古代道德系统中不曾包括的，也就意味着

[1] 徐安琪：《家庭性别角色态度：刻板化倾向的经验分析》，《妇女研究论丛》，2010 年第 2 期。
[2] 鲁芳：《生活秩序与道德生活的构建》，人民日报出版社，2018 年，第 154 页。

新型人际关系相处模式的“道德空场”[1]的产生。女性在处理新型道德关系时，无法从已有的伦理道德准则中直接套用，从而显出了无所适从的窘迫。

3. 社会与家庭对女性的双重需求

传统文化中将女性寓于家庭，较少能够体现社会对女性的需求，就使得对女性的家庭需求所占比重更大，但女性觉醒以后尤其是新时期，女性走出家庭能够广泛而全面地参与社会工作，除了体现出女性的社会价值之外，也反映出社会对女性的刚性需求。就社会整体来说，两性和谐且共同的付出造就了社会水平的发展，虽然传统文化有意地忽视了女性的社会价值，但这种有意并不能抹杀女性隐藏在背后的力量；就女性自身来说，新时代女性参加工作、走向社会与其家庭角色中的家务付出并不矛盾，真正的矛盾体现在时间与精力的分配、社会对女性角色的预期和女性（尤其是母亲）自身内心深处的情感倾斜与纠结。

城市职场女性在择业与职场中面临的不平等以及性别差异中的弱势地位，使广大女性深刻认识到社会性别竞争的残酷，尽管如此，她们还不得不同时面对女性在家庭付出中的时间与精力都无法得到公正的价值认可。一边是工作中与男性之间你死我活的生存竞争，一边是家庭中“无私的”却得不到承认的付出，两难的抉择慢慢“都使得女性逐渐感到家庭支持力的有限性和关怀与理解层面的精神饥饿，导致女性不愿再过多的承担家庭的责任，尤其是高知女性更愿意把精力和能力转移到工作场域已获得成就感和安全感”[2]。目前女性选择晚婚、不婚、离婚、丁克比例日趋增多，是女性面对社会与家庭的角色的选择难题时，最终选择了社会角色的结果，作出此种选择的女性人数越多，越能够证明女性面对的难题和压力巨大。

愿意放弃婚姻和生育的女性总体上看是少数，出于传统文化或人类生理特征的因素，女性很容易走上接受婚姻和生育并为此承担妻职和母职责任的老路，但反抗传统的女性却宁愿走出一条新路，如果这只是她们由于个人自由意志的选择当然是可赞可叹的，但如果她们所做的选择是出于一种不得已而为之的绝望，则不禁令人唏嘘：这些女性究竟是受到了多大的生存压力，迫使她们牺牲自己的家庭角色，而在道德难题的抉择中，选择了将更多的可能性倾注于工作。同时也给我们带来了思考，即当选择社会角色的女性人数足够多、时间跨度足够大、积累足够久的话，就会暴露出更多的社会问题，例如单身男性的婚姻状况及由此带来的社会不稳定因素，单亲家庭增多及由此引发的青少年情感缺失和心理问题甚至

[1] 鲁芳：《生活秩序与道德生活的构建》，人民日报出版社，2018 年，第 151 页。
[2] 关景媛：《以“淑”为表征的传统女性教育合理性问题研究》，东北师范大学博士论文，2014 年 6 月。

犯罪可能，生育率的下降现象及人口老龄化问题等。

事实情况是，无论女性在面对家庭和工作的两难时作何选择，她们都在一定程度上受到巨大的社会舆论压力，“剩女”成为共性的社会问题，她们被贴上了挑剔、焦虑、不孝的社会标签，而具备了贬义的感情色彩，单身女性被家庭和社会赋予了超过自身所应负担的压力，在这个过程中，媒体的传播“通过对全世界单身潮避重就轻，并对传统的性别价值评判予以附和的报道，媒体隐蔽地实现了将单身现象女性化、将女性单身现象问题化的制造”[1]。即便如此，高知高收入女性仍会较多考量婚姻中潜在的危险，“不婚不孕保平安”成了女性之间戏谑却无奈的流行语，宁愿单身也不愿轻易地选择婚姻。除此之外，已经处在婚姻中的女性，面对社会和家庭需求之间的矛盾、面对家庭劳动价值化的无望，在一定程度上也会影响生育意愿，所以更多的人选择丁克，同时这也是全面放开二孩政策实施后效果不如预想的重要原因。女性在生育二孩时耗费的时间和精力以及所导致的事业中断、经济压力的增大，都是基于社会与家庭对女性双重需求。

4. 个体需求的扩大造成道德的两难选择

随着社会的进步，人们对生活的需求已经不只限于物质基本生活的满足，还追求精神层面的提高，例如归属的需求、情感的需求、自尊的需求、自我价值实现的需求等。然而越是精神层面需求的扩大就越会造成超越伦理、超越基本道德底线的选择，“现代中国文化的问题，不是‘出世’的问题，而是‘入世’太深的问题。就是说，世俗的生活缺乏价值引导下的伦理的超越，功利主义、金钱至上代替了对价值超越的追求，而当文化生态中缺乏西方式宗教的超越机制的引导时，伦理的失落必然会导致社会的失范和整个社会精神生活的贫乏与平庸”[2]。女性道德也不能例外。当整个社会以功利主义来衡量人生价值是否实现，道德就被缩小到有限的领域中，直接带来伦理道德的失衡，如性道德的失范就是其中最显著的例子。

个体需求的扩大还表现在接受了觉醒意识的女性，更愿意通过自身的社会价值来证明性别平等，而不再依靠妻子角色、母亲角色来突出自我。交往渠道的扩大使得女性在多层社会角色上具备了被认可的可能，她们可以通过多重渠道的尝试去获取个体价值的实现，婚姻的成功与否不再是衡量女性的唯一标准，单纯“婚姻圆满”的女性也不再得到所有圈层的认可，反而容易被贴上“老妈子”的标签。同时个体需求的多元化可能会给女性带来更多的机会，有学者基于实证研究的例

[1]刘利群、张敬婕：《“剩女”与盛宴——性别视角下的“剩女”传播现象与媒介传播策略研究》，《妇女研究论丛》，2013年第5期。

[2] 樊浩：《中国伦理精神的现代建构》，江苏人民出版社，1997 年，第 47 页。

子指出女性在工作与家庭的关系中是互相促进的[1]，但这也不意味着女性在工作和家庭中的矛盾不存在，只能证明在一定情况有可能实现二者的优势互动关系。

5. 媒体对女性道德的偏见

考查女性道德建设中问题的成因，除了社会与时代造成的一系列纠缠不清的深层原因之外，大众媒体对女性道德的偏见也深刻地影响着女德的走向，在传统与新兴的媒体渠道如广告、报刊杂志、影视、新媒体中，对涉及女性的报道与形象塑造都存在一定程度的偏颇。这种流行于媒体层面的偏见与不公不同于其他范畴，媒体具有强大的传播力和影响力，因此可能给女性带来的是毁灭性的打击。

首先有部分媒体在有意无意中宣扬了传统女德观念中的落后弊端，例如对女色的过分追求直接掩盖了女德中的向善因素，而一味地提高容貌对女性整体评价的比例；又如过分地宣扬女性对物质追求的范围，简单地贴上“拜金女”的标签，“宁愿在宝马车里哭，也不愿在自行车后座笑”，使女性道德的功利性取向被夸大，也使得道德评价与抉择的天平日渐向功利性的一边倾斜。

其次有部分媒体在报道中加深了女性的刻板印象，例如将家庭与女性紧密的联系起来，凡是女性为中心的影视作品，多以家庭的背景展开，即使主角是事业女性，也往往将视角放在平衡事业与家庭的关系上；对广告和影视类作品中的女性性吸引的强调，突出了女性的身体特征，有着物化女性的趋势，“在近来的性形象爆炸中，一个突出的主题是女性的身体，其表现方式既富视觉感又形诸文字叙述 ……无论背景多么刻板，这些表现中的妇女，都显出被男性注视的样子，无论实际上观看者是男是女。由于被剥夺了自主性，这类图像中，妇女的表现强调了女性作为男性行动依赖者，等待着被男性完善，甚至赐予生命”[2]。另外鉴于消费主义全球化的泛滥，女性在媒体的传播中被日益刻画成消费的主流，例如每年“双 11”从一个光棍节被强势电商生生地设计成了“购物节”，丈夫们纷纷调侃要“在双 11 凌晨拔掉家里的网线”，把家中的妻子塑造成了“购物狂”的形象，尽管部分购物平台上的男性消费者更多，却在这里被有意无意间忽视了。

媒体对女性道德的偏见究其深层原因，其一是媒体缺乏女性意识，导致了对女性的描绘或报道不能绝对公平公正，并可能导致真实性被蒙蔽甚至欠缺；其二是传统性别意识的余响，沉淀了多年的父权制文化无法随着制度的推翻被直接消灭，而是以一种更加隐蔽的形式潜藏在思想深处，“作为社会意识载体的大众传

[1] 严标宾、林知、邓珊、张艳：《工作——家庭促进对职业女性主观幸福感的影响》，《华南师范大学学报（自然科学版）》，2014 年 11 月第 6 期。

[2] ［英］艾华、李小平等：《大众传媒中的妇女与性》，《平等与发展，“性别与中国”（第 2 辑）》，三联书店，1997 年，第 109-110 页。

媒也或隐或现地传播着性别歧视的内容，它们或将女性定型于传统角色，或将女性商品化或物化，这又反过来强化了人们心目中的角色定型和性别分工。”[1] 这些都将直接导致媒体对女德的偏见很难及时被发现，尤其是将女德与功利性的联系夸大时，强大的经济利益驱动必将扰乱道德追求的无暇，导致整体善良的道德社会氛围的欠缺，并由我们亲手塑造出一个道德冷漠的社会。

[1] 王郁芳：《从伦理视角解读传媒中的女性偏见》，《中华女子学院学报》，2009 年第 2 期。

第三节 新时代女德建构的设想

根据2015年《当代中国女性道德状况调查》的情况来看，“当前我国女性道德的总体状况较好，……但女性在性道德领域和社会公德方面还存在不近人意之处。”[1]诚然，自女性解放意识深入我国以来，女性道德在诸多方面取得一定的进展，但检视前文所述之社会现实状况，特别是新时代更加复杂多元的性别问题，迫切需要通过构建符合新时代特色的女德体系，因为“有些问题已经逸出了原有的伦理学框架和现有的道德规范体系”[2]，在新旧交替的交叉复杂局面下，我们试图从传统女德里借鉴适合于符合现实的理据。没有任何一种社会规范是可以放之四海而皆准的，秦汉女德对新时代社会的意义不在于其时于女性本身所设立的德性、言行的规范，那些规范基于秦汉社会状态而定，肯定不适合今日的社会现状。但作为一种社会风俗，传统女德的习惯性力量强大，“风俗以其强大的规范性和约束力量，在社会的各个角落调节着人们的行为方式，潜移默化地对社会进行着控制，成为礼制、法律、行政控制手段之外的另一种社会秩序维护力量”[3]。若要打破这种习惯，需要以全新的面貌整合现有的性别秩序，移易所有涉及女性的伦理范畴，力图建立一个符合新时代特征的女德体系。

一、新时代女德建构的基本目标

新时代女德建构指的是在新时代的条件下，根据目前政治、经济、法制建设的客观社会需要，提出一套适用于当代女性的道德价值标准和规范，形成固定的评价体系和女德风尚，来培育女性的德行，指导女性的发展，促进男女性别和谐，以维护社会主义道德文明建设。

1. 建构新时代女德的总体原则

新时代女德伦理体系的建构应该以性别平等、自由解放、独立自主为总体原则，并追求在此原则下女性道德的逐步完善。树立新时代女德的观念是实现女性自由自主的第一步。

（1）性别平等

性别平等是早期女性解放运动和女性觉醒活动中最早提出的理论构想，尽管性别平等涉及到几乎所有的男女问题之中，但最早的性别平等多是由女性的社会

[1] 李桂梅、欧阳卓灵：《当代中国女性道德状况调查》，《伦理学研究》，2015年第4期。
[2] 曹刚：《道德难题与程序正义》，北京大学出版社，2011年，第47页。
[3] 贺科伟：《移风易俗与秦汉社会》，中国社会科学出版社，2014年，第143页。

角色入手，认为性别不公是由女性的社会权利和社会地位不高决定的，特别是女性参政比例不高的问题得到较多的社会关注。但同时应该发现虽然法律上采取了一定的措施以提高女性参政比，实际的收效却并不明显，女性拥有了选举权与被选举权，可是女性地位仍然没有达到与男性相等或接近的高度，也自然没有实现更广阔领域内的性别平等。所以要解决平等问题，不能只着眼于社会公共领域中的男女平等，而是应该从个体的私人领域即家庭、婚姻、人际关系中寻求性别平等的突破口。

①个人领域内的性别平等

个人领域内的性别平等涉及到夫妻之间、子女对于父亲与母亲之间、家庭内部子女之间的性别平等。

个人领域内的性别平等首先体现在夫妻关系中的性别平等，这是最明显、最易观察到的性别平等问题。夫妻双方原本来自不同的家庭，是婚姻关系的缔结组成了新的共同体，又因为得到女性主义的关注，所以夫妻之间的性别平等是最敏感的平等话题之一。在 2020 年初新冠肺炎防控的特殊时期为了防止疫情的传播，各地采取了方式不一的外出限制规定，这就使得大多数家庭中的成员们不得不长时间、不间断地被限制在家庭之中。观察家庭成员间的相处模式尤其是夫妻之间的相处成为观察个体领域性别平等问题的一个契机，被限制在家庭内的男性们难免面临比工作日更多的家务劳动和育儿责任，这恰巧给男性群体提供了一个被动体验家庭劳动之重的机会。这些惯常由女性完成的家庭劳动，往往需要消耗掉大量的时间和精力却不能完全被认可。当男性参与其中并充分体验家务劳动的重复与烦琐之后，才更有可能肯定家务劳动的价值、理解女性伴侣特别是家庭主妇的贡献和付出，甚至对实现家庭劳动社会化、薪酬化提供了更多可能，这是实现个人领域中性别平等的重要一环。

特别是在疫情防控期间各类学校响应教育部“停课不停学”的号召，开展各种形式的网络课程，并布置由家长配合才能完成且需向教师提交的练习或作业，形成一种新形势下的教育风气——打卡。特殊时期打卡式的家庭教育模式，由母亲来负责的概率更大，因为在以往传统的家庭教育中，母亲承担的角色往往被认为重于父亲，当代社会对于“好母亲”的期待较之前有过之而无不及，传统母亲教育子女的职责范围还仅限于个体的道德领域，但新时代对母亲的要求则涉及子女教育的方方面面，疫情防控时期来自各科教师和课外辅导机构的“打卡”任务令新时代的母亲们身心俱疲。基于传统家庭性别分工观念，女性应该承担更多家庭劳动和家庭义务的想法依然广泛存在，2020 年 2 月 9 日在济南向驻济企业发出的倡议书中明确表示，有低学龄的双职工家庭“在延迟开学期间可以女方为主向企业提出在家看护未成年子女的申请”，这看似是疫情防控中的人文关怀，却明显有违男女平等的观念，是将家庭中的育儿责任机械地划归于女性的举措，对这种带有性别歧视色彩的叙述话语，应该时刻的保持警惕。相比之下，北京规定疫情防控期间“每户家庭可有一名职工在家看护未成年子女”，则要灵活公平许多，母亲在养育子女的过程中并不应天然地比父亲承担比重更大的责任，否则将会给女性带来无穷无尽的道德绑架。

特别是对事业有成但婚姻家庭不幸的女性而言，舆论通常指责她们由于对家庭的牺牲和奉献过少导致了家庭与事业之间的失衡。尽管对于社会化性别分工来说，现在完全可以通过市场聘请专业化的家政人员来解决家务劳动分配的问题，但多数经济状况处在中下层的家庭仍旧不具备完全依靠市场解决实际问题的收入。而且在疫情防控恰巧与传统春节撞上的特殊时期，就连原本可以通过聘用保姆、代际抚养来解决家庭劳动分配问题的女性，也因为劳动力市场的暂时欠缺、疫情防控的隔离举措等而只能用她们自身的劳动来代替。所以在多数家庭中男女双方的性别分工或暂时的家庭代际成员分工依然是解决家务劳动问题的主要方式。不平等的是，这种性别分工常常是由女性来承担更多的责任、付出更多的精力，即使是代际抚养，承担主要照顾责任的也是家庭中的奶奶或姥姥，这又体现了老年夫妻之间存在男女性别的不平等问题。

在同一个家庭中除了夫妻之间因为性别有差的平等问题之外，还有子女之间由于性别差异而产生的性别平等问题。重男轻女是深受传统男权思想荼毒家庭在生育观念上的主要问题，根据调查数据 80 年代之后我国的人口出生性别比一直偏离正常水平，男孩实际出生率高于自然可能出生率，进一步导致我国社会性别比的失常。人为干预婴儿出生性别、通过现代医学技术选择后代性别的行为，不仅严重破坏了我国社会正常的性别平衡比例，还极易造成新的性别不平等问题。更多的女婴被人为地剥夺了生命，更多的女童在重男轻女的家庭中被歧视对待，更多的育龄女性承担着生男生女问题的生理与心理痛苦等，性别失衡带来的择偶困难、买卖婚姻、性暴力犯罪等后果不堪设想。

相较而言，子女对待家庭中的父亲与母亲之间却并没有显示出性别平等的问题，尽管如上所述母亲在养育子女的时间和精力上付出可能更多，但成年子女对父亲与母亲的赡养和照顾并没有明显的差别。这与中国传统文化重视孝德有着关键性联系，并不完全是当代性别平等争取到的现实结果。

家庭中性别平等问题的重要性并不亚于社会公共生活中的性别平等问题，即使我们刨除了已经被剥夺出生权的女婴，只考虑现实家庭中的子女，性别问题依然是子女受教育权、成年子女继承权等引发家庭矛盾的重要因素。从这一点来说，性别平等看似宏大正确的理论若要实施起来走进每一个普通家庭，又需要很多细则来支撑。“采取平等伦理、差异伦理和关怀伦理的路径，通过推进社会性别意识主流化”[1]，似乎是一条可行的路线。

②社会公共领域中的性别平等

社会分工的不平等是造成当下性别不平等的因素之一，职业领域中存在严重的性别不平衡现象，包括女性岗位歧视、女性职位层次低、女性职场天花板、女性从政比例低等，造成了女性在经济、政治等多方面社会地位的低下。作为最早被注意到的性别平等问题，国家干预在女性进入职场时起到了重要的作用，“低工资、高就业”的政策反映出女性参与社会工作的广度，同时也映射出其中的隐患，即女性就业质量不容乐观，她们在职场上经历着低层次化甚至是同一职业中的地位低化，也直接造成了市场化过程中女性的劣势——被以下岗、内退、转岗等形式大量的淘汰。因此在新时代社会公共领域的性别分工中，尤其要考虑到劳动分工中的隐形性别歧视，以全方位地实现职场中的性别平等。坚持将性别平等的原则践行于劳动分工领域，同时兼顾农村与城市女性在社会公共生活中因地域不同而产生的问题差别，有针对性地规制不同层级、不同领域社会生活中的性别平等问题。考虑以法律的形式保障女性在进入职场之后的晋升、生育、同筹等诸多方面的权利，并广开舆论监督的渠道，扭正社会公共生活中的性别不平等风气。社会分工的平等问题是解决女性经济平等、政治平等问题的前提，没有女性在职场中的同等对待，没有对劳动分工的无差别对待，就不可能实现女性在其他领域中的平等问题。

中国社会公共领域与个人领域中的性别问题不是截然分开的，女性将家庭中的性别不平等带入社会公共领域，“导致公共领域中的妇女只是作为身体在场进行言说，而不是以主体身份出现，使政治资源的分配始终在男性主体中进行。婚姻的性别基础就是这样与男权文化结盟，一步一步地从制度上将妇女在家庭中的不利处境建构为政治生活中的屈从地位，使男女政治、法律地位的不平等从一开始就披上了神圣‘自然’的外衣”[2]。所以在探讨性别平等问题时，不能单纯考虑提高社会公共领域中的性别不公，而是应该将家庭中的性别平等问题与社会领域中的性别平等问题联系起来，寻求解决的路径。

除了劳动分工的性别平等，性平等问题也是社会公共领域内需要着重注意的性别平等问题，性平等问题是基于男性与女性之间的生理差异决定的两者由于性

[1]李会军、付红梅：《生育性别选择规制的性别伦理文化建设路径》，《求索》，2016年第12期。

[2] 周安平：《性别平等的法律建构》，苏州大学博士论文，2004 年。

吸引过程中产生的实力悬殊、观念差异等原因造成的平等与否的问题。由于长期以来受性隐蔽、性羞耻的性道德观念压制，在追求性别平等的过程中出现性解放和性自由的趋势，但是在中国性文化转向的问题中还包括严重的性平等问题。性平等就是要打破性道德标准的双重性、二元性带来的不平等，不能因为男女之间性别差异而被赋予不同的责任义务，女性不应该承担比男性更多的性过错责任。

在因为第三者插足而出现的婚姻危机中我们常常看到：如果第三者是女性，那必然会出现妻子与第三者之间的较量，当街殴打小三的桥段在社会新闻里经常见到，同样对婚姻不忠的丈夫却往往是缺席的，人们习惯于在这类故事中比较妻子和小三的年龄、容貌、穿着等，以此来附和男性对女性的“幼白美”审美标准，并不经意间为男性过错方开脱，若妻子是较为成功的职业女性要指责其对家庭的付出少，若妻子是家庭妇女也要指责其没有社会交往、不能与丈夫共同进步，而男性“只不过是犯了所有男人都会犯的错误”；如果第三者是男性，那出轨妻子承担的舆论压力比男性要大得多，而且现实婚姻中男性对妻子出轨的容忍性是明显小于女性对丈夫出轨的容忍性的，在承担性不贞的道德责任分配中，具有明显的性别不均。

在女性遭遇性骚扰、性侵害事件中，女性作为受害者却往往是被谴责的对象，滴滴司机杀害空姐的案件发生后除了对网约车安全的讨论，更加深了女性在夜晚独自外出安全难以保障的传统观点。在暴力事件发生时，女性因为在生理上难与男性抗衡而处于劣势，但不平等的是女性经常被看作暴力的诱发者，“穿着暴露、动作轻浮、性格怯懦”的女性成了性暴力行为的原罪。在国外开始的Metoo运动进入中国时，曝光女性遭受性骚扰的案例增多，其中不乏小有名气的公众人物，但网络上对敢于发声的女性却有很多道德怀疑。

男女两性在性关系中的态度就有差别，“在女性里，寻求爱情并且把结婚当作性生活的前提条件的人，要比男性里的同样人多出不少”[1]。对男性的性道德约束比对女性宽松许多。苏珊·格里芬在《色情文学和沉默》中说：“在色情文学中，女人的身体是无言的，它被征服，被束缚，被殴打，甚至被残杀，它是自然情感和自然力量的象征，而这正是色情者所痛恨和惧怕的……就像反犹主义中的犹太人、种族歧视下的黑人，色情文学中的女人仅仅是……色情狂或种族歧视者试图忘却和否认的存在领域。”[2]除了色情文学，性交易也是观察性道德平等问题的窗口。女权主义学者凯瑟林·巴里指出：“卖淫是一个男性的消费市场。公众对

[1]［英］蔼理士著，潘光旦译：《性心理学》，三联书店，1987年，第347页。
[2]转引自［美］瑟芬·多诺万《女权主义的知识分子传统》，江苏人民出版社，2003年，第188页。

于妇女的愿望，对于她的选择和她‘卖淫权力’的热切关注，分散了公众对以下这一基本事实的注意即卖淫的存在首先是因为男性顾客的需要。”[1]付红梅在讨论异性相处时的道德原则时提到了私事原则和自愿无伤原则，“私事原则是指男女性关系要坚持个体自由自主性的道德准则和对男女双方性行为的隐秘性、自律性的道德要求”[2]。本着性别平等的原则从个体自由的角度认为异性相处的边界以私事的主体选择为准。“自愿无伤原则是指在两性关系中，男女双方相互尊重、相互爱护、相互体贴，自觉自愿，不给对方造成生理上或精神上损害的道德准则。”[3]两性相处时应该自觉以他人意愿为准，不得伤害他人为底线，法律严惩性暴力、性骚扰等也是在惩治违背性别平等原则的犯罪行为。

卢梭认为人类社会存在两种不平等，一种是以自然为基础上的生理不平等，一种是“精神上的或政治上的不平等，因为它的产生有赖于某种习俗，是经过人们的同意或至少是经过人们的认可而产生的。这种不平等，表现在某些人必须损害他人才能享受到的种种特权，例如比他人更富有，更尊荣，更有权势，或者至少能让他人服从自己”[4]。性别的不平等是人类社会不平等的一大分支，在性别不平等中生理的差异是非常容易察觉的，男性与女性之间生理的差距无法改变，而精神上的不平等却是可以通过迁移习俗化影响而改善的。社会性别的意义已经被广泛认识，女性在各个角度区别于男性的差异被重新考量，女性走入职场夺取男性权利并不能带来真正的平等，真正的平等是考虑到男性也是被社会文化所规诫成为符合社会标准的男性，是男性与女性共同认识自我、逃脱戒律、发展成长的过程。性别平等绝不是以两性敌对甚至战争为目的，也不以打击男性为手段，当下歪曲女权、黑化女权主义者的声音，正是对性别平等的误解。性别平等需要号召重新认识女性的平等权，杜绝“事实平等与法律平等的背离”[5]，在现实生活中夺取性别平等的真正实现。

性别平等并不一定会随着经济的发展、社会的进步而实现，我们需要努力的工作还很多，值得注意的是，尽管我们分别从家庭、社会、经济、政治等领域来解析性别平等的建构，但是性别平等不是某一个方面的单纯问题，而是政治、经济、

[1] [美] 凯瑟林·巴里：《被奴役的性》，江苏人民出版社，2000 年，第 35 页。

[2] 付红梅：《当代中国女性性道德失范的性别文化归因与伦理重建》，《伦理学研究》，2014 年第 2 期。

[3] 付红梅：《当代中国女性性道德失范的性别文化归因与伦理重建》，《伦理学研究》，2014 年第 2 期。

[4] [法] 卢梭，李平沤译：《论人与人之间不平等的起因和基础》，商务印书馆，2007年，第45页。

[5] 李桂梅、黄爱英：《当代中国女性道德人格塑造的困境与出路》，《伦理学研究》，2014 年第 2 期。

社会生活、家庭等各个角度各个层面共同作用的。

（2）自由解放

以自由解放原则来建构新时代女德体系，是要求女性在实现作为个体人的解放的同时，实现个体人的自由。卢梭曾说过："如果我们探讨，应该成为一切立法体系最终目的的全体最大幸福究竟是什么，我们便会发现它可以归结为两大主要目标即自由与平等。"[1] 女性的自由解放是包括人的自由、人身自由、人格自由、恋爱自由、婚姻自由、职场自由、心灵自由等在内的全方位的自由。"'女人'与自由议题并置，自由与自然人性切合，既无理性所要求的认同，也无差异所主导的怀疑，性别之别滑向了自然人性，"[2] 这样一来自由成了解决女性问题的钥匙，真正解决了女性的自由，性别的社会性差异就无从谈起了。"马克思所指的'自由个性'阶段，指人不仅摆脱了'人的依赖关系'，而且摆脱了'物的依赖性'，从而真正独立地、自由地存在和发展自身，按照自己的个性特点自由地安排自己的生活和活动。"[3] 身体的自由和心理的自由都因为生活的场景和关系而难以摆脱依赖真正获得，女性自由的争取从身体抗争开始就面临着重重阻碍。

新闻报道中过度消费女性身体是常见的典型，例如新冠防护时期的新闻对女性医护人员援鄂前的剪发行为大肆宣传，甚至在采访中提问"减掉长发还能找到男朋友吗"等带有性别刻板印象倾向的问题，不经意间就将女性放在了"被关注"的位置，这是狭隘女性审美观念的最大弊病，在这种病态的审美过程中，"男性观察女性，女性注意自己被别人观察。这不仅决定了大多数的男女关系，还决定了女性自己的内在关系，女性自身的观察者是男性，而被观察者为女性。因此，她把自己变作对象——而且是一个极特殊的视觉对象：景观"[4]。这必然会导致女性审美的畸形发展，女性群体时刻被男性视角的审美价值观左右，而不能依靠自身的规律发展，当男性以细腰为美，女性就纷纷节食细腰；当男性以小脚为美，女性就裹上小脚；当男性以消瘦、骨感为美，女性就运动节食而不惜以身体健康为代价；当男性以长发为美，女性就不得不蓄起长发。女性即使是身披医护人员的重要社会角色外衣，也依然会被剥去外壳只强调女性本身，连头发的自由都无法获得，何来身体的自由？！

这种"长发—女性—男朋友"逻辑关联式的言论可以说是传统舆论话语体系

[1] [法] 卢梭：《社会契约论》，商务印书馆，1980 年版，第 69 页。

[2] 张念：《性别政治与国家——论中国妇女解放》，商务印书馆，2014 年，第 20 页。

[3] 徐芳：《自由教育与女性自主意识的唤起——从女性教育史看女性审美意识形态的变迁》，湖南师范大学博士论文，2014 年 5 月。

[4] [英] 约翰·伯格著，戴行钺译：《观看之道》，广西师范大学出版社，2007 年，第 47 页。

中的通病。长发被主流文化作为女性美的标准之一，所以女性医护人员愿意剪掉长发走向工作岗位，是她们无私无畏职业精神的写照，但不应作为被刻意夸大、反复吟咏的标签。减掉长发的女性医护人员不需要被塑造成为了救援工作牺牲美丽的女英雄，或者说女性外貌在塑造伟大形象时就不应该被当作舆论的噱头。她们需要被报道的是专业领域内的贡献和舍己为人的无私，而不是将勇敢无畏与美联系在一起。又如新闻报道中长时间穿戴护目镜和口罩的医护人员，在摘下防护装备时还带有印痕的面孔被高清镜头记录下来，媒体称之为“最美的印痕”，其中所列举的医护性别有男有女、比例正常，并没有在宣传中刻意夸大女性的身体特征，这里的美不是狭隘的性别美，而是精神层面的大美，这种舆论宣传才是公正的、不带性别色彩的，才是应该被学习和借鉴的。

同时在媒体关注的防疫一线的女性工作者中，相关的医学和护理专业领域的刻画和介绍较少，深度的新闻评论或采访更不常见。以女性医护人员为主角的新闻容易偏离出医护专业本身而选择将话题引入家庭，这与采访男性医护人员时的专业化、专家化形象的塑造完全不同。报道男性医护时更常谈到的是工作情况、形势预判、观点观念等问题，对女性受访者最常见的就是预留“参加一线疫情防控工作孩子怎么办”之类的问题，并对留守在家庭的孩子和家人进行较细致的报道，企图从家庭情感的角度突出其贡献，却有意无意间强调了女性身为妻子、母亲、女儿的家庭角色，将女性较多承担家庭和育儿工作的刻板印象一再强化。“自由、平等、博爱——只有在作为政治的公共领域中才是可以实现的。如果妇女没有在公共领域中被接受，自由与平等就永远是虚伪的。”[1]

特别是对孕期、哺乳期甚至流产不久就支援防疫工作的女性案例进行广泛宣传，虽然将女性在防疫工作中的贡献烘托了出来，却又完全将这种付出与女性的母性生理特征联系在一起。女性可以作为一线工作者参与防疫工作，仅仅在于她们是专业人员，与她们的生理性别并不具有直接的关系。一向缺乏性别敏感性的媒体此时又是极其敏锐的，这种舆论牢牢抓住了公众的眼球，抹杀掉女性医护人员的专业能力，而将她们物化成牺牲掉的生育工具。将孕期、哺乳期医护人员支援前线的事例一再传播下去，势必造成性别的道德绑架，造成特殊时期女性医护人员的心理压力。这种女性形象的叙述与塑造完全来源于对女性的刻板印象，仿佛她们靠自己的能力和专业知识做出的贡献仅仅化身成了子宫，要靠她们作为母亲角色的牺牲来隐喻人类面对重大灾难时的反抗，这种过分的宣传与扩大化的传播将直接导致对传统男权文化的附和。

---

[1] [美] 卡罗尔·帕特曼，李朝晖译：《性契约》，社会科学文献出版社，2004 年，第 3 页。

女性需要付出比男性更多的精力才能弥补性别之间的差异，取得与男性相同或相似的地位和成绩而被同等对待，例如在前线各类医疗物资缺乏的情况下，忽视了对女性医护人员生理期卫生用品的关注，在疫情防控的紧张形势下，生理卫生用品并不算医疗物资，也没有被划分为生活必需品，多数女性医护人员只能透过个人渠道购买，且并不能得到足够的保障，她们的基本诉求难以表达。面对突发的公共卫生事件，必须依赖强大有力的管理组织进行高效地筹备和应对，但是很明显目前类似的组织中多以男性为主导，女性担任管理角色的比例很低，那么女性群体就缺乏发声的渠道，她们的权利无法得到及时伸张，这是在防疫的关键时期女性医护人员卫生用品欠缺问题得不到有效解决的原因。

幸运的是这种可以预见的困难被女性志愿者们看到，历经各种曲折筹集转交到需要的女性医护人员手中，通过非正式组织解决燃眉之急是性别处于劣势的女性群体互助的方式之一。女性月经在传统观念中是污浊的、不祥的，封建社会女性在经期内被限制各种自由，甚至产生了诸多的经期禁忌。又因为与性有着千丝万缕的联系，所以即使是现代文明社会月经也是一个难以启齿的话题。这种容易被男性忽视甚至不屑的细节，是人类生理特征中的自然性别差异，并不因为女性更多的付出而改变，所以性别公正不是指男女性别之间的完全无差别对待，在一定情况下考量女性特殊的生理特征是一种必要的人文关怀举措。

《2019 年全球性别差距报告》显示，中国女性接受高等教育的比重超过全球的其他国家。为什么高等教育中的性别比是中国社会最先解决的性别问题？实际上男性与女性之间的性别差异远远小于两性之间的相似性，当社会给予女性接受高等教育的权利，那女性的表现完全可以与男性相当。同样的，当社会给予女性自由解放的权利，那将会是两性同时的自由解放。

（3）独立自主

女性并不自主，她们接受广告和媒体塑造的美女形象，被强大的媒体审美观裹挟，时刻提醒自己身体或容貌上的缺陷，并迫使自己想方设法趋向标准化，通过整容、节食等手段达成完美无瑕的女性目标。现代女性刚刚逃出传统的枷锁，又走进了现代狭隘审美观的牢笼，培养自身所谓的女性气质，既要玲珑有致又要没有赘肉，既不能素面朝天又不能浓妆艳抹，符合流水线作业的统一审美观察。

在新冠病毒疫情防控的重要阶段，无数被社会需要的职场女性特别是医护人员无惧病毒的传染，勇敢地担当起所在岗位应尽的职责。一方面她们的行为是对传统女不如男刻板印象的有力回击，另一方面她们的行为也得到了来自家庭成员和社会大众的认可与尊重。例如在火神山医院的建设中，女包工头、女建筑专家、女运输员、女建筑工人们承担着与男性完全无差别的劳动，是对传统性别分工的无声挑战。警惕疫情防控中的性别不平等，最重要的是警惕大众媒体一再地对刻板化的性别角色进行反复刺激与扩大化的传播，当意识到传统性别分工的刻板误区之后，应该允许并认可女性具有选择任何职业领域的自由。

拥有自主选择职业的权利是实现性别和谐的前提，传统的两性分工已经不能适应新形势的社会发展，各行各业都不应对女性的进入设置障碍。劳动力的富裕使女性在就业时相较男性处于劣势地位，因为以传统的眼光来看她们需要面临家庭和生育带来的精力时间占有，而造成用人单位在实际工作中的缺岗，所以用人单位宁愿选择在能力上稍逊一筹的男性，也不愿选择有生育假和哺乳假的女性。所以尽管法律和政策保障就业领域的性别平等，但其执行和贯彻却是不力的、不彻底的，“制度在执行的过程中对于人们起着价值导向的作用，引导其做出符合社会主义道德的行为模式”[1]。这必然引起一系列的恶性循环，使就业中的性别歧视以一种更加隐蔽的形式出现。疫情防控时期各行业尤其是以往男性占优势的行业中涌现出的女性工作者，是对当下女性就业歧视越来越隐蔽趋势的反抗，如何及时的发现并制止就业和创业中的性别歧视，保证女性参加社会劳动的权利，是女性独立自主的必经之路。

2. 建构新时代女德的途径

将新时代女德理论落到实处的具体实施办法，是对新时代女性的角色和地位由理想转化成现实的解决之道。设法以更加广阔的途径来增加女德理论的可行性，借鉴秦汉女德实践的得与失，多渠道、多角度、多方位加强女德建设，增加我们探讨新时代女德的具体措施。

（1）加强女德教育的力度、扩宽女德教育的广度

新时代女德的建构必须从教育上狠下功夫，自女性解放以来，女性受教育权利有了较大的改善，也因为接受了开化教育女性获得了更多的思想武器，继续行走在追求平等自由的道路上。新时代女德尤其需要汲取先前女性教育的优秀成果，观照秦汉女德教育中的可借鉴之处，“脱离自己民族国家的教育传统，去探索解决自己民族国家教育问题的路径，不仅徒劳而且有害”[2]。加大女德教育的力度，不再是简单的泛化的女性独立口号教育，而是将女德教育融入到女性成长的整个教育体系中，帮助女性塑造理想的女德形象，教育如何追求全面发展的女性人格。同时扩宽女德教育的广度，使各个层次中更多的女性接受到不同层次的具体教育，彻底扭转对“传统女德”的偏见认识，将与女性相关的品质、能力、外在、内在、

[1] 鲁芳：《生活秩序与道德生活的构建》，人民日报出版社，2018 年，第 154 页。
[2] 周小李：《社会性别视角下的教育传统及其超越》，教育科学出版社，2011 年，第 205 页。

价值、地位等全部纳入教育的范畴。“关于受教育越多越倾向于性别平衡的角色态度，而收入越高的男性则有更大的概率赞成传统定型性别角色分工的研究结果，或许折射出男性在性别态度上的选择困惑和矛盾心理，即对于一些精英男性而言，他们所接受的高学历教育使其更具平等、自由的性别观，但他们在社会上所处的高阶层地位以及所面临的压力，又使他们仍期待回归传统的角色分工；对于一些低阶层男子而言，较少的教育经历或许未能更多地接受平等、自由的性别观，但低收入和低社会地位使得他们更需要妻子共同承担养家责任。当然，要得出这个结论尚有待于更进一步的精细分析。”[1]

首先，扩大受教育女性的范围，不同年龄不同阶层的女性都要接受适合于自身的女德教育。受教育阶段的女性应该根据不同的年龄阶段在现有的教育基础之上融入女德教育，女性在婴儿、幼儿、少年、青年、成人阶段都应该建立适合该年龄段的女德培养与习得的内容。对单独的女性个体来说，每个人生阶段的成长变化都会对未来形成同等重要的影响，尤其是在女性早期的成长中，生理变化与社会化的影响，都加剧着社会认知的发展，女德体系中具体的女性道德标准与发展目标、女性话语权与主体意识、健康的女性审美观念、女性广泛参与社会活动等都应该渗透进学龄教育中，在成长过程的观念塑造中直接通过正规的学习习得正确的女德观。

而且人的发展是终身的，面对如今快速变化的时代现况，即使离开校门也并不意味着学习的结束，自我提高是现代人共有的价值追求。成年女性有意识地增加已有的知识储备，往往可以改变旧有观念的一些偏见，更加科学公正地对待身边遇到的问题。那些参加“女德班”培训的女性本身具有学习的内在动力，她们渴望通过学习提高自身的水平以适应眼前的生活，可惜的是并没有找到科学的渠道和正确的教育内容。从这个角度来说，对成年女性的女德学习是具有市场需求的，有大批的女性在学龄阶段没有获得正确的女德观，致使成年以后在实际生活中遇到了各种问题，她们期望能有学习的渠道。所以建立正规的成年女性学习课程教育，提供符合需求的教育资源，是当下女德教育亟需考虑的问题，面对之前女德培训班的乱象，重要的是“疏”而不是“堵”。

其次，整合女德教育的内容。开展女德教育必须先建立一套科学的系统的学习内容，教材的编纂、课程的设计、教学的展开形式、教师的选择与培训等都应该列入女德教育体系之中。将性别平等、女性自由发展、社会性别意识等融入教育环节，除了编纂专业的女德教材之外，还要尽可能地将女性观遍及所有学习课程，

---

[1] 徐安琪：《家庭性别角色态度：刻板化倾向的经验分析》，《妇女研究论丛》，2010 年第 2 期。

消除性别歧视和性别刻板印象，例如在教材中的人物选择应该尽可能地多元化，男性不应该总是与伟大人物、英雄、科学家联系在一起，女性也不应该总是和教师、护士、服务人员联系在一起。尽可能多地展示不同性别的不同面，在女性教育中鼓励参与政治、经济、科学、高科技等精深专业，客观公正地评价女性的社会贡献；平衡过去女性更多与家庭联系的刻板印象，在涉及家庭语境中注意两性比例的平衡。

注意女德教育的全面性，将女性健康审美观念、女性话语与性别文化都囊括进教育范畴，鼓励女性追求美，并在健康科学的前提下改造自身，塑造多元的女性审美观，避免过度整容、不科学瘦身。鼓励女性发声和创作，鼓励女性职业记者、编辑、作家，更鼓励女性业余创作和新媒体发声，尤其鼓励以女性视角的社会观察。

再次，拓展更多的教育方式。从目前的现状看女德教育在学校教育中是缺席的，按照人才培养的惯有模式，人们习惯于接受学校教育并认可学校教育的权威性，所以应该将女德教育并入学校教育体系，特别是女性道德理想、人生目标、职业规划等都非常适合以学校教育的方式展开，将社会性别理论粘合在女性教育中，有利于女性从小树立正确的性别观念，不被传统刻板性别差异所负累。同时女性美育、女性劳育是我国传统学校教育中欠缺的，应该适量地将此补充完整，改变以知识灌输为主的应试教育模式，丰富学校教育的范畴。

强化家庭教育在女德教育中的基础地位，传统基于性别差异的教育更多在家庭中展开，尤其是女性审美教育、家务劳作学习多数都是家庭中的母亲教育者进行，这种传统应该继续保持，以补充学习教育的欠缺。还需要注意其中的问题，那就是母亲的女德观对子女的巨大影响力，母亲的言行规范时时刻刻地塑造子女的女德观，因此母亲性别观念也是需要学习提高的，怎样帮助母亲们成长并教育子女，就需要引入继续教育的方式。将学校教育、家庭教育、继续教育相结合是健全女德教育体系，保证女德教育全面有效开展的前提。

最后，将社会性别理论全面引入高等教育体系，改善高知女性的性别观念，树立性别自信。尝试从已有教育成果中汲取经验，“理性地梳理那些凝聚着智慧与探索的教育传统，并赋予其当今时代所需要的精神和力量，才能让那些教育传统中的源头活水滋养并引导当代教育的健康发展”[1]。也可以从港台女性教育中吸收借鉴，例如香港用女性教育教材《女性社会地位：传统与变迁》进行女性教育等，使女性群体意识到自身的权利和地位还需要依靠自己的争取和奋斗，通过权威渠道增加女德教育的说服力和权威性。

---

[1] 周小李：《社会性别视角下的教育传统及其超越》，教育科学出版社，2011 年，第 205 页。

（2）依靠政府的提倡与指导

新时代女德建设需要依靠政府的倡导，国家应该给予女德建设足够的重视，根据新时代的变化与特征来制定并贯彻执行保障女德实施的方针和政策。人类社会的发展离不开道德文明的发展，道德文明的发展自然离不开政治文明的借力，“道德依靠社会舆论、传统习惯和人们的内心信念起作用，这从根本上规定道德只是社会‘调节器’系统中的一种‘软件’，不与政治和法律的‘硬件’整合，使之带有制度的特质，就很难真正发挥社会作用”[1]。女德的培养与国家政府“硬件”的积极作为密切相关，从建国以来政府对于女性发展采取的政策取得了较大的效果，尤其在保障女性参与社会生活方面，多数女性走出家庭，用工作证明自身的价值，扛起属于她们的半边天。在新情况、新冲突不断涌现的新时代，如何继续发挥政府的引导作用，指导女德朝着更能代表广大女性发展的方向前进，是当下应该思考的新问题。

例如全面二孩政策出台以后，很多育龄女性再次进入生育状态，在工作与家庭中面临着新的挑战，因生育带来的职业压力、收入缩水开支增加等家庭矛盾严重升级。因为国家政策的鼓励改变了生育情况，那么因生育情况改变而带来的生活难题，也需要依靠政策的支持。加大对女性生育保险的覆盖范围、规范企业聘用女员工的行为、对二胎母亲适当的奖励等都可以纳入保障生育率的政策支持范畴。只有不断的根据新情况来修正，才能最好地发挥政策引导的意义。

（3）法律的支持和保障

将性别平等入法是保护女性在经济、政治、文化、社会、家庭生活中与男性享有平等权利的有效举措，男女平等的国策依靠法律的强制力来维护和保障，法律的强制效力可以弥补以道德规范来约束个人行为迟滞的不足，尤其在道德难以真正解决实际问题时。对比发达国家较为健全的法律制度，我国维护女性发展的现行法律还有待加强。

例如2011年对《婚姻法》新的司法解释中，出于保护个人财产的目的而进行的规定，并没有缓解女性在确定婚姻关系前对男性房产的高要求，反而因为保护了男性出资方而弱化女性在婚姻中实际所付出的成本。婚姻问题涉及到所有的个体和家庭，应该根据时代的发展修改不适用的法律条款，尤其注意保护婚姻关系中弱势的女性群体，抵制社会不正风气。

增加保护女性的法律依据，对较为普遍存在的问题领域实施立法化解决，反家庭暴力、同工同酬、反性骚扰、反潜规则都应该以法律的形式作出明确的规范。

---

[1] 路丙辉：《社会转型期我国家庭伦理变化及道德建设研究》，人民出版社，2016年，第154页。

当道德标准无法规范人类的社会行为时，法律是制约的有力方式，道德是有弹性的，所以很多危害女性权益的行为得不到惩治，比如女性遭遇的职场性骚扰个案多以隐蔽的面貌呈现，不依靠法律很难制约凌辱女性权利、阻碍女性发展的恶行。

（4）营造社会舆论、重视媒体力量

净化社会舆论中的性别不和谐因素，需要面对长期以来根深蒂固的父权思想残余，特别是在拥有话语优势的媒体渠道中，剥离掉男性的特殊话语权，责任任重道远，要改变女性在广告中固化审美标准、改变影视剧中女性琐碎婆妈的家庭形象、改变网络环境中迎合男性刺激心理的女性性吸引形象等。在消费模式越来越快的新时代，人类依靠新媒体来汲取新鲜事物的方式既便捷又面临新挑战，严格考验媒体从业者的性别态度。

首先要利用传播平台宣传正确的女德观，肃清传统女德的糟粕内容，改变男性话语中心权利，将性别平等观念牢固树立在所有媒体渠道，特别是新媒体渠道。警惕旧式的腐朽观念同时警惕新型的扭曲观念，“大众传媒对收视率、发行率等商业利益的追求，其商业文化的消费主义特性，不仅意味着它对大众传媒中性立场的腐蚀，也意味着大众传媒在对女性的再塑造上或多或少地倾向于商业属性，构成对女性面貌的扭曲”[1]。其次扩大在妇德、妇言、妇容、妇功等方面贡献突出的女性之社会影响力，在以往的英雄人物、榜样典型表彰中，男女比例通常是不平衡的，女性人数远远少于男性人数，但是女性占人口总数的一半，其中并不缺少各个岗位和各个角色中优秀的代表，特别是在新时代女德体系架构中的优秀女性，应该被树立为众多女性的榜样，通过媒体宣传报道。再次加强媒介监督，对存在逆行新时代女德的传播话语和传播内容进行监管，使广大群众尤其是女性参与到对媒介监督的过程中，便于及时发现问题、解决问题。例如2019年底中国儿童少年基金会“春蕾一帮一助学”项目因为违反资助贫困高中女生的宗旨，挪用项目资金用于资助男生被网友质疑，在网络媒体上引起广泛讨论后得到修正整改，就是发挥了群众监督的力量。把对媒体的监督当成一个长期的群众性活动，是有利于树立正确的女德观念的。最后开展媒体从业者的学习教育，提高媒体的性别敏感度，也是应该展开的工作。

（5）理论建设

新时代女德体系需要坚实的理论基础，理论建设是社会实践的根基，如果没有深厚可依的理论纲领，那就无法指导女德实践，无法改善女德的现状。女德理

---

[1] 王春芳：《大众传媒中的女性危机及其对策》，《武汉大学学报（人文科学版）》，2008年第5期。

论应该站在女性主义理论的基础上结合中国具体的国情以及目前的女性问题进行创新，学术圈用质疑精神发现女性身边的矛盾，站在现实的角度推陈出新地解决女性难题。从汉代女德理论的建构经验中汲取经验和教训，并借鉴汉代女德从理论到实践的路径与方式。培养具有性别敏感的社会公共意识，从理论的角度树立健康的女性审美观念，给妇德、妇言、妇容、妇功提供多方面的理论支持。

3. 建构新时代女德的方式

新时代女德体系的建构需要多方的努力，也需要根据新时代的特色建立多重方式，以提高女德标准的普及程度，最大限度地协助女性处理在生活中遇到的女德相关问题。

（1）问题咨询机制

新时代面临变幻的社会环境，给女性的生活带来新旧问题的交织，婚姻问题、情感纠纷、婆媳矛盾、职场压力等都是传统女性问题中的新变化，在遇见难题和困境时，往往需要在交流与倾诉中找到解决问题的办法。除了可以向身边的亲人朋友寻求帮助之外，还应该建立一个更加科学的问题咨询机制。第一是因为许多女性遇到的问题难与朋友家人言说，本身涉及到隐私或出于家丑不可外扬的观念，多数女性无法直接得到周围的帮助，所以迫切需要一个可靠的专业咨询机制解决；第二女性遇到的家庭婚姻职场问题，多数情况下不能仅靠自身或周围人的经验解决，需要更加科学的专业人士提供帮助，尤其涉及到很多的心理问题，只有专业知识才能保证女性心理健康发展。

女性问题的咨询机制可以采用多种形式，面授咨询、网络咨询、电话咨询可以解决不同领域不同性质不同情况的问题。咨询者可以根据自己的具体情况选择适合自己的形式，咨询师也应该根据不同咨询者的保密要求提供相应的服务，帮助她们分析问题的原因、提供解决问题的办法供咨询者选择。同时咨询师的专业要兼顾各个类型，情感类、法律类、婚姻类、社会类的问题咨询应该划归不同专业的咨询师，分门别类地为咨询者寻求解决问题的办法。

特别需要注意的是，女性面对的现实问题可能有大有小、有轻有重，在解决时应该区分解决、对症下药，这对于咨询师的要求是很高的，需要一大批具有专业资质的工作人员，所以问题咨询机制的背后是先建立咨询师的培训和鉴定流程。目前在大城市中已经有了从欧美开始流行的专业咨询情感婚姻问题的职业，但这种职业需要结合我国的实际情况细化、类别化、规范化。如果专业咨询人员能够建立一个系统的网络，那咨询机构也就可以真正地为女性服务。

女性问题咨询机制的意义是可以预见的，是真正可以解决女性实际问题的渠道和方式，如果面对家庭纷争、职场歧视的女性能够找到专业科学的解决之道，她们也不会再选择去上“女德班”寻找出路了。帮助女性找到本身的问题，协助她们树立正确的女德观，用法律的武器、专业的知识平衡家庭角色与社会角色之间的冲突，是为女性群体带来实质性改变的福音。

（2）婚恋学习与辅导

中国传统的教育中并不包含婚恋问题，学校教育不涉及爱情、择偶、婚姻、家庭的实际问题，家庭教育又只是基于父母的经验之谈，所以中国人的婚恋观多是从父母长辈的身上习得的。这就导致了国人无论男性还是女性，都极度缺乏婚恋常识、缺乏正确的择偶标准以及对爱情和婚姻的期待高于实际的矛盾，这些问题与矛盾存在的隐患直接考验着婚姻的坚固，这也是离婚率居高不下的原因之一。

当青年男女没有认清爱情和婚姻的模样就进入婚姻之时，极有可能与本身的预设产生差距，从而引起对生活和对方的不满，适时的婚恋学习可以在婚前为需要的男女提供分析，提前对双方的性格、观念、家庭、处事方式、人生态度有准确的预判，对于沟通的技巧、男女在婚姻中的角色都能有所涉及，也可以尽量避免婚后的矛盾。这种婚前的学习对于男女双方都是很有必要的，能够降低因为沟通不力、预判不准、常识不足等带来的隐患。在进入婚姻之后也应该继续保持学习的态度，婚姻在不同的阶段需要面临不同的状况和难题，如果能够建立阶段性的学习和辅导任务，可以提高适应新情况的应对能力，在问题和矛盾产生之前就已经做好了十足的准备。失婚之后的调试和再组也应该被列入婚恋学习的范畴，再婚家庭、单亲家庭容易发生问题，失婚男女如果能够及时学习参加辅导，往往可以做出更适合自己的人生选择。

所以通过婚恋学习与辅导的方式可以解决因为婚恋关系改变而带来的心理焦虑、角色转换冲突等问题，减少可能发生的离婚和家庭破裂等问题，使每个女性都能找到适合自己的婚恋对象。

（3）女德榜样的激励

女德规范的建立需要经过不断的学习和强化，养成自我的主体意识，使女性能够以科学的女德观要求自己。在观念的养成过程中，榜样的力量不可或缺。秦汉女德的培养就已经非常重视寻找女德榜样，无论是《列女传》还是女性图画，德性主题都是围绕女性问题的主旋律。新时代女德观念的普及应该沿袭树立榜样的方式，用符合新时代女德标准的女性，树立身边生动的典型事例，以榜样的激励作用刺激女性学习和模仿。

当我们用具体的女德榜样去激励广大女性时，是以先进的模范典型去宣传带动女德整体的进步，应该根据新的时代标准评选女德榜样，以媒体渠道扩大宣传效果，组织女性集体学习观摩，提高自身的素质和认识能力。像感动中国人物评选、十大道德模范人物评选等活动一样，组织起女德榜样人物评选活动，以正向的精神激励来赞扬拥有女德品质的女性，扩大优秀女性的影响力。

（4）女德危机社会干预

针对社会上具有普遍性的女德危机应该及时进行干预制止，例如上文提到的性道德和婚姻道德危机、新时代女性审美单一的危机、女性家庭角色和社会角色冲突的危机等，应该及时采取有效社会干预防止危机的恶化。

通过妇联、社区等部门的行政干预去规范指导女德的正确路径，对基层中实际的女德危机进行处理，对不能按照规范履行女德职责的行为及时制止，发挥妇联、社区接近群众的优势，由行政部门对女德危机进行管理控制。必要时可以通过法律强制力干预监管违反女德规范的严重案例，例如婚外同居、家庭暴力等应该用法律干预扭正风气，建立公正优良的社会秩序。

二、新时代女德建构的主要内容

曹刚先生在《道德难题与程序正义》曾经对道德困境的难题引入了“判例模式”并指出，应该对目前的道德问题与先前的道德问题进行比较，并分辨其是否相同，从而确定“先例”中的规则是否可以用来解决当前所面临的道德问题。若以此来分析，当前新时代女性面临的道德问题既有着与古代尤其是秦汉女德的不同，同时这种不同又不是彻底的相悖而驰。比如目前女性在家庭角色中面临的道德难题、对女性外在美极端追求的整体趋势等，似乎都与秦汉时期女德所面临的境遇相似。但女性在广泛参与社会生活、在社会地位上的新变化等所面临的道德问题时又具有与秦汉女德的差异。所以在新时代女德问题与秦汉女德相比较的过程中不难发现，结果具有一定程度上的相似性。“这样的道德难题是浅层的，解决起来颇费周章，但并非不可能，……是可以对先例中的规则做出扩大解释后，再加以应用的。”[1]也就是说诸如新时代女德所面临的亟待解决的难题，显然不能直接套用秦汉女德中的规则来解决，新的问题当然要寻求新的解决办法，但是可以“对这些规则在事实情境相应的情况下作限制或扩大的解释”。也就是说在解决当下女德的问题时，可以在相似的情况下对秦汉时期的女德规范进行限制性解释或扩大性解释，[2]从而找到解决现实女德难题的规范。

1. 符合女性全面发展要求的妇德

新时代应该建立一个全面符合女性群体发展要求的妇德标准，以提高女性的道德水准，确定女性在个人、家庭、社会等领域内的道德定位，起到和谐男女关

[1] 曹刚：《道德难题与程序正义》，北京大学出版社，2011 年，第 43 页。
[2] 曹刚：《道德难题与程序正义》，北京大学出版社，2011 年，第 43 页。

系、维护女性基本权利和平等地位的作用。2019年10月我国制定了《新时代公民道德建设实施纲要》，这是指导公民适应新时代需求提高道德价值的指导纲领，也是对女性道德作出要求的基本规范。

（1）个体妇德

从个人道德领域来看，女性应该遵循基本的公民道德规范，并在此过程中完成女性的成长与个体价值的升华，女性主义公民理论力图在解决性别差异与性别平等中间找到具有普遍性的跨文化差异的身份，“所强调的是在对传统公民资格（女性缺席）的批判当中，建立一个中立的没有任何歧视（包括性别歧视）的多元意义的公民以及公民资格概念，在此基础上建构一种包容不同身份差异（包括性别差异）的公民制度”[1]。符合公民资格的女性应该遵守公民基本道德，这关系到女性适应社会的能力、个人的自我完善和性别平等的实现。女性的道德追求首先应该满足的就是做一个公民应该保持的道德规范，女性作为公民的一员以此作为促进自身不断学习提高的标准。同时女性具有本身的性别特征，因此在道德建构的过程中也存在着性别差异。

第一，自尊自爱的道德要求应该被长期以来受尊卑有序观念荼毒的女性特别注意。自尊、自信、自立、自强的“四自”美德是针对传统性别观念中女性相对卑弱、顺从的特点而提出的，从对秦汉妇德的分析中不难发现，汉代以后尤其是儒家思想为主导的统治秩序确立以后，女性被屈居于男性之下，在婚姻中她们是丈夫的影子，在社会里她们是男性的附庸，这种长期被管制被奴役的生活，使女性人格受到绝对的歪曲。尽管中华人民共和国成立女性解放以后，她们走出家庭参加社会生活，但女性尊严依然是今日妇德应该反复强调的，自尊是新时代妇德建构的基础。“没有自我尊重，就没有道德的纯洁性和丰富的个性精神。”[2] 女性自尊是坚信自身的价值，尊重自己的生命，尊重自我存在的意义。女德馆中丈夫出轨认为是自己出了问题的妻子，《都挺好》中被重男轻女家庭歧视的女儿，pua案例中被贬低的女性，她们都是在现实生活里被父权压迫形成的具有性格心理缺陷的女性，她们怀疑自身价值并尝试寻找解决的渠道。自尊自爱教育就是要让女性清醒地认识到在性别平等的基础上，女性也是应该被尊重、被爱的，越是面对周遭的不堪，越是需要强大的心理建设去武装自己，用自尊自爱去解决自己的心理问题。

女性实现自我尊重才有可能进一步得到社会的尊重，女性实现自我关爱才有

[1] 陈彩云：《从“平等”、“社会性别”到“公民资格”——西方女性主义的理论转向》，《妇女研究论丛》，2002年第4期。

[2] ［苏］苏霍姆林斯基，肖勇译：《教育的艺术》，湖南教育出版社，1983年，第28页。

可能得到他人的关爱，女性应该通过对自我价值的肯定、自身意义的肯定、自我成就的肯定，来准确捍卫自己的尊严。所以新时代女性必须根除男尊女卑的观念，科学公正地进行自我评价，克服自卑心理，改变依附于他人的弱势地位。

第二，独立自主的意识绝对不能松懈。尽管就业形势十分严峻，女性在择业中广泛存在刻板形象类的性别歧视，但依然不应该在职场上掉队。女性解放初期大批的女性走出家庭参与工作，为女性真正的独立自主迈出了重要的一步，新时代的女性不能因为在职场中遭遇挫折就放弃，也不能因为家庭角色与社会角色之间的冲突而灰心。独立自主不是喊喊口号就实现的空话，需要一代一代女性接力棒式地奋斗不息，五六十年代的女性热情似火地加入新中国的建设，为我们新时代的女性作出了表率。大批的女性从事社会工作意味着原本以男性视角建立的制度、理念、价值、立场、原则等都不得不发生变化，以适应有女性参与进来的两性协作。

独立自主当然并不仅仅指经济的独立，但是经济独立是女性独立的基础。任何依靠他人获得的物质富裕都不能保证女性的终生幸福，因为经济供给不稳定而带来生活窘迫的案例比比皆是，感情破裂使家庭主妇不得不独立生存、重男轻女家庭中的女儿得不到父母的长期支持等，女性只有经济上不依赖他人帮助，才有可能被男性一视同仁，根据《经济独立对女性婚后生活幸福感的影响研究》一文中基于中国综合社会调查 2015 年数据（CGSS2015）分析显示，“经济独立能够显著提升女性婚后生活幸福感，而且这种提升效应在城市女性中更明显”[1]。经济独立的女性假使婚姻不幸还可以拥有独立选择自己未来生活的物质基础，经济无法独立的女性就只能被动地接受可能失去经济来源的命运。“经济独立程度与婚后生活幸福感并不是简单的线性关系，而是呈‘倒 U 型’的二次关系。”[2] 即女性拥有一定程度的经济独立时，她们可以较为自由地选择自己想要的生活获得幸福感，但是当女性的经济能力高于男性时，她们反而容易失去家庭关系的和谐，特别是忙于工作无暇照顾家庭的“女强人”，幸福感呈现下降的趋势。

精神独立是在经济独立之上对女性更高的要求，在成功女性案例中更可能会出现精神上的困惑与追求，她们不只满足富裕有余的生活还需要得到公正的对待与社会的认可，她们渴望一种更高层次的精神自由与独立，可以自主选择自己想要的生活。过于独立的女性被戏称为“女汉子”，她们在能力上更胜男性显示出

[1] 王善高、周应恒、严斌剑：《经济独立对女性婚后生活幸福感的影响研究》，《经济与管理研究》，2019 年第 2 期。

[2] 王善高、周应恒、严斌剑：《经济独立对女性婚后生活幸福感的影响研究》，《经济与管理研究》，2019 年第 2 期。

更自主、更独立的女性形象，呈现出新时代女性的精神特质。但同时应该警惕过于强调鼓励女性独立而带来的角色紧张和角色失范，女汉子们“通过强调自己的汉子特质和汉子形象，在社会上获得认同和尊重，无形中传递了一个信息，即只有男性的‘汉子’特质才能带来社会生活的成功和价值”[1]，这是对男性强势社会的认同。

（2）家庭妇德

从家庭道德的领域来看，多数妇德的要求同样适用于男性，“男女平等、夫妻和睦”是对家庭中的每一位成员的道德要求，而不必在妇德中单独提出。这与传统家庭道德对女性要求过高但权力又不相符有关，新时代女性在家庭中与男性享有同等的权利与义务，夫妻和睦不仅是对妻子的角色要求也是对丈夫的角色要求，任何一方都不能绝对依赖他人的付出。

过度强调家庭妇德是绝无必要的，孝敬父母、关爱长辈、抚养后代、勤俭持家等因素都是妇德应该包括的内容，但也是全体人类普遍应具有的家庭道德，不能因为性别差异区别对待。当我们过多地用“德”的标准去要求女性而不是要求全体人类时，就十分容易走上传统的狭隘之路。道德建设的主体是全体社会成员，女德建设是其中的一个组成部分，如果我们从全体成员去审视道德建设的话，那么家庭道德是每一个社会成员都应该具备的基本素质。由秦汉妇德的规范性要求而言是亟需建立符合时代统治的女性角色，所以逐渐发展出“三从四德”的妇德规范，正是因为过多的强调女性在家庭中的归附令人诟病。新时代妇德是要依据当下的具体现实，相比男性而言女性在家庭中更多地被要求做好尊老爱幼、勤俭持家的现状，如果再刻意强调妇德就只能走向更剧烈的男女不平等。相反，现下最重要的是强调家庭中的男性道德，强调家庭中的男性在维护家庭正常生活、孝顺长辈照顾后代、各种琐碎家务等持家之道，尤其是打破“男主外”的传统将男性的家庭职责明确化，形成一种道德自觉，突出家庭中男性对和谐和睦的重要性。

当然女性在家庭中的妇德不可逃避，每一个角色都对女性提出相应的要求。首先作为妻子应该关爱忠诚、尊重理解丈夫。一方面婚姻的基础是双方的爱，新时代的婚姻中要求以爱为基础的道德，倡导女性应该以爱为标准去择偶，并在进入婚姻后保持对丈夫的爱的延续，同时忠诚于婚姻、忠诚于对方，坚决反对婚外情、重婚等不忠行为，谨守性道德和婚姻道德对妻子的要求。另一方面要求理解尊重信任丈夫，尊重丈夫的独立人格、理解丈夫的爱好性格，既不能复归男尊女卑也

[1] 孙艳艳：《“女汉子”的符号意义解析——当代青年女性的角色认同与社会基础》，《中国青年研究》，2014 年第 7 期。

不能走向绝对的女权极端，始终保持互相尊重和理解是良好婚姻状态的前提。其次作为女儿和儿媳应该孝顺父母，从内心中尊重父母，按照父母的意愿提供子女应该有的支持、照顾和帮助，对待父母和公婆一视同仁，摒弃传统孝德中的愚孝、“嫁出去的女儿泼出去的水”等落后观念，以新时代的孝德对待父母，用物质上和精神上的关爱去陪伴他们。再次作为母亲应该关爱子女、尽责教育。用母爱去浇灌每一个孩子的成长，伴随他们成长的整个过程，关心孩子因材施教，尽力培养孩子的发展，教育他们成为对社会有用的人。最后以宽容与爱对待其他家人，在大家庭中和善对待亲戚，珍视亲情团结友爱。

整体来说道德对人的约束功能实现的前提是接受人群的认同，就妇德来说，女性群体对家庭妇德的认可度是相当高的，长期以来家庭妇德对女性的要求已经形成了思维定式和行为习惯，但是对个体妇德的要求则需要着重强调，所以对妇德要求应该制定更具体的标准。妇德的延伸特别广泛，基于对秦汉妇德的继承与发展，吸收女性解放与女性自由的积极因子，关心女性全面发展的妇德才是符合新时代特征的。

2. 女性话语权、主体建构与性别文化

女性话语权是女性表达自己心声的权利，性别平等意味着女性与男性享有同等的表达权，长期以来女性在心底对生命、人生、未来的体验和感悟都无法自由无阻的表达，只有极少部分的女性写作留下女性话语的证据。新时代女性拥有了自由的话语渠道，众多的女性作家、女性媒体形象、女性主体媒介都以喷薄而出的话语冲动表达对话语权的呼喊，她们要打破男性统治的话语系统和符号特征，重建属于女性的语言模式。

语言是表达思想、相互交流的工具，工具本身应该是客观公正的，但语言作为一种特殊的工具是具有性别色彩的，如前文所述秦汉时期已经注意到对语言的性别差异要求，女性忌“多舌”、忌“谗言”，班昭说“妇言，不必辩口利辞也”。现代性别语言学在揭示语言的性别差异和性别歧视研究也逐步取得进展，语言的性别差异不仅阻碍着女性表现自我，也严重影响了女性主体身份的构建，在强势男性话语的塑造下，女性不是独立存在的主体，她们被男性语言构建。“再现和被再现之间不可能有一种完美的关系，再现是对现实的一种语言的再表达，而这种再表达必然经过了社会文化的染缸。”[1] 话语权、语言、女性主体、性别文化天生就有着千丝万缕的联系，语言参与着女性主体的建构，影响着性别文化的书写，若要真正的改变旧有性别秩序，就不得不改写语言系统，就不得不为女性争取平

[1] 沈奕斐：《透过性别看世界》，上海人民出版社，2019 年，第 298 页。

等的话语权。因此新时代妇言的首要内容就是要采取更多的表达渠道，为女性自由呐喊提供可能。

具体来说，女性为了更好地表达自我，应该提高自身修养，提高自己的语言表达能力、写作能力、综合能力，这样在面对表现自我的机会时才能牢牢抓住合理利用。二十世纪八九十年代西方传入我国的女性身体写作主张女性参与写作、书写自己、书写女性身体、书写女性生命体验，本义是要让女性可以通过身体的路径表达自我，使社会关注女性的感官和心理体验，是一次很好的女性话语尝试。假若身体写作可以沿着创建女性言论自由的道路走，那将是对性别平等的一次突出贡献，但是身体写作因为书写女性的感官体验被变异地利用为表现女性性描写、性欲望的场所，打着自由表现女性的旗号实则满足了男性窥探女性身体的私欲，迎合着男性观者的目光，“女性为自我而写身体，却又以写身体而丧失了自我，在这个无法摆脱的悖论中，她们再一次堕入男性文化场中”[1]，女性身体写作自失去了原有的积极意义。从这场失败的变革中可知女性写作应该有最基本的道德底线，提高自身的修养意味着以较高的行为准则和道德观念要求自己，才可能在真正的实践中不走上歪曲的道路。

提高综合能力要求女性以好学上进的态度面对人生，养成终身学习的习惯，不断提升自己以满足日新月异的时代变化。女性语言并不是一种简单的工具，需要依靠强大的知识储备、文化素养和综合素质，就如我们经常看到的主持人，不是字正腔圆的发音就能称得上优秀，只有充满文化底蕴的具有人格魅力的主持人才能吸引观众。女性要建立强大的话语体系更需要语言能力、写作能力、综合能力的后盾，才能可供支撑的理论基础，从这个角度来说，女性主义、性别文化等理论的前进都离不开女性语言。具体到每个女性个体，新时代妇言标准要求符合女性的个人角色和社会角色依据不同场合表现自我，根据需要修习提高，主动接受教育和继续教育，做到知书达理、有教养、有礼节、有主见，适时地表达自我。最好能够具备写作能力，利用人人都是写作者的新媒体平台抒发自己的感受、书写自己的人生，占据新媒体中的有力位置，迎接塑造女性主体身份、正视性别文化的挑战，成就真正的女性文学，增加女性媒体工作者的数量，丰富媒体的性别敏感性。

在处理人际关系时要求女性善于交际，灵活应对各种复杂关系。当今的社会每个人都与他人发生着联系，没有一个人可以真正独善其身，女性走出家门成为

[1] 李廷茹：《误区中的女性话语——当代中国女性“身体写作”的文化分析》，《中华女子学院学报》，2007 年第 1 期。

社会公共生活的一员，意味着不再忌讳女性“多舌”“利言”，反而要求她们利用语言化解矛盾、解决难题。女性在语言上的优势和其本身的性别相关，比如上世纪报刊中常见的知心姐姐、居委会调解矛盾的大妈都是擅长用柔性语言和女性智慧解决问题的例子。在家庭角色中擅长处理关系可以使家庭更加和谐、更加幸福，在社会角色中擅长交际可以为自己带来更多的发展可能。

在传统观念里女性与亲戚邻里的关系较男性更为亲密，家庭中的女性更多地担当起熟人社会的消息传播者和情感联络者，“闲言碎语是一种道德话语，通过闲话的传播，道德标准得到传播和强化”[1]。女性在熟人社会的道德审判场里充当着审判官与看客的身份，而被审判者多数情况下是有着道德瑕疵的女性。通过亲戚、邻里等熟人圈子的频繁接触、交流、传播，女性道德规范被一再主流化，审判者们以指斥道德瑕疵达成统一话语阵线联盟，被审判者只能忍受舆论压力被边缘化。如今道德审判已经不再仅限于熟人社交，公开化、网络化的趋势将八卦、闲言碎语与女性的绝对关系剪断，社会全员参与到社会事件、明星婚变的审判中，闲话的传播不再需要闲暇的时间和实际的接触，每个成员都是网络暴力的潜在参与者。所以新时代妇言要求女性在参与社会公共事件的探讨中加强素质自律，注意隐私的边界，在发表个人见解的同时注意网络暴力对他人造成的影响。

在婚恋关系中女性更加渴望用语言去加强与伴侣之间的情感纽带，女性容易被“甜言蜜语”打动，她们期望与伴侣良性沟通、充分交流，所以尽管个体差异因素显著，但在中国传统婚姻中女性被认为话语量多于男性，而这种误判可能是带有场景预设的，即在家庭环境下女性话语量多于男性，但在公共场合则不尽然。语言的密集与否背后，蕴含着爱与情感的关切，人人都知道父母的唠叨是亲情，却也阻挡不了内心对唠叨的反感与抵触。基于对理想婚姻模式的渴盼，妇言规范要求女性敢于用语言表达自己的情感，充分实现两性交流，防范情感话语中的圈套，同时把握言语表达的“度”，避免因语言过量导致厌恶情绪，影响性别和谐。

3. 健康的女性审美观念

新时代对妇容要求面临着一个难以言说的矛盾，一方面引导妇容摆脱男性审美观的束缚，在追求女性自由与平等的道路上驰骋，另一方面又伴随着关注并实践瘦身、整容等主动改变外在形象的女性人数的激增。长期以来女性都时刻被这对矛盾所带来的社会压力和自身心理压力束缚，她们努力健身、节食、美容、整形，跟随着潮流做各种各样的发型、收看美妆直播学习化妆技巧、跟着杂志新媒

[1] 肖索未：《欲望与尊严——转型期中国的阶层、性别与亲密关系》，社会科学文献出版社，2018 年，第 89 页。

体学日韩欧美穿搭等，都是为了塑造更加美丽的自己付出时间、金钱和心理、身体的投资。女性对外在自我的审视开启了对理想自我的追求，通过对自我的追求扩大了女性的解放范畴，朝着更加深远的方向迈进。从这个角度来看一切关于朝向美的进化都是向善的也是必要的，但这种进化又始终被一种莫名的压力捆绑着，例如我们都知道不能以道德审判的眼光看待选择整容的女性，她们是为了自身美的表达，这是女性无可厚非的自由，可舆论仍旧常常使用“整容脸”“变脸”等充满贬义倾向的词汇，而多数实施整容的女性也选择隐瞒自己变美的经历。一直以来文化对于女性面貌、身体的要求和标准从程度上高于男性，新时代妇容要求女性在如此苛刻的处境中自立，树立健康的女性审美观念，而不是一味地随已有的性别文化和消费文化之波逐流。

首先，健康是新时代妇容审美规范的第一要求，任何以改变自身的形式所追求的审美都不应该以牺牲女性健康为代价。全面肯定女性自由并肯定女性追求美丽的权利，但同时应该坚持正确的人生观和价值观，警惕过度追求外在美而引发的危害女性生命健康的行为，避免更多女性遭受各种整容手术并发症、节食后遗症以及心理问题的痛苦折磨。其次，优雅、大方的女性美是时代文化赋予女性的品质，尽管我们一再批评单一化、标准化的女性审美，但女性的优雅、大方特质仍旧可以称得上是对新时代女性的一致要求。反对过度强调女性身体背后的性吸引，尤其是媒体上出现的以女性暴露的衣着、若隐若现的性器官等来吸引眼球的拙劣招数，极易偏离女性审美的正规道路。媒体中呈现的女性形象应该以优雅大方的女性气质为美，并在优雅大方的外表下传达积极向上的女性态度。再次，简朴自然的女性风格不能丢失。女性审美体制遭人诟病的主要原因就是过多地受到消费文化的裹挟，被物欲所支配，进而被传统男权文化所支配。女性的自然美相比后期雕琢的人工美更应该得到肯定，警惕包装着美的外衣的各种消费内核对女性美丽的袭击，简朴自然的审美风格应该被作为女性审美的美丽源泉。另外，女性审美多元化发展。现实生活中的女性无法摆脱追求自我的完美外表塑造所带来的自我苛求，这是源于主流审美观的同一化趋势。正视自身外表的缺陷，但不要把身体外貌的缺陷完全归咎于外界，例如环境的变化、异性的否定、家人的催促，来逃避自身的责任。“参加健身运动，首先能让女性将自我的概念与身体分开；其次，提供了一个与美的理想协调的视角。”[1] 女性参与健身运动是观察自我与身体并逐渐发现和接受自身身体缺陷的途径，通过审美活动观察自我内在与外在的关系

[1] [美] 黛布林 •L. 吉姆林，黄华、李平译：《身体的塑造——美国文化中的美丽与自我想象》，广西师范大学出版社，2010 年，第 42 页。

和规律是女性审美的更高级追求。

最后在探讨新时代妇容时应谨慎对待审美道德与审美暴力问题。“美”与“德”本就是难以完全隔离的存在，当人类开始意识到女性之美时已经与女性道德紧密相关，至少从夏商开始国家政权的覆灭都在文化建构中与女色有着绝对的关联。虽然新时代的女性审美与传统之语境完全不同，但依然无法脱离道德话语体系，妇容作为女德的一个组成部分，是女性外表与内在无法分割成绝对独立存在的统一体。离开女性道德谈审美就是奉女性外在美为圭臬，一味追求女性美而企图脱离对审美的社会限制，助长女色的物化风气；离开女性审美谈道德就是掩盖女性审美的客观存在，以道德为旨归束缚女性的自由发展，走上传统女性“缠足”之道德化要求女性外在的老路。外表是可改变的、可修正的，女性为改变外表而采取的措施例如健身、护肤等都是积极的而不是消极的，都是主动选择的而不是盲目接受的。值得警惕的是在女性审美领域内出现的暴力标准，以时尚、年轻、瘦、曲线、小脸、大眼睛、尖下巴等为导向的价值输出，无异于新时代女性的裹脚布，“当代视觉文化的身体标准不但是一个像三围比例那样的总体性标准，而且更加精确地呈现为具体的细节标准，这些标准又总是和商品消费密切联系在一起，完成身体的局部的美化的也就是完成了特定的消费过程”[1]。谨慎看待审美标准的单一化就是拒绝审美暴力的统治，当看清女性审美背后的经济利益驱动，自然就消解了趋之若鹜的态势，皱纹、赘肉不是女性的大敌，女性真正的大敌是企图输送给我们的单一审美标准，追求紧致的皮肤、玲珑的曲线身后是绑架女性审美的商品经济与男权观者地位的勾结。

4. 自由的职业发展与社会参与

当我们谈论女性的劳动与社会参与时，无论如何也逃不开“性别分工”，家庭劳动与社会劳动中的内容被按照性别来分配，很明显已经不符合新时代的发展要求。新时代妇功就是要跳脱出女性与家庭劳动的关系，充分参与到社会公共领域当中，扮演各种各样的社会角色。这就意味着女性于社会生活参与领域的广泛无限制和层次的广泛无限制，首先从外在层面上允许女性进入更大的活动领域，认可女性在社会公共领域内的贡献，不带性别歧视的眼光平等公允地评价女性的付出与贡献。同时女性在职业角色中应该坚持爱岗敬业、诚实守信、办事公道的原则，以奉献社会、热情服务的精神投入到社会公共事业中。

女性群体需要提高公共事务参与意识，在各层级的教育中突出女性对社会公共事务参与的重要性，打破“女主内”的传统思想，号召更多的女性为社会建设

[1] 周宪：《视觉文化的转向》，北京大学出版社，2008 年，第 24 页。

与发展出谋划策。除了能带来实际经济收益的工作之外，女性应该更广泛地参与到社区服务、志愿者服务、公益性活动中，例如在2020年抗击新冠病毒的全民抗战中，女性的身影活跃在众多岗位上，展现了对重大公共卫生事件的参与度。

提高女性的政治主体性和职业主体性，主体意识对于女性在职业和社会生活中的选择尤其重要。当女性面临家庭角色和社会角色的冲突时，个人利益的考量、周围舆论的压力很容易令她们遵从传统家庭角色对妻子、对母亲的要求，她们牺牲了在工作中的时间精力占比和职位提高的可能。但以国家和社会担当为己任的女性，她们是用主人的眼光来衡量整个社会的进步方向的，新时代女性既热爱国家有匹夫有责的使命感，又敬畏自然遵守社会规则，表现出鲜活的、热血的生命意识和热心积极的世界大格局。

具体来说，鼓励成功的事业型女性，消除对女强人的社会偏见，在教育中塑造女性的事业心和成功意识，把追求事业和社会角色的成功纳入到评价女性的体系中，为女性参与社会工作提供便利，也公平看待在事业上"女强男弱"的家庭，允许男性适当回归家庭。提高中层职业女性的发展意识和独立精神，在激烈的竞争环境下不畏生存压力，提升自身素质，遵守职业道德，团结合作宽容他人，以女性特有的魅力赢得职场的尊重。为城市底层女性和农村女性提供集中的职业教育，鼓励她们走出家庭改变自己的命运，克服依赖男人的心理，以勤劳肯干的职业精神参与到社会生活中。

女德是被社会和文化建构出来的，所以也有可能被重新建构，新时代女德的主要内容应该从妇德、妇言、妇容、妇功的方面做出新的定义，改变旧有的德言容功体系，树立新时代女性道德的新型评价标准，建立符合女性全面发展要求的个体和家庭妇德，注重女性话语权与女性的主体建构及性别文化之间的建设，以健康的审美观念指导全体女性追求美的脚步，关照女性的职业发展和社会参与的自由度。

三、新时代女德对秦汉女德的传承与创新

新时代女德特质的发展应该站在调和前代女德传统的基础上创造出适应新时代气象的女德风尚，秦汉时期作为中国传统文化中各种思想观念、风俗习惯形成的奠基期深刻影响着女性的发展，使秦汉女德成为中国传统女德的底色。自东汉《女诫》将女德概括为妇德、妇言、妇容、妇功四个方面，到女性主义对各个学科的深入，再到新时代女性面临的种种困境与疑惑，都是为了解决女性在各个时间和空间段之内的生活难题，为了给在了解男女性别差异之后怎样面对一个需要继续前进的两性社会找到答案。事实上，秦汉社会对女德体系的建构确实有许多值得借鉴的

成功经验，“他们都十分重视生活秩序的建设，并且切实将体现和包含主流道德的道德主张转化成为一种‘有效的’生活秩序”[1]。并从理想化、制度化、仪式化等路径上为我们提供了思路。所以我们认为新时代女德理应坚持对秦汉女德的传承和创新，也只有坚持传承与创新相结合的道路，才能保证女德发展路径的正确，才不至于走上颠覆对传统文化的尊重或走上通过野蛮女德班形式完全恢复传统女德的两个极端。女性群体的觉醒也为理想女德的设计提出了一些构想。但目前来看，不仅理想女德体系的确指还有待探讨，而且现实女德与理想女德之间仍旧存在一定的差距，也就是说符合新时代中国特色社会主义的理想女德在一定程度上还没有得到明确与实践。而考查秦汉女德的构建与转化可以为实践路径和方法提供一定的借鉴。

1. 新时代妇德与秦汉传统妇德

整体上新时代妇德需要改变传统妇德对女性群体的贬低，将女性作为与男性平等的社会角色进行探讨，使每一位女性都能充分自由地追求个人的全面发展。不可否认的是，当我们强调女性是独立的个体、尊重女性个体的多样性与独特性时，不得不研究妇德的普遍意义，即女性在新时代条件下应该普遍具备的道德素养。道德素养依靠规则来约束，“道德规则作为一种关于道德生活的有条理的表述和有约束力的规定，是人们在处理道德问题的长期过程中所总结出来的理智结晶”[2]。秦汉妇德的精华可以对新时代女性在妇德理论和实践的层面上提供养分，浇灌出符合新时代特征的妇德要素。因此新时代妇德对秦汉传统妇德的传承与创新应该做到两点：其一就是设立新时代妇德的标准评价机制，这是影响妇德发展走向的关键，即要明确新时代妇德的含义、范围、内容等根本性内容；其二是要抓住新时代妇德践行的策略与实施方式。前者是对新时代妇德的把握，即传统意义上的“知”，后者是对妇德的实际践行策略，即传统意义上的“行”。从“知”的角度讲，新时代妇德标准的设立有必要在继承秦汉传统妇德的基础上加以改造和创新；从“行”的角度讲，新时代妇德的践行也应该从秦汉传统女德的成功先例中找到借鉴。

（1）妇德标准评价机制

新时代妇德标准的明确化与机制化处理为解决女性现实困惑提供了条件，目前妇德标准的模糊与缺失是新时代女性道德失衡的原因，就妇德现状来看，妇德标准在很大层面上有一些笼统的说法，但并不足以支撑起整个妇德评价体系。

[1] 鲁芳：《生活秩序与道德生活的构建》，人民日报出版社，2018 年，第 117 页。
[2] 李义天：《美德伦理学与道德多样性》，中央编译出版社，2012 年，第 245 页。

首先，正确且符合时代特征的妇德标准不能只靠简单笼统的宣传教化，即不能认为妇德教育只要“传播出去”就算完成了。秦汉传统妇德标准的设立之所以成功，是因为在理论上具备一套合乎时代特色的妇德要求，并通过表彰、女训、法律惩戒等形式得以宣传。从《教女》到《列女传》再到《女诫》，逐渐形成了一整套适应秦汉伦理规范的妇德标准，严格管控女性的品性与行为。即使在女性学校教育缺失的秦汉时期，依然能够通过家庭等亲缘关系得到传播和落实。相较而言，拥有教育优势的新时代女性显然具有更多获取信息的渠道，除了正规的学校教育可以涉足妇德标准的系统化普及之外，也可以通过多媒体手段例如电视、网络等渠道宣传新时代妇德标准。

其次，妇德标准的设立也不单单是国家政府部门或教育部门的任务，应该依靠广大女性的参与设立多元化的妇德标准，避免标准的单一化。必须建立既具备普世价值又具备差分性的评价内容，通过搭建网状互动平台的模式，一方面通过平台可以将各个地方层级的妇德评价践行问题逐级汇总、上报，使具有地方性、隐秘性的妇德特征具有发言权，综合各个地方妇德的实际效力建立具有普遍意义的妇德评价标准；另一方面可以通过平台将上级妇德具体理论实施标准的建构传递给地方试验点，并及时处理好信息的反馈与改善，以确保大范围实施时的准确性。同时平台的信息交流可以是多渠道的，常见的调查、随机的走访等都要被纳入妇德标准设立的评价体系中。秦汉传统妇德是自上而下的以统治者意志而建立的符合父权制国家统治秩序的妇德，但新时代妇德不能是自上而下单一的频道，必须设立要以符合绝大多数女性平等自由权利为目标的妇德标准。

再次，妇德标准设立后要完善妇德监督机制。新时代女性道德的失范反映出妇德监督机制的缺失，商品经济的驱使和消费主义的洗脑都是妇德面临的现实挑战，监督机制将在很大程度上缓解妇德的失范案例，在新时代妇德标准的确立过程中，通过对妇德标准践行存在的问题、策略的得失、效果的优劣进行系统考察，进而形成一个全方位、多维度的立体监督体系。监督的内容应该主要针对妇德实践过程中出现的问题，以能够弘扬新时代妇德标准为主要任务。

（2）妇德践行策略

妇德的传承既包含了细则的传承，也包含着实施方法的传承。秦汉妇德在理想化的构建与描绘中对秦汉时期女性妇德指引所起的作用是值得肯定的，包括以“教化”的形式宣扬理想妇德的基本内涵，以旌表的方式鼓励女性群体对模范妇德的效仿，以女训等家庭教育展开对妇德的内化过程，以法律的手段限制违反妇德的行为等。尽管秦汉妇德教化的内容一定程度上阻碍了女性自由平等发展，理应被新时代抛弃，但其实施的路径却可以为新时代妇德构建提供思路。

首先新时代妇德可以从对理想妇德的蓝图开始描摹女性被平等对待的两性社会，以理想妇德树立当代女性在德行追求上的标杆，将对妇德的要求充分与时代特色、中国具体国情相结合，从理论上建构起一套切实可行的理想妇德框架，拟定的妇德规范应该经过专家们的反复讨论和沉淀思考，能够真正成为妇德建设现实工作的指导思想。

其次寻找可以作为时代榜样的女性，比如在疫情防控的紧急关头冲在前线的女性医护人员典型，通过多渠道多角度的媒体宣传，提高女性群体的自尊心和自豪感，对作出突出贡献的女性医护人员给予实质性的奖励，带动女性群体的积极性，树立具有职业道德和奉献精神的妇德典范。

再次可以加强妇德教育的形式多样化，特别是母德教育，“对母性的全纳应主要体现为让教育这一社会活动本身更具母性，也就是说，应当将母性融入教育的德性之中”[1]，对妇德实践方式的继承将直接构筑起新时代妇德坚实的社会基础，对整个新时代女德体系的建构都具有决定性意义。

2. 新时代妇言与秦汉传统妇言

随着女权主义传入我国，才开始了对女性表达权的极端敏感，秦汉传统女性的发声渠道较为狭窄，缺乏对女性发声的鼓励，但女性的声音也并没有被完全湮没，她们的诗文创作、她们在历史进程中的只言片语，都是丰富传统妇言的途径。新时代妇言对秦汉传统妇言的继承应该从妇言的力量与成就上攫取营养，认识到秦汉女性在语言上反应出的才辩、智慧、能力、创作水平是秦汉女性的优秀素质。特别是秦汉女性的语言文学创作，是最能够反应秦汉时期女性生存状况和心声的材料，她们细腻的情感、喷薄的生命力、隐忍的性格都能够从中反映出来。透过学习借鉴秦汉女性语言文字的力量，新时代女性应该自觉拿起话筒，“妇女必须参加写作，必须写自己，必须写妇女。……必须把自己写进本文——就像通过自己的奋斗嵌入世界和历史一样”[2]。同时应该警惕的是，女性写作并不完全自由，“把妇女写作完全从父权制传统的语境下分离出来是困难的。一个女性作者必然要阅读大量的主流文化（男性）作品，尤其是那些权威的作品，因为这是她参与创作和批评的基础。这必然使她不自觉地受到男权中心文本的影响，而且也受到以男性为中心的写作技巧以及价值观念的影响。女性作者因而往往处于一种难以发挥最大自由的境地”[3]。这也是 20 世纪 90 年代开始的身体写作走入尴尬境地的原因。

[1] 周小李：《社会性别视角下的教育传统及其超越》，教育科学出版社，2011 年，第 150 页。
[2] 张京媛：《当代女性主义文学批评》，北京大学出版社，1992 年，第 188 页。
[3] 华昊：《社会转型时期电视剧中的女性意识嬗变》，苏州大学博士论文，2012 年 5 月。

新时代对妇言的追求更加复杂化，不仅把妇言当作女性表达的方式，还将“发言权既成为妇女进行积极的自我改造的一种仪式，也成为妇女由客体转变为主体的一个程式”[1]，赋予其更为深刻地时代进步意义。从这一角度来说，新时代妇言所面临的“破旧立新”之难度更大也更艰巨，妇言的新时代气象必将“对男性一统天下的局面持批判态度，但是她们都身不由己地受到社会习俗和文本常规的推动，不断复制出她们本欲加以改造重构的结构来”[2]。也就是说，批判男权话语的核心地位尚且不易，走出男权话语的塑造，改易男权文化的惯性更难。

妇言看似作为女德的一个分支，只关乎女性的日常生活，实际上妇言联系着女性的话语权、教育权、知识建构、媒体主导权，甚至包括文化及性别空间建构等宏大命题。从社会性别的视角来看，我们已有的话语、知识、文化体系都是充满着性别色彩的，它们依托于已经建立起的伦理道德观念，成为再现性别刻板印象的工具。新时代妇言建构的任务是要从打破对女性的日常话语控制入手，进而提高女性话语地位、改善性别文化建构中的隐形规制，重建新时代女性文化。

无论是语言还是媒体，都是表达理念传递思想的工具，秦汉传统妇言的缺失归根结底是权利的缺失，没有发声的渠道意味着想法和观念不能达成有效的传播。而且在新媒体不断融合创新的时代，单纯的发声已经不能满足女性追求自由平等的脚步，应该把视野扩大到更广阔的空间，按照传播学的观点把焦点凝聚从女性发声的自我表达转向女性意识的接收者，关注接收者对女性语言的接受程度和反馈情况。这似乎为前文提到的网络女权纷争找到了矛盾的源头，最初女权主义发声只关注到自身思想意识的表达，并没有将获取的信息、激烈的探讨、时新的观念传递到普通人的接受领域，也就是说女权被污名化实际上与其没有关注女性思想接收者、没有将接收者放在中心位置有关。“在以男权为中心的现代社会里，女性主义表达‘观念’的‘声音’实际上受到叙述‘形式’的制约和压迫；女性的叙述声音不仅仅是一个形式技巧问题，而且更重要的还是一个社会权力、意识形态冲突的问题。”[3] 女权主义最初把思想的传递简化成一种诠释学，导致了交流的失败、对话的终结，现在的任务是要将女性发声放在传播学的视角内，以最终的信息接收为女性发声的最后完成。无论是女权主义、女性主义还是社会性别理论，众多流派的目的都是以提高女性地位、争取女性平等自由为宗旨，新时代的妇言观自然应该站在这个高度，允许思想的争鸣、完成观念的传播。

[1]［英］约翰·斯道雷，杨竹山等译：《文化理论与通俗文化导论》，南京大学出版社，2001年，第232页。

[2]［美］苏珊·S·兰瑟，黄必康译：《虚构的权威》，北京大学出版社，2002年，第7页。

[3]［美］苏珊·S·兰瑟，黄必康译：《虚构的权威》，北京大学出版社，2002年，第320页。

3. 新时代妇容与秦汉传统妇容

对秦汉传统妇容的跳脱，使得女性审美有了自由选择的可能，但新时代女性审美千方百计脱离伦理道德却又陷入消费主义的语境，“女人的身体充满歧义，从镌刻在贞洁牌坊上的道德楷模到超越生理属性的‘铁姑娘’，安安心心地做一个‘女人’是如此的艰难。待到这一切都烟消云散，身体终于可以出场的时候，‘女人’似乎又成了资本与商业力量的囊中之物”[1]。妇容在走出了传统枷锁的同时成为商品经济的猎物。多数女性渴望占有物质并愿意支付大价钱实现对自身的改造去迎合审美潮流，这种危险的信号时刻提醒着：“女性通过她们与物质文化之间的关系而获得的自由在政治上是不具有力量的解放，而且实际上必然没有被承认”[2]。因此新时代女性审美的进步依然面临着他者的外在阻挠，妇容理论的更新应该将审美跨越在诸多功利的标准之上，使得女性审美真正实现自由解放。

首先，秦汉传统妇容的标准由男性主导和制定，新时代妇容的标准由社会整体参与制定。审美日益生活化，大众开始追求“有品味”的生活方式，是审美泛化的演化路径，表现在对美的追求不再是个别群体的特殊癖好而成为普罗大众的日常，人们乐于将时间和精力花在提高自己的生活品味上，尤其是对自身外在的改造，塑性瘦身、整容美体成为流行文化。这样一来美的范围被显著增加，审美变成全民化的体验活动，女性审美标准成为全民参与构建的大众话题。妇容不再是讳莫如深的话题，影视、网络中充斥着直观的女性身体和审美表达，从芙蓉姐姐到奶茶妹妹一个个平民美女或主动或被动地粉墨登场，每一个审美输出都参与着审美标准的最后建构。网络的虚拟化不记名形式让社会成员们充分自由地展示着对女性审美的真实表达，无论是对网红的追捧还是对女色的观看，每一次的点击、点赞、评论都鼓励并召唤着女性审美的演化。新时代妇容的总体评价标准不再像秦汉时期一样是统治者特殊阶层喜好的观照，而是集体意志的表达，是由全体社会成员共同参与制定的。自拍、直播成为女性展现美、追求美的战场，这本无可厚非，需要警惕的是，“在众人的注视下，许多女性按照凝视者的价值取向和审美趣味做出种种姿态，以使自己与观看者所渴望的形象一致，取悦于观看者的动机掩盖了个人的真实意愿”[3]。尽管观看者不一定局限于男性群体，但是“观者”的存在是左右女性审美自由发展的因素，新时代女性意识到对外在美的追求不再是为了取悦男性的刻意改变，而是自己自由的选择，同样也应该注意女性审美不

[1] 张念：《性别政治与国家——论中国妇女解放》，商务印书馆，2014 年，第 279 页。
[2] ［英］彭妮·斯帕克，滕晓铂、刘翕然译：《唯有粉红：审美品位的性别政治学》，江苏凤凰美术出版社，2018 年，第 203 页。
[3] 荀洁：《基于文化批判视角的网络女性形象研究》，苏州大学博士论文，2017 年，第 87 页。

应该被商品经济、消费主义所裹挟。

其次，秦汉传统审美关系中女性是审美客体，新时代审美关系中女性是审美主体。女性审美的主体和客体都应该有女性的参与，以身体理论的视域来说，女性“身体注视着一切，也能注视自己，并在它当时所见之中，认出它的能见能力的‘另一边’。它在看时能自观，在触摸时能自触。它是自为地可见可感的。这是一种自我，但它并不是从透明性意义上讲的自我……而是从言谈、自恋和固有意义上的自我——总而言之，是被置于一些事物中心的自我，它有一个正面，一个反面，一个过去，一个将来”[1]。她们作为观察者审视自己的身体之美，同时作为被观察者女性身体就是她自己本身，无论是个体审美还是群体审美，女性都同时具有主体与客体的身份。这种审美的主体性意味着审美关系中的主动性与两性关系中的平等性可能，从这个角度来说，掌握审美主动权的女性群体才有可能在任何层面上与男性平起平坐。

再次，妇容审美单一化与审美多元化、个性化的纠缠。秦汉传统妇容追求是伦理化的趋同性和现实多样性的穿插，新时代女性审美的新趋势是多元化、个性化，独具魅力、高辨识度是新时代女性的标签，但是也有以瘦为美、以不合常理的年轻为美的趋势，所以新时代妇容依然在单一化与多元化的抉择中纠缠。以熟龄女性为例，近来关注其生存状况的目光越来越多，“姐姐”成为熟龄女性标榜独立和成熟魅力的称谓，推进了大众对各个年龄段女性的多元审美的尊重，破除对成熟女性的偏见风气。矛盾的是，综艺节目的女明星们一边自称是成熟有魅力的姐姐，一边整形装扮成少女的模样制造话题；影视剧中的女主角一边叫嚣着三十岁不老，一边面对婚姻中年轻小三的一地鸡毛。“在这种视觉凸现性美学中，视觉的冲击和快感是第一性的，它使得事物再现和情感表现仿佛只成为它的次要陪衬、点缀或必要的影子。”[2] 生活带给女性的已经不只是性别上的歧视与不公，还有面对年龄增长带来的恐惧。“如果把身体看作是一个记号，那么整形手术刀在女性身体上所铭刻的不仅是青春和美貌，也是‘外貌的政治’(the politics of appearance)；如果把身体看作是一个象征，那么女性身体的手术重塑所隐喻的不仅是社会结构的剧变和重构，也是在此剧变中人们精神上的不安和焦虑以及身体行动上的顺从和抗争。”[3] 没有皱纹的皮肤、没有赘肉的身材，是多少熟龄女性纠结的话题，本该随着传播力普及的多元年龄审美，又成了追求年轻、“冻龄”的单一化审美的助推器。

---

[1] [法] 梅洛—庞蒂，刘韶涵译：《眼与心》，中国社会科学出版社，1992 年，第 129-130 页。

[2] 王一川：《大众文化导论》，高等教育出版社，2009 年，第 144 页。

[3] 文华：《整形美容手术的两难与焦虑的女性身体》，《妇女研究论丛》，2010 年第 1 期。

4. 新时代妇功与秦汉传统妇功

秦汉以降，农业发展趋向精耕细作，两性劳动分工也日益细化，男耕女织的模式随着小农经济发展固定下来。男耕女织是以家庭为单位的简单生产模式，女性在家庭中织作劳动、生儿育女、赡养老人，与男性配偶共同完成一系列生产生活，家庭成员之间不仅有血缘或姻缘关系，还有分工合作的互助经济关系，在家庭内部完成配合。这一简单的农业经济生产模式使社会基层的组织结构稳定有序利于统治，也使家庭成员之间的纽带关系紧密无间，是中国传统家庭伦理规范和角色定位的根基。

但是与此同时，女性所能够从事的公共领域内的职事越来越少，提供给女性的职事教育机会屈指可数，父权统治秩序“竭力在教育过程中建立起严密的阴阳隔绝机制，包括空间上的隔绝：启蒙于私室；心理上的隔绝：以使女出身的保姆和老态龙钟的腐儒为师。中国古代的教育史留给女性的一页是这样的诡秘、晦暗”[1]。女性能够支配的社会公共资源越来越少，《周礼》详细而明确地描述了各官职事的具体内容，可由女性担当的屈指可数，大约只有内宫中由男性担当不便的杂务才由女性去做。《诗经·大雅·瞻卬》：“妇无公事，休其蚕织”，即使是地位高尚的贵族女性也不得不事蚕织，把蚕织上升到女性的本职与要务的高度；班昭在《女诫》中将妇功解释为“专心纺织，不好戏笑，洁齐酒食，以奉宾客”，着重强调了女性的职功在于纺织和日常准备酒食饭菜的家务劳动。

小农经济条件下所有女性角色的共同特点是以家庭为中心，脱离家庭、远离家庭的女性职事很难实现，因此并不具有普遍性。女性生育功能是将女性劳动限于家庭的主要原因，长时间的孕育期、哺乳期、育幼期使每个育龄女性难以摆脱生育职责，她们更多情况下担当了家庭内部的家务或纺织等辅助性劳动。供养家庭的男性此时获得更高的家庭地位和社会关系，加速了男女性别角色的社会化，这种“社会化既包括对两性角色内涵的体认和训练，也包括社会控制的形式。社会通过教育、仪式以及社会规范使两性把符合社会要求的态度和行为接受下来并且内在化，在中国它们常常以‘礼’的形式表现出来”[2]。从两性角色社会化开始，实际上是逐步建立起两性在社会生活中不同的准则，两性分工的明晰化圈禁了女性角色以家庭为中心的圆周范围，大致以不能过分蔓延于男性主流社会为界限，这就导致女性的社会化角色因此被施上了家庭为中心的色彩。“学术界对毛泽东时代以行政力量保障妇女高就业做法的批评和否定，以及大众传媒对刻板化

[1] 罗时进：《中国妇女生活风俗》，陕西人民出版社，2004 年，第 62 页。
[2] 王小健：《中国古代性别角色的分化及其社会化》，陕西师范大学博士论文，2006 年 10 月。

性别角色的反复刺激和传播，也对传统角色意识的延续和反弹起到了推波助澜的作用。”[1] 而女性皈依家庭劳作带来另一方面的影响是对女性德行规范的要求也集中于家庭，由此可以看出女德教条的纲目并不是一味的理论建构，也是在现实生活基础上的提炼。

女性解放运动以后广大女性冲破封建藩篱走出家门，成为参与社会发展的一份子，成为经济生产建设的主力军。在女性解放的呼声中，新时代女性逐渐在政治、经济等诸多社会公共领域内担任各种社会角色，目前中国女性劳动参与率略高于全球平均水平[2]，在众多行业领域取得重要发展。可是近年来女性劳动参与率实际上呈现下降趋势，从长远角度来看女性参与社会劳动的总体发展状况不容乐观。究其原因，新时代女性在社会和家庭角色的两相转换中，面临着来自社会的巨大压力和家庭的责任重负。新时代女性更多地走出家庭，改变了传统女性仅仅围绕家务劳动的状态，意味着传统性别分工秩序的改写以及重建。历经了两千年的岁月变迁，新时代女性的角色分工与传统女性的角色分工依然拥有许多共性特征，尽管重新考量性别分工的过程是痛苦的、曲折的，甚至会出现反复，例如 20 世纪 90 年代以来出现的“让妇女回家”的社会大讨论，但都不足以阻挡性别分工的新发展。正在发生和可以预见的是，新时代女性妇功的变迁将带来女性生活各个方面翻天覆地的变化。

[1] 徐安琪：《家庭性别角色态度：刻板化倾向的经验分析》，《妇女研究论丛》，2010 年第 2 期。
[2] 根据《2018 年全球性别报告》显示，中国在参与调查的 149 个国家里位列第 64 名。

结语：重塑的机遇——后女德

美国学者唐娜·哈拉维在20世纪晚期提出了《赛博格（Cyborg）宣言》[1]，强调机器与生物体的界线已经被打破，为被科学与技术进步所带来的性别社会现实图景解释的转换提供方法论式的解说，这个从性别问题出发的探讨扩展到更广的领域，成为“赛博格学”，激发人类反思人工智能等先进科技在社会领域中引起的系列问题。赛博格是“后性别世界中的一种生物”[2]，对二元论的否定是其最重大的贡献之一，直接促进了女性主义对社会性别秩序的思考。我们对秦汉女德的研究是在现有视线内对秦汉传统女德问题的解析与透视，力图在整合秦汉女德的基础上了解其架构和付诸于女性身上的社会意义，是带着女性现实问题去考察历史。赛博格是带着社会现实问题去思考女性的现在和未来，尤其是从技术打破了人与机器的界线出发控诉人类对女性的性别划分，启发人类思考当人与机器都没有界线之时，男性与女性的界线何在。

从这个角度来说，“秦汉女德——新时代女德——后女德”将是一条跨越人类性别社会发展的女德历史脉络。“后女德”并不是与新时代阶段女德完全的断裂，而是像“后人类”一样标记出人类社会发展新的转向，是对固有理论体系的当代反思[3]，提醒人类在新型科技的发展视域中观察并注意女德的构建。赛博格的讨论证明一切秩序都是为了统治而强加的社会属性，“身为‘女性’并不意味着天生被束缚。甚至没有‘身为’女性这样一个状态，它本身是一个高度复杂的范畴，建立在有争议的性别科学话语和其他社会实践中”[4]。科技进步所带来的赛博格时代终将打破男性与女性之间的身份差异，将给女德翻天覆地的变化提供可能。“我们就是赛博格。赛博格就是我们的本体论，将我们的政治赋予我们。赛博格是想

[1] [美] 唐娜·哈拉维：《赛博格宣言：20世纪晚期的科学、技术和社会主义女性主义》（1985），[美] 唐娜·哈拉维，陈静译：《类人猿、赛博格和女人——自然的重塑》，河南大学出版社，2016年，第313-386页。

[2] [美] 唐娜·哈拉维，陈静译：《类人猿、赛博格和女人——自然的重塑》，河南大学出版社，2016年，第317页。

[3] 徐亮：《后理论的谱系、创新与本色》，《广州大学学报（社会科学版）》，2019年第1期。

[4] [美] 唐娜·哈拉维，陈静译：《类人猿、赛博格和女人——自然的重塑》，河南大学出版社，2016年，第328页。

象和物质现实浓缩的形象，是两个中心的结合，构建起任何历史转变的可能性。”[1]

从哈拉维的赛博格理论我们发现，科技将可能是解决女性问题最有力的路径之一，科学技术的进步将带给人类重塑新型性别模式可能。女性不再只是女性，而是赛博格，是身体与机器的合体，所有基于女性生物特性的身体审美、生育能力、因力量小而有界线的劳动范围都将被打破，所有基于女性生物特性而上升的社会特性也将被怀疑。女性道德的特殊要求、女性语言的柔弱规范、女性作为妻子和母亲对家庭的必要付出等，都随着赛博格时代后性别世界的到来而消解。而这一天正如哈拉维在上世纪末说的那样，在跟随科技发展的脚步一天天靠近。三十年后的今天，手机、网络就是人类难以离开的机器化存在，通信技术、新媒体技术、生物技术正日益打破身体与技术之间的界线，每个现代化的个体都成了机器化的个体，人类不只是人类本身，而是协同你的手机等一切技术化机器的杂交体，赛博格像一个预言正在被实现，人类成为“后人类”。

这就意味着性别不再重要，人类可以通过科技任意改造包括性别在内的一切。所以女性主义者哈拉维说：“我还是宁愿做一个赛博格，而不是一位女神。”[2] 女性不再因为自己的身体对特殊对待，当人人都是赛博格时，性别的意义将不复存在。我们以审慎的眼光去看待赛博格时，除了对其贡献的肯定还应该保持理智的思考：赛博格并不像哈拉维所言已经到来，它的宣言起到的是一种信号的作用，提醒我们可以用另一种不太惊慌的态度去对待科学的进步。正如科幻小说和科幻影视作品中表现的一样，赛博格对我们来说，更多的是一种幻想、一种启示、一种未来的可能。

刘小枫说：“带着中国问题进入西方问题再返回中国问题，才是值得尝试的思路。”[3] 建构新时代女德问题也可以顺着这一思路出发，借鉴西方女性主义的优秀思想成果，例如赛博格女性主义来解决现实女德问题。一昧地追求男女平等，一种可能是女性需要付出比男性更多的精力才能弥补性别之间的差异，取得与男性相同或相似的地位和成绩，另一种可能就是接受性别差异，并乐于利用性别差异带来的红利，接受性别的特殊对待。赛博格女性主义为我们提供了第三种可能，即随着科学的进步，性别被消解，性别差异也就不复存在。假使赛博格时代到来，那女德问题也将被重新书写，赛博格为女德建构提供了一个全新的思路——重塑

[1] [美] 唐娜·哈拉维，陈静译：《类人猿、赛博格和女人——自然的重塑》，河南大学出版社，2016 年，第 316 页。

[2] [美] 唐娜·哈拉维，陈静译：《类人猿、赛博格和女人——自然的重塑》，河南大学出版社，2016 年，第 386 页。

[3] 刘小枫：《现代性社会理论绪论》，三联书店，1998 年，第 3 页。

的可能。

当我们审视周围，女性被要求做个好妻子、好妈妈，被要求既坚持工作找到女性的社会角色又肩负教养孩子照顾家庭的家庭角色；同时新时代的男性被要求勇敢、坚强、抗压、责任，“父权体制局限女性之余，也令男人承受极不人性的压力与要求，令男性的形象与心态也相当扭曲，自幼被要求在事业、性事及一切事情上坚强勇猛，要非人性地压抑、掩饰一切人性的脆弱”[1]。时代给予人类的不光是科技带来的生活便利，还有源源不断的重压，不同性别的压力和责任以及由此带来的性别关系紧张局面迫切需要出路。科技的进步大概就是人类未来出路最大可能。

探讨秦汉女德是为了从传统的角度解析建构新时代女德的合理路径，并为后女德的重塑提供有益的思考，将时代赋予“秦汉女德——新时代女德”的转化经验，更恰当地运用到“新时代女德——后女德”的可能上。传统女德并不像洪水猛兽一样，不需要像躲避瘟神一样闻女德色变，只要正确对待传统女德不仅不会反噬女性今日取得的成绩，还可能对改变某些弊端有所助益。研究传统女性的生活甚至可以发现与之前刻板印象中完全不同的女性身影，例如唐宋以后，女性有自己固定的社交圈，而且女性话语具备一定的权威性，她们不必终日禁于闺房，可以像今天一样四处旅游等，拥有正常的社会交往。

立足当下，新时代女德体系的建构需要全社会的参与和支持，需要我们时刻注意：1. 新时代女德的精神建设是新时代女德体系建构的旨归。女德体系最终是要塑造个体女性精神追求的正确方向与路径，特别是物质生活相对富足的今天，消费主义的侵蚀随时可能导致精神世界的崩塌，将精神建设作为女德体系建构的旨归可以指引女德发展的道路。2. 女性道德建设是建构新时代女德体系的前提。任何时代的女德体系都应该以女性的道德建设为中心，塑造适合时代特色的女性道德是引导女性全面发展的前提，也就是前文中一再讨论的，妇德是女德整体包括妇德、妇言、妇容、妇功在内的核心，只有将充分的道德建设放在首位，才能对女性的独立自由发展提供保障。3. 在继承传统女德的基础上有所创新，时刻注意女德体系构建中的新问题与新挑战。“性别歧视主义并不是女性生活中唯一的压迫力量，而是时常与阶级、种族、结构性的贫困、帝国主义等复杂因素缠绕在一起共同起作用。”[2] 女性问题的复杂是因为关涉女性生活的所有层面，因此我们不仅要关注传统领域中可能延续的女性问题，新时代的女性挑战依然需要被关

[1] 周华山：《无父无夫的国度》，香港同志出版社，2001 年，第 339 页。
[2] 王俊：《审思与重构：解读高等教育的性别符码》，华中师范大学出版社，2017 年，第 11 页。

切，女性贫困、女性职业境遇、老龄女性生活、农村女性权益等都是真实存在的社会问题，新时代女德的建构将对解决现实困境提供一定的思路，而不必使问路无门的女性重新走向“女德班”的深渊。

参考文献

典籍：

1. [西汉] 司马迁：《史记》，中华书局，1959 年。

2. [东汉] 班固：《汉书》，中华书局，1962 年。

3. [南朝宋] 范晔：《后汉书》，中华书局，1965 年。

4. [西晋] 陈寿：《三国志》，中华书局，1982 年。

5. [东汉] 刘向撰，张涛译注：《列女传译注》，山东大学出版社，1990 年。

6. [东汉] 郑玄注，[唐] 孔颖达正义：《十三经注疏·周易正义》，北京大学出版社，1999 年。

7. [宋] 朱熹：《楚辞集注》，上海古籍出版社，2001 年。

8. [清] 阮元：《十三经注疏（附校勘记）》，中华书局，1983 年。

9. [清] 孙星衍：《尚书今古文注疏》，中华书局，1986 年。

10. [清] 孙怡让：《周礼正义》，中华书局，1987 年。

11. [清] 胡培翚：《仪礼正义》，江苏古籍出版社，1993 年。

12. [清] 王聘珍：《大戴礼记解诂》，中华书局，1983 年。

13. [清] 陈立撰，吴则虞点校：《白虎通疏证》，中华书局，1994 年。

14. [宋] 司马光：《资治通鉴》，中华书局，1965 年。

15. [晋] 常璩撰，刘琳校注：《华阳国志校注》，巴蜀书社，1984 年。

16. [汉] 刘珍等著、吴树平注：《东观汉记校注》，中华书局，2008 年。

17. [汉] 许慎：《说文解字》，岳麓书社，2006 年。

18. [唐] 欧阳询，汪绍楹点校：《艺文类聚》，上海古籍出版社，1965 年。

19. [宋] 郭茂倩：《乐府诗集》，上海古籍出版社，1998 年。

20. [东汉] 王充：《论衡》，上海人民出版社，1974 年。

21. [西汉] 韩婴撰，许维遹释：《韩诗外传集释》，中华书局，1980 年。

22. [西汉] 贾谊撰，阎振益、钟夏校注：《新书校注》中华书局，2000 年。

23. [东汉]董仲舒，苏舆撰，钟哲点校：《春秋繁露义证》，中华书局，1992年。

24. [东汉] 应劭撰、王利器校注：《风俗通义校注》，中华书局，1981 年。

25. [南朝梁] 萧统编，[唐] 李善注：《文选》，上海古籍出版社，1986 年。

26. 杨伯峻：《春秋左传注》，中华书局，1990 年。

27. 程俊英、蒋见元：《诗经注析》，中华书局，1999 年。

28. 袁珂：《山海经校译》，上海古籍出版社，1985 年。

29. 张双棣：《淮南子校释》，北京大学出版社，1997 年。

30. 孙希旦：《礼记集解》，中华书局，1998 年。

31. 杨天宇：《礼记译注》，上海古籍出版社，1997 年。

32. 曾振宇、傅永聚：《春秋繁露新注》，商务印书馆，2010 年。

33. 严可均：《全上古三代秦汉三国六朝文》，中华书局，1958 年。

34. 逯钦立：《先秦汉魏晋南北朝诗》，中华书局，1983 年。

今著：

1. 陈东原：《中国妇女生活史》，商务印书馆，1937 年。

2. 傅道彬：《中国生殖崇拜文化论》，湖北人民出版社，1990 年。

3. [美] 理安・艾斯勒，程志民译：《圣杯与剑——“男女之间的战争”》，社会科学文献出版社，1995 年。

4. 赵国华：《生殖崇拜文化论》，中国社会科学出版社，1990 年。

5. 龚维英：《女神的失落》，河南大学出版社，1993 年。

6. 陈鹏：《中国婚姻史稿》，中华书局，2005 年。

7. 高洪兴：《妇女风俗考》，上海文艺出版社，1991 年。

8. 宋瑞之：《中国妇女文化通览》，山东文艺出版社，1995 年。

9. 杜芳琴：《中国社会性别的历史文化寻踪》，天津社会科学院出版社，1998年。

10. 杜琴芳、王政：《中国历史中的妇女与性别》，天津人民出版社，2004 年。

11. 王子今：《古史性别研究丛稿》，社会科学文献出版社，2004 年。

12. 焦杰：《性别视角下的〈易〉、〈礼〉、〈诗〉妇女观研究》，中国社会科学出版社，2011 年。

13. 彭卫：《汉代婚姻形态研究》，三秦出版社，1988 年。

14. 顾丽华：《汉代妇女生活情态》，社会科学文献出版社，2012 年。

15. 刘淑丽：《先秦汉魏晋妇女观及文学中的女性》，学苑出版社，2008 年。

16. 晁福林：《先秦社会思想研究》，商务印书馆，2007 年。

17. 张岱年：《中国伦理思想研究》，上海人民出版社，1989 年。

18. 张锡勤、柴文华：《中国伦理道德变迁史稿》，人民出版社，2008 年。

19. 郑开：《德礼之间——前诸子时代的思想史》，三联书店，2009 年。

20. 唐凯麟主编、高恒天著:《中华民族道德生活史·秦汉卷》，东方出版中心，2014 年。

21. 许建良：《先秦儒家的道德世界》，中国社会科学出版社，2008 年。

22. 王庆节：《道德感动与儒家示范伦理学》，北京大学出版社，2016 年。

23. 贺科伟：《移风易俗与秦汉社会》，中国社会科学出版社，2014 年。

24. 睡虎地秦墓竹简整理小组：《睡虎地秦墓竹简》，文物出版社，1990 年。

25. 张家山二四七号墓竹简整理小组编：《张家山汉墓竹简》，文物出版社，2006 年。

26. 骆承烈，胡广跃:《汉魂——武氏祠画像石考释》，群言出版社，2006 年。

27. 巫鸿：《武梁祠——中国古代画像艺术的思想性》，三联书店，2006 年。

28. 陈丽平：《刘向〈列女传〉研究》，中国社会科学出版社，2010 年。

29. 俞士玲：《汉晋女德建构》，人民文学出版社，2017 年。

30. 孙汝建：《汉语性别语言学》，科学出版社，2012 年。

31. 胡文楷：《历代妇女著作考》，上海古籍出版社，1985 年。

32. 刘玮玮：《中国道学女性伦理思想研究》，吉林大学出版社，2012 年。

33. 王小健：《中国古代性别结构的文化学分析》，社会科学文献出版社，2008 年。

34. 方英敏：《修心而正形——先秦身体美学考论》，人民出版社，2018 年。

35. 刘成纪：《形而下的不朽——汉代身体美学考论》，人民出版社，2007 年。

36. 刘巨才：《选美史》，上海文艺出版社，1997 年。

37. 沈从文：《中国古代服饰研究》，上海书店出版社，2002 年。

38. 许明主编、彭亚非著：《华夏审美风尚史（第 2 卷）：郁郁乎文》，河南人民出版社，2000 年。

39. 李小江：《女性审美意识探微》，河南人民出版社，1989 年。

40. 李桂梅：《当代女性美德建设研究》，中国社会科学出版社，2017 年。

41. 路丙辉：《社会转型期我国家庭伦理变化及道德建设研究》，人民出版社，2016 年。

42. 黄明理：《社会主义道德信仰研究》，人民出版社，2006 年。

43. 鲁芳：《生活秩序与道德生活的构建》，人民日报出版社，2018 年。

44. 曹刚：《道德难题与程序正义》，北京大学出版社，2011 年。

45. 周小李：《社会性别视角下的教育传统及其超越》，教育科学出版社，2011 年。

46. [美]唐娜·哈拉维，陈静译：《类人猿、赛博格和女人——自然的重塑》，河南大学出版社，2016 年。

47. [英] 彭妮·斯帕克，滕晓铂、刘翕然译：《唯有粉红：审美品位的性别政治学》，江苏凤凰美术出版社，2018 年。

48. 陈佳：《先秦时期女德研究》，九州出版社，2019 年。

论文：

1. 吴晓红：《中国古代女性意识——从原始走向封建礼教》，苏州大学博士论文，2004 年 5 月。

2. 逄金一：《身体理论视域中的秦汉女性美研究》，山东大学博士论文，2007 年 11 月。

3. 白路：《先秦女性研究——从社会性别视角的考察与分析》，南开大学博士论文，2009 年 5 月。

4. 赵玉宝：《先秦性别角色研究》，东北师范大学博士论文，2005 年 5 月。

5. 张灏：《汉代服饰的审美研究》，南开大学博士论文，2008 年 5 月。

6. 崔锐：《秦汉时期的女性观》，西北大学博士论文，2003 年 4 月。

7. 马媛媛：《两周秦汉社会对女性特质的建构过程研究》，南京大学博士论文，2011 年 5 月。

8. 关景媛：《以“淑”为表征的传统女性教育合理性问题研究》，东北师范大学博士论文，2014 年 6 月。

9. 徐芳：《自由教育与女性自主意识的唤起——从女性教育史看女性审美意识形态的变迁》，湖南师范大学博士论文，2014 年 5 月。

10. 黄明理、张超：《试论中华传统女德及其现代意义》，《华东师范大学学报（哲学社会科学版）》，1999年第5期。

11. 刘巨才：《中国古代的社会性别制度及传统妇德》，《山西师大学报（社会科学版）》，1998 年第 4 期。

12. 焦杰：《〈列女传〉与周秦汉唐妇德标准》，《陕西师范大学学报（哲学社会科学版）》，2003 年第 6 期。

13. 陈星灿：《丰产巫术与祖先崇拜——红山文化出土女性塑像试探》，《华夏考古》，1990 年第 3 期。

14. 王育成：《论后台子原始女性分娩系列石雕——兼与汤池先生商榷》，《文物季刊》，1997年第1期。

15. 朱彦民：《殷卜辞所见先公配偶考》，《历史研究》，2003 年第 6 期。

16. 翟麦玲：《先秦两汉“女乐”考》，《史学月刊》，2005 年第 3 期。

17. 郭玉峰：《两汉时期贞节观念的世俗化趋向》，《天津师范大学学报（社会科学版）》，2005 年第 2 期。

18. 李山、邓田田：《论刘向在〈列女传〉中的政治寄寓》，《中国文学研究》，2008 年第 2 期。

19. 乔以钢：《中国古代女性文学创作的文化反思》，《天津社会科学》，1988 年第 1 期。

20. 王小健：《女乐与妇女的商品化趋势》，《大连大学学报》，2010 年第 5 期。

21. 杜芳琴：《等级中的合和：西周礼制与性别制度》，《浙江学刊》，2002 年第 4 期。

22.［美］安乐哲（Roger T. Ames）著，［美］孟巍隆（Ben Hammer）译：《儒家角色伦理》，《社会科学研究》，2014 年第 5 期。

23. 张祥龙：《“性别”在中西哲学中的地位以其思想后果》，《江苏社会科学》，2002年第6期。

24. 夏清瑕：《论〈周易〉的性别哲学》，《浙江学刊》，2001 年第 2 期。

25. 葛志毅：《周代贵族妇女的政治文化特征及相关的伦理观念影响》，《中华文化论坛》，2004 年第 4 期。

26. 谢乃和：《金文中所见西周王后事迹考》，《华夏考古》，2008 年第 3 期。

27. 朱凤瀚：《北大藏秦简〈教女〉初识》，《北京大学学报》，2015年第2期。

28. 杨振红：《从出土秦汉律看中国古代的“礼”、“法”观念及其法律体现》，《中国史研究》，2010年第4期。

29. 吴越民：《性别歧视话语与中西文化差异性》，《浙江大学学报》，2011 年第 6 期。

30. 付红梅：《当代中国女性性道德失范的性别文化归因与伦理重建》，《伦理学研究》，2014 年第 2 期。

31. 李桂梅、欧阳卓灵：《当代中国女性道德况调查》，《伦理学研究》，2015 年第 4 期。

32. 宋少鹏：《中国女性身份认同的历史与现实——从“女德馆”事件谈起》，《文化纵横》，2015 年第 1 期。

33. 金一虹、杨笛：《教育“拼妈”：“家长主义”的盛行与母职再造》，《南京社会科学》，2015 年第 2 期。

34. 李桂梅、黄爱英：《当代中国女性道德人格塑造的困境与出路》，《伦理学研究》，2014 年第 2 期。

35. 徐安琪：《家庭性别角色态度：刻板化倾向的经验分析》，《妇女研究论丛》，2010年第2期。

36. 刘利群、张敬婕：《“剩女”与盛宴——性别视角下的“剩女”传播现象与媒介传播策略研究》，《妇女研究论丛》，2013 年第 5 期。

37. 王郁芳：《从伦理视角解读传媒中的女性偏见》，《中华女子学院学报》，2009 年第 2 期。

38. 李会军、付红梅：《生育性别选择规制的性别伦理文化建设路径》，《求索》，2016 年第 12 期。

39. 付红梅：《当代中国女性性道德失范的性别文化归因与伦理重建》，《伦理学研究》，2014 年第 2 期。

40. 文华：《整形美容手术的两难与焦虑的女性身体》，《妇女研究论丛》，2010 年第 1 期。